TRAVAUX DE FAÇADE

Établissement public au service de l'innovation dans le bâtiment, le CSTB, Centre Scientifique et Technique du Bâtiment, exerce quatre activités clés : la recherche, l'expertise, l'évaluation, et la diffusion des connaissances, organisées pour répondre aux enjeux de la transition écologique et énergétique dans le monde de la construction. Son champ de compétences couvre les produits de construction, les bâtiments et leur intégration dans les quartiers et les villes.
Avec plus de 900 collaborateurs, ses filiales et ses réseaux de partenaires nationaux, européens et internationaux, le groupe CSTB est au service de l'ensemble des parties prenantes de la construction pour faire progresser la qualité et la sécurité des bâtiments.

Le présent guide est destiné à commenter et à expliquer certaines règles de construction et les documents techniques de mise en œuvre. Il ne se substitue en aucun cas aux textes de référence, qu'ils soient réglementaires (lois, décrets, arrêtés...), normatifs (normes, DTU ou règles de calcul) ou codificatifs (Avis Techniques, « CPT »...) qui doivent être consultés.

Le CSTB décline toute responsabilité quant aux conséquences directes ou indirectes de toute nature qui pourraient résulter de toute interprétation erronée du contenu du présent guide.

ISBN 978-2-86891-718-8

CONCEPTION
ET MISE EN ŒUVRE

TRAVAUX DE FAÇADE

- PRÉVENTION DES SALISSURES
- NETTOYAGE ET DÉCAPAGE DES MATÉRIAUX
- RAVALEMENT
- ENDUITS SUR SUPPORTS NEUFS ET ANCIENS

Rolland CRESSON

Flora GENEL

Elisabeth MOORE

Bertrand RUOT

François VIROLLEAUD

Avec la participation de Christine GILLIOT et Nadège BLANCHARD

CSTB
ÉDITIONS

Illustrations :
Thierry BEL
Michel GASNIER
Jean-Marc LAUBY
Laurent STEFANO

Photographies :
Nadège BLANCHARD
Elisabeth MOORE
Flora GENEL
Bertrand RUOT
François VIROLLEAUD

SOMMAIRE

PARTIE 1

PRÉVENTION DES SALISSURES

Chapitre 1 : **Domaine d'application**

Avec le temps, les façades des bâtiments ont tendance à s'encrasser.

Ce phénomène, qui résulte de processus bien connus, peut être anticipé dès la conception de l'ouvrage.

L'objectif de ce dossier est de présenter des exemples de solutions techniques à mettre en œuvre pour limiter la propagation des salissures et éviter l'apparition d'hétérogénéités sur les façades.

Les solutions décrites concernent majoritairement les façades des immeubles de logements ou des maisons individuelles, le plus souvent revêtues d'enduit ou de peinture.

Cependant, tous les types de bâtiment et de revêtement se salissent selon des mécanismes identiques. Seule la vitesse du phénomène varie.

ATTENTION

D'autres défauts peuvent altérer l'esthétique des façades : changement de teinte des revêtements, efflorescences, cloquage, mais aussi les graffitis. Le présent dossier ne traite que de l'encrassement « naturel » et ne couvre pas ces autres défauts esthétiques.

OBSERVATION

Les défauts d'ordre esthétique sur les revêtements ne sont généralement pas cités ou pris en compte dans les garanties (garantie de parfait achèvement, garantie biennale ou garantie décennale). En effet, à de rares exceptions près, les salissures de façade ne rendent pas un bâtiment impropre à sa destination.

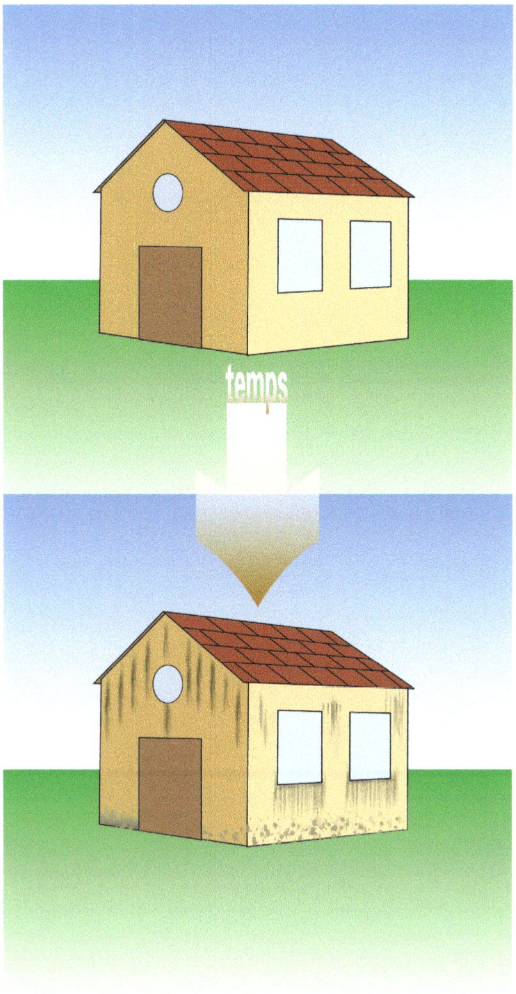

Source CSTB

Figure 1 : Encrassement d'un bâtiment dans le temps

Chapitre 2 : **Origines des salissures**

Deux types de salissures sont à l'origine de l'encrassement progressif des bâtiments :

- les salissures d'origine biologique liées à la croissance de micro-organismes,
- les salissures issues de la pollution atmosphérique.

1. Les micro-organismes

De nombreux micro-organismes sont transportés dans l'air et viennent coloniser l'enveloppe des bâtiments. Leur développement conduit à l'apparition de salissures dites « biologiques », aux couleurs variées (vert, rouge, noir).

Les micro-organismes responsables des salissures biologiques sont constitués de bactéries, d'algues et de moisissures (champignons). À plus long terme, des lichens et des mousses peuvent venir supplanter ces premiers colonisateurs.

Ce sont les algues qui sont principalement responsables de la forme et de la couleur des salissures.

Les algues se développent sur tout type de revêtement, minéral ou organique, lisse ou rugueux, et leur croissance ne nécessite que de l'eau, de la lumière et des apports minéraux. De plus, la présence d'algues favorise la croissance des moisissures, des lichens et des mousses.

Source CSTB

Source CSTB

Source CSTB

Figure 1 : Salissures biologiques dues au développement de micro-organismes

2. La pollution atmosphérique

L'activité domestique ou industrielle fournit des quantités importantes de particules en suspension dans l'air (usines, cheminées de chauffage, trafic routier, etc.).

A proximité d'une façade, ces particules sont soumises à différentes forces d'attraction et se déposent sur la surface. Ce dépôt peut être facilité par le vent ou sur façade humide. Un premier encrassement noirâtre apparaît alors.

Dans un second temps, lors des périodes pluvieuses, les particules déposées sont entraînées par l'eau. Schématiquement, les gouttes qui ruissellent sur la façade se chargent en particules, « lavant » ainsi la façade, jusqu'à ce qu'elles n'aient plus la capacité de se charger. Elles peuvent alors redéposer les poussières.

Le résultat de la pollution atmosphérique apparaît un peu comme le « négatif » des salissures biologiques : la salissure due à la pollution atmosphérique est lavée par l'eau, alors que la salissure biologique se développe préférentiellement là où l'eau est présente.

Source CSTB

Figure 2 : Salissures dues à la pollution atmosphérique

OBSERVATION

Ces deux types de salissures peuvent se coupler (notamment en milieu urbain), le développement de micro-organismes favorisant l'accrochage des poussières, qui elles-mêmes apportent des nutriments aux micro-organismes.

Chapitre 3 : **Propagation des salissures**

Les surfaces horizontales ou peu inclinées d'un bâtiment sont des zones préférentielles d'accumulation de salissures : dépôt de poussières et développement de micro-organismes.

Lors des périodes de pluie, l'eau répartit ces salissures de façon hétérogène sur les façades par deux mécanismes fondamentaux : le ruissellement et le rejaillissement.

1. Le ruissellement

Les salissures accumulées sont entraînées par ruissellement et se propagent sur la façade.

Le ruissellement de l'eau de pluie sur les façades nettoie la pollution atmosphérique et/ou crée des zones humides où se développent les salissures biologiques.

Lorsqu'un élément saillant rompt le ruissellement vertical, le cheminement de l'eau autour de l'obstacle engendre des formes caractéristiques de salissures.

Figure 1 : Salissures biologiques

Figure 2 : Pollution atmosphérique

Sur la partie exposée à la pluie :

- les salissures biologiques se développent,
- la pollution atmosphérique est nettoyée, plus ou moins efficacement selon l'intensité de la pluie.

En dessous de l'élément en saillie, partie protégée de la pluie :

- les poussières dues à la pollution restent déposées,
- un moindre développement microbiologique est observé.

Figure 3 : Effet de la pollution atmosphérique

Figure 4 : Effet des salissures biologiques

2. Le rejaillissement

En tombant, la pluie heurte les surfaces horizontales en jonction avec la façade (sols, éléments saillants) et rejaillit sur ses faces verticales.

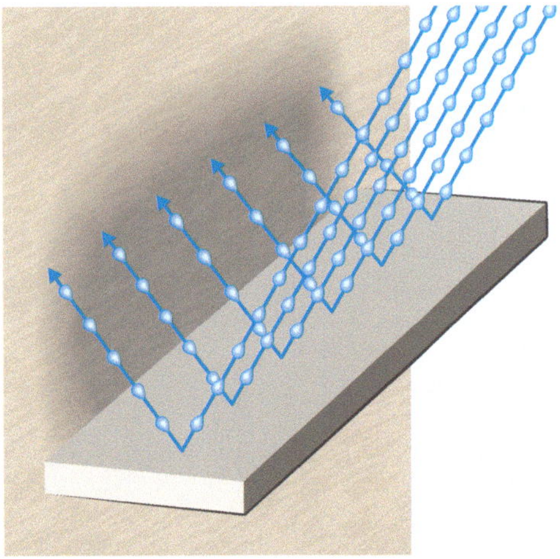

Figure 5 : Le cheminement de l'eau

Elle projette sur une bande de quelques dizaines de centimètres les particules accumulées sur la surface horizontale. C'est l'effet salissant.

Figure 6 : Effet salissant

Si, après contact avec l'appui, l'eau est plus propre que la façade, le rejaillissement nettoie cette bande de façade. Il s'agit alors de l'effet lavant.

Source CSTB

Figure 7 : Effet lavant

3. Le rôle majeur de l'eau

C'est donc l'eau qui est le plus souvent responsable de l'apparition d'hétérogénéités sur la façade :

- l'humidité favorise l'adhérence des poussières et le développement des micro-organismes ;
- le ruissellement de l'eau de pluie entraîne l'apparition de « coulures », en fort contraste avec le reste de la façade.

Pour éviter les salissures, le principe est de maîtriser le trajet de l'eau et en particulier de l'éloigner de la façade.

Le but des conseils qui suivent est de conserver l'homogénéité de la façade, même si cette dernière s'encrasse progressivement mais uniformément.

Chapitre 4 : **Facteurs intervenants**

La construction d'un bâtiment ne doit pas être envisagée comme la simple mise en place d'un volume à un endroit donné. La conception aura donc à prendre en compte toutes les contraintes existantes.

En effet, les salissures de façade sont le fruit d'une interaction complexe entre les facteurs climatiques, la nature de la façade, l'architecture du bâtiment, son orientation et son environnement local.

1. L'environnement

1.1. Le climat

Trois facteurs climatiques ont une influence sur les salissures de façade.

■ La pluie et l'humidité

Le risque d'encrassement des façades est d'autant plus élevé que la région est pluvieuse. De plus, les bâtiments situés en région côtière sont particulièrement touchés par les salissures biologiques.

■ Le vent

Une façade est salie d'autant plus rapidement qu'elle est exposée aux vents dominants. Le vent est un vecteur de transport des salissures ; il peut également s'associer à la pluie pour créer une pluie battante. Cette concomitance vent/pluie peut considérablement accélérer l'encrassement d'une façade.

■ La température

La croissance de la plupart des micro-organismes est optimale entre 15 °C et 40 °C, mais ils peuvent résister à des températures proches de 0 °C et allant jusqu'à 60 °C. Une température douce, associée à une humidité élevée, favorise fortement le développement des micro-organismes.

Ainsi, certaines régions sont plus ou moins touchées par les salissures de façades.

La Bretagne sud, par exemple, réunit les facteurs aggravants décrits ci-dessus, et ses façades sont très touchées par les algues. Dans les DOM-TOM, à climat tropical humide, ces phénomènes sont amplifiés et une façade est susceptible de se salir en quelques mois seulement.

1.2. L'environnement local

Il faut également considérer l'environnement local lié à la hauteur au-dessus du sol, à la nature du terrain, à la topographie, à la présence d'humidité et/ou d'une activité industrielle à proximité du bâtiment, etc.

Source CSTB

Figure 1 : En milieu urbain, la pluie entraîne le lavage de la partie haute des immeubles, d'où l'effet de hauteur souvent constaté

Par ailleurs, la croissance de micro-organismes est influencée par la proximité d'un lac, d'une rivière, d'arbres et de buissons.

D'autre part, les façades les moins ensoleillées auront tendance à sécher moins vite. La présence d'arbres favorise encore ce développement, par l'ombre qu'ils peuvent apporter.

2. L'orientation

L'influence du climat et de l'environnement local est indissociable de celle de l'orientation. En effet, les façades d'un même bâtiment seront encrassées différemment selon leur orientation.

Dans la majeure partie du pays, sous influence atlantique, la pluie vient de l'ouest, sauf dans la vallée du Rhône où elle suit un axe nord-sud.

Les façades susceptibles de se salir le plus rapidement sont donc a priori les façades orientées vers l'ouest.

Par ailleurs, les façades orientées vers le nord, moins ensoleillées, restent plus humides et sont également susceptibles de se salir plus rapidement.

Enfin, une façade exposée aux vents dominants sera plus facilement salie que les autres façades du même bâtiment.

3. La conception du bâtiment

3.1. Les dispositions constructives

Des exemples de dispositions constructives contre le développement des salissures sur les façades sont décrites dans le chapitre 5 « Traitement des points singuliers ».

3.2. Les matériaux employés

Les matériaux employés en façade jouent un rôle important dans le processus d'encrassement, notamment en ce qui concerne la vitesse de développement des salissures.

■ Rugosité et porosité

La rugosité permet l'accrochage des micro-organismes et le stockage des matières organiques nutritives.

La rugosité d'un enduit varie en fonction de son mode d'application. Un enduit simplement projeté sera très rugueux. Après projection, l'enduit peut être légèrement écrasé, gratté ou taloché et rendu ainsi plus ou moins lisse.

Figure 2 : Exemples de finition, enduit gratté

Figure 3 : Exemples de finition, enduit rustique écrasé

Figure 4 : Exemples de finition, enduit taloché

La porosité permet le stockage de l'eau absorbée par capillarité. Elle offre aux bactéries et aux champignons la possibilité de s'introduire dans le matériau afin d'y puiser les éléments nécessaires à leur métabolisme.

■ Nature physico-chimique

Les revêtements à base de liants organiques : peintures, revêtements d'imperméabilité, revêtements semi-épais (RSE) et revêtements plastiques épais (RPE) sont sujets à la fois à l'encrassement par les algues et par les champignons.

Les revêtements à base de ciment et/ou chaux : enduits traditionnels, enduits monocouches d'imperméabilisation, etc. présentent au jeune âge une fonction biocide intrinsèque, due à un pH du matériau de l'ordre de 12-13. Lors des premières années d'exposition, le phénomène de carbonatation fait chuter le pH aux alentours de 8-9 et permet alors la colonisation par les algues. Une fois implantées, celles-ci constituent une source de nutriments, permettant aux moisissures de se développer à leur tour.

Figure 5 : Phénomène de carbonatation

Chapitre 5 : **Traitement des points singuliers**

Inévitables sur un bâtiment, les points singuliers requièrent dans leur traitement une attention toute particulière, tant d'un point de vue technique qu'esthétique.

L'ambition de ce chapitre est de fournir des exemples de solutions destinées à limiter les hétérogénéités d'aspect liées aux salissures de façade. Bien sûr, ces exemples ne constituent pas une liste exhaustive.

Nombre de ces solutions sont citées dans des textes de référence tels que les Documents Techniques Unifiés (DTU) et les Cahiers des Prescriptions Techniques générales de mise en œuvre (CPT).

1. Les parties courantes

Lorsqu'une façade destinée à être enduite est directement exposée à la pluie :

- choisir un enduit de faible capillarité (catégorie C1 ou C2) ;
- les enduits ne doivent être appliqués que sur des surfaces verticales ou inclinées de moins de 10°.

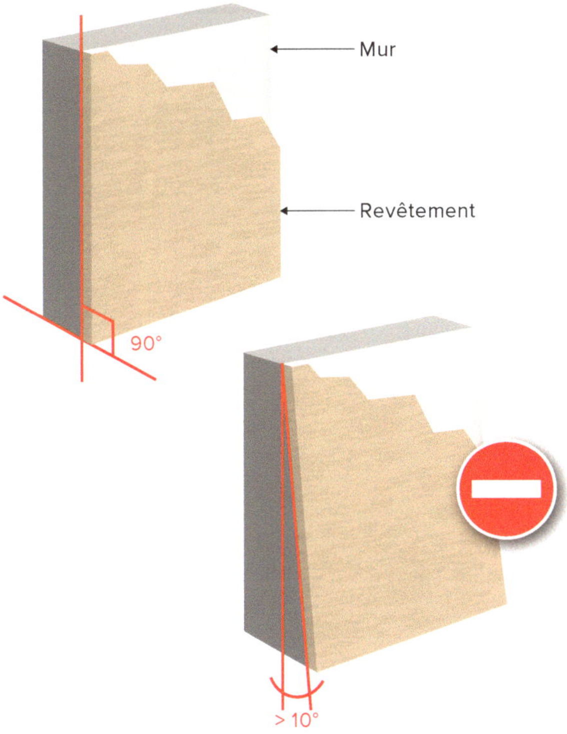

Figure 1 : Application d'un enduit : tolérance d'inclinaison des surfaces verticales

OBSERVATION

Dans un environnement pollué, il est préférable d'utiliser des couleurs adaptées, en évitant de privilégier les teintes trop claires

2. Les soubassements et pieds de façade

2.1. Constat

Les soubassements sont souvent touchés par le rejaillissement de la pluie sur le sol : ils présentent alors une bande pouvant atteindre plusieurs dizaines de centimètres, soit plus sale, soit plus propre que le reste de la façade.

Source CSTB

Figure 2 : Rejaillissement en milieu boueux

Par ailleurs, les soubassements peuvent être soumis aux remontées capillaires d'humidité, ce qui favorise la croissance des micro-organismes.

Source CSTB

Figure 3 : Remontées capillaires

2.2. Solutions

Les enduits extérieurs à forte capillarité doivent être arrêtés au-dessus de la zone de rejaillissement, soit au minimum 15 cm au-dessus de la coupure de capillarité pour les supports neufs.

Lorsqu'un enduit est constitué de mortiers de plâtre et chaux aérienne, des soubassements en mortier de liant hydraulique doivent être appliqués en pied de façade, à défaut d'assise de rejaillissement en pierre.

Le phénomène de rejaillissement peut également être limité en plaçant un lit de gravillons ou de cailloux en pied de mur, dans lequel la plupart des gouttes de pluie s'infiltrent.

De plus, les gouttes de pluie qui rebondissent sur les gravillons vont dans toutes les directions et pas uniquement vers le mur. Le rejaillissement vers la façade est encore plus limité en imprimant une pente au lit de gravillons.

Figure 4 : Lit de gravillons et de cailloux en pied de mur

Lorsque les bâtiments sont bordés de trottoirs, cette solution n'est pas applicable.

Le soubassement peut alors être traité avec une couleur plus foncée que celle du reste de la façade, afin d'anticiper la future différence d'aspect.

3. Les éléments en saillie

3.1. Constat

Bien que la tendance actuelle de l'architecture moderne soit aux façades lisses et planes, la plupart des bâtiments présentent des éléments en saillie : corniches, moulures, bandeaux, balcons, etc.

Ces éléments comportent des surfaces planes horizontales ou inclinées, qui favorisent l'accumulation des salissures sur les façades par rejaillissement et / ou ruissellement.

De plus, les salissures se développent couramment au raccordement de ces éléments avec la façade.

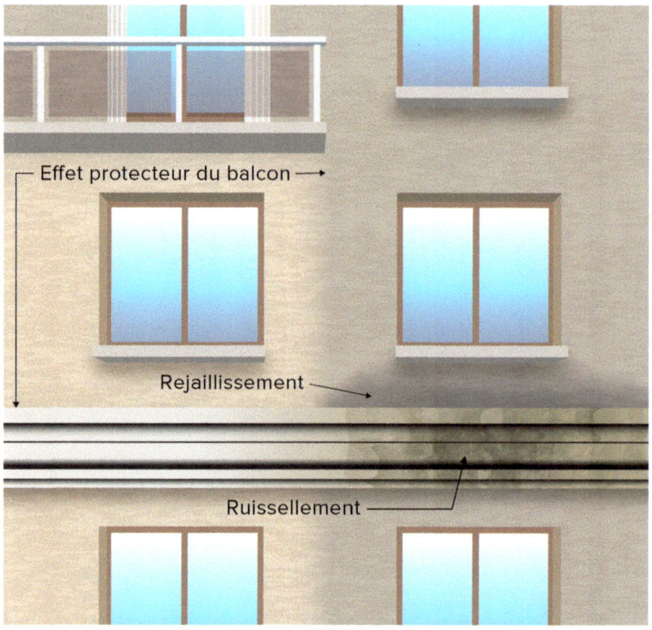

Figure 5 : Salissures caractéristiques des éléments en saillie

3.2. Solutions

■ La goutte d'eau

Tous les éléments en saillie doivent être munis d'une goutte d'eau.

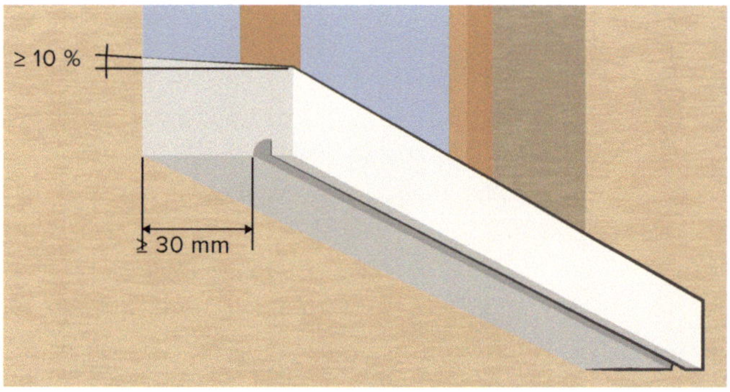

Figure 6 : Goutte d'eau

Une goutte d'eau (ou larmier) est un petit canal suffisamment profond à la sous-face d'un élément saillant exposé à la pluie. Elle interrompt le cheminement de l'eau, la contraint à se décoller et à tomber au lieu de ruisseler jusqu'à la façade. Elle doit se situer à au moins 3 cm de la façade.

Par ailleurs, l'élément en saillie doit être légèrement en pente (10 % minimum).

On peut également imprimer une pente de 10 à 15 % à la sous-face de l'élément en saillie pour une meilleure évacuation de l'eau.

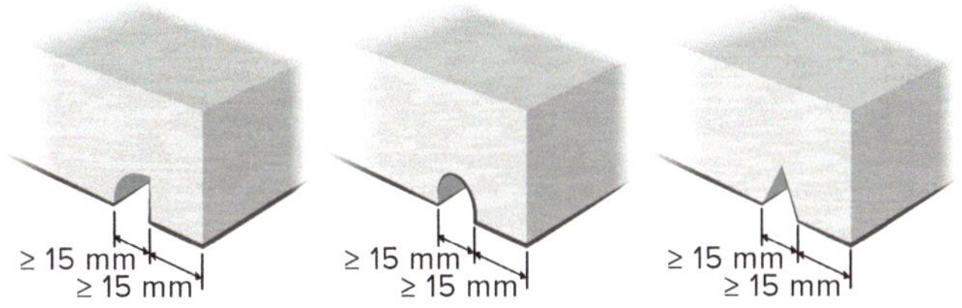

Figure 7 : Différents profils de goutte d'eau

■ La bavette

Les éléments en saillie peuvent également être revêtus d'une bavette.

Une bavette est une bande ou une feuille étroite de métal, rapportée sur un ouvrage pour l'abriter des ruissellements. Elle doit être munie d'une goutte d'eau.

Le matériau plus lisse de la bavette limite les accumulations de dépôt et l'accrochage de micro-organismes, et la bavette associée à sa goutte d'eau permet de décoller l'eau de la façade. La bavette doit être légèrement en pente (10 % minimum).

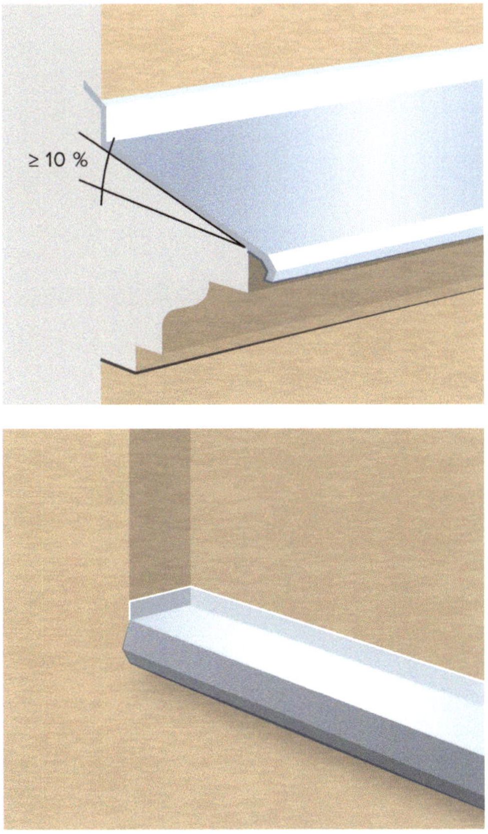

Figure 8 : Exemples de bavettes

La jonction de la bavette à la façade constitue un point technique délicat à ne pas négliger.

L'idéal est de la raccorder par double engravure.

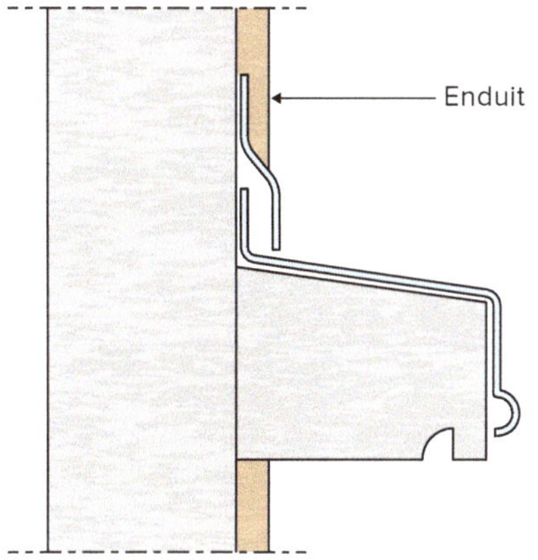

Figure 9 : Raccordement de la bavette par double engravure

Pour toutes les autres ruptures de pente de la façade, il existe également des bandes de solins, illustrées au paragr. 8 « Association de différents revêtements ».

ATTENTION

Les éléments en saillie doivent être correctement solidarisés à la façade pour éviter les infiltrations, généralement à l'aide de joints de façade.

3.3. Cas particuliers

■ Les bandeaux

Comme le montre l'exemple des immeubles haussmanniens, les « anciens » savaient protéger les bâtiments en maîtrisant le trajet de l'eau sur les façades. Les modénatures étaient décoratives mais aussi fonctionnelles, de même qu'à l'intérieur des habitations, les moulures cachaient les éventuelles fissurations de construction.

Tous ces éléments ornementaux étaient protégés par des bavettes en zinc ou en plomb.

Aujourd'hui, ces façades sont ravalées régulièrement pour limiter leur noircissement mais sont peu sujettes aux coulures. En particulier, les façades en plâtre donnent un exemple de façades protégées de façon efficace.

Source CSTB

Figure 10 : Exemple d'immeuble haussmannien avec modénatures

Sur certains immeubles récents, les bandeaux semblent avoir perdu leur fonction : ils ne sont plus que décoratifs et favorisent parfois le rejaillissement. Bien protégés, ils peuvent pourtant éviter l'apparition d'hétérogénéités dues aux effets protecteurs des balcons par exemple.

Ils permettent ainsi d'obtenir une couleur de façade uniforme pour un même étage, en décollant régulièrement l'eau de la façade, comme en témoignent souvent, en milieu urbain, les immeubles touchés par la pollution atmosphérique.

OBSERVATION

Le DTU 26.1 P1-1 (chapitre 13) précise que pour les enduits aux mortiers de plâtre et chaux aérienne, la façade doit être protégée contre le ruissellement. Pour cela, elle doit être recoupée dans sa hauteur à chaque niveau de plancher par un bandeau recouvert de zinc muni d'une goutte d'eau.

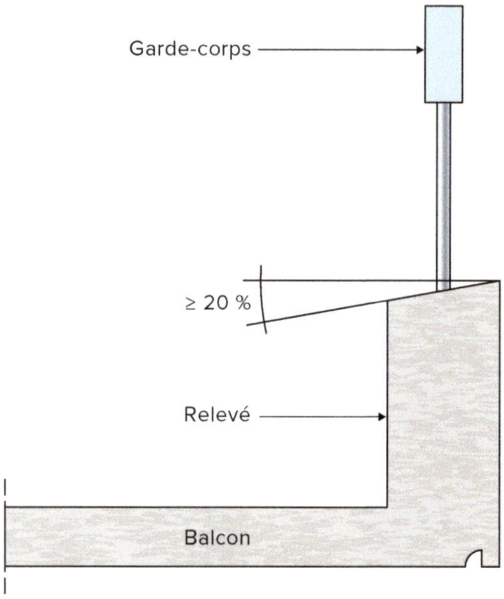

Figure 12 : Bandeau avec relevé sur lequel est fixé le garde-corps

Les balcons

Très souvent, les jonctions entre le garde-corps et le balcon, mais également entre le balcon et la façade, deviennent des points d'accumulation de salissures et donnent naissance à des coulures.

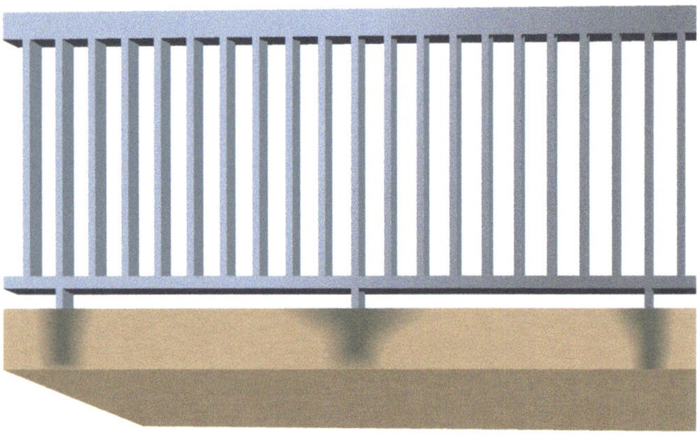

Figure 11 : Salissures aux raccords entre le garde-corps et le balcon

Pour éviter la stagnation de l'eau au niveau de ces points, il faut utiliser la pente des éléments.

Pour les jonctions avec le garde-corps, le balcon nécessite un relevé sur lequel le garde-corps est fixé.

Le relevé doit présenter une pente dirigée vers l'intérieur du balcon.

Pour la jonction entre le balcon et la façade, il faut placer une talonnette dont la pente est également dirigée vers l'intérieur du balcon

Par ailleurs, il est nécessaire de placer une goutte d'eau en sous-face des balcons.

Source CSTB

Figure 13 : Jonction entre balcon et façade

OBSERVATION

Les solutions liées aux salissures des garde-corps pleins sont présentées au paragr. 6.2 « Toitures-terrasses ».

4. Les baies

4.1. Constat

Les baies constituent un point singulier incontournable.

Sans aucune protection, les poussières et les salissures biologiques accumulées sur la partie horizontale de l'appui de baie coulent lors des périodes de pluie.

Figure 14 : Baie rectangulaire
Les coulures s'étendent sur toute la longueur de l'appui

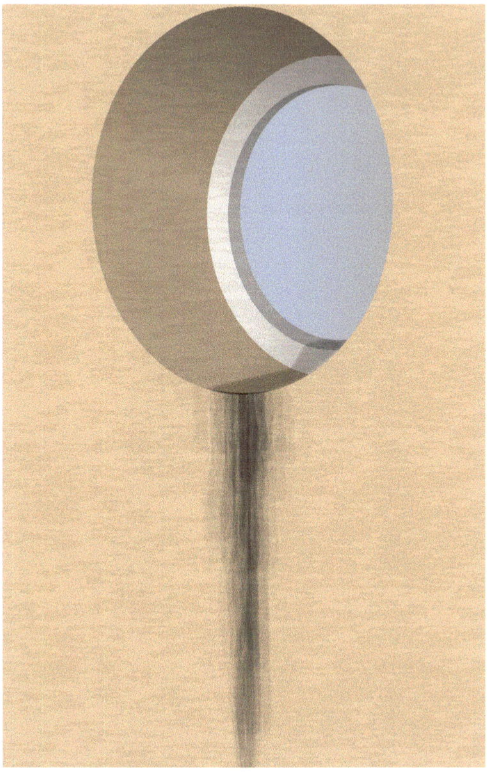

Figure 15 : Baie circulaire
L'eau s'achemine vers le point bas de la baie avant de ruisseler sous la forme d'une seule coulure le long de la façade

Dans un environnement fortement pollué, c'est la partie située sous l'appui de baie, non protégée, qui est plus propre que le reste de la façade.

4.2. Solutions

Les baies rectangulaires doivent être munies d'un appui de baie débordant présentant un profil en pente vers l'extérieur et muni d'une goutte d'eau en sous-face.

Le débord doit être de 5 cm minimum par rapport au nu de la façade.

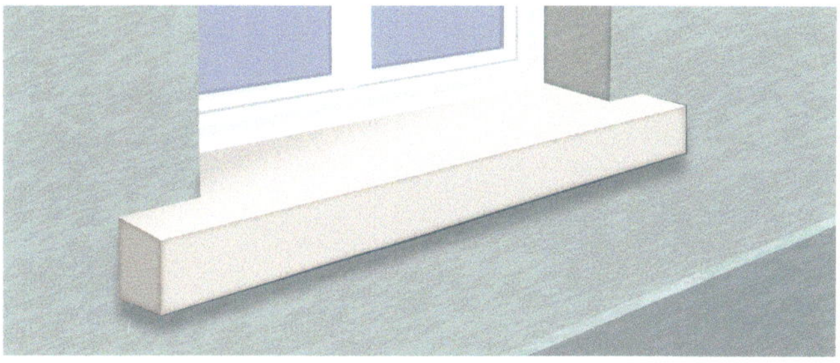

Figure 16 : Appui de baie débordant

Les appuis débordants doivent comporter, de part et d'autre de la baie, des relevés ou des « oreilles » d'appui.

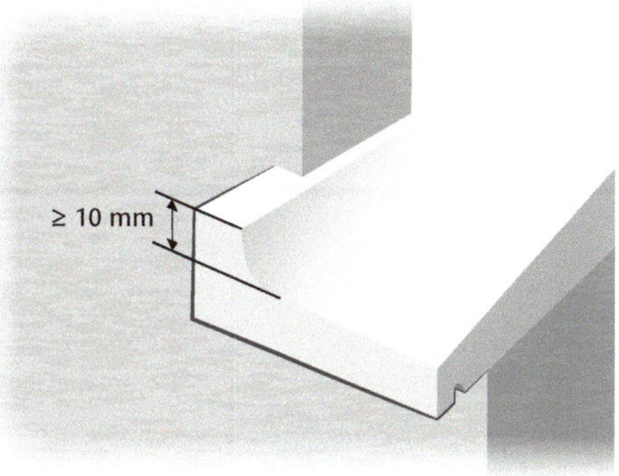

Figure 17 : Appui de baie débordant avec relevés

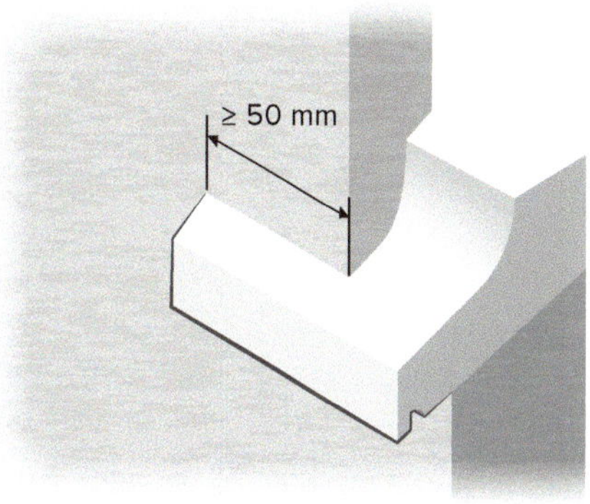

Figure 18 : Appui de baie débordant avec « oreilles » d'appui

4.3. Cas particulier des baies sans appui débordant

De nombreuses constructions récentes disposent d'appuis de baie qui ne sont pas débordants.

La solution est d'utiliser une bavette avec goutte d'eau en sous-face et munie de rejets latéraux.

Figure 19 : Exemple de solution pour les baies rectangulaires

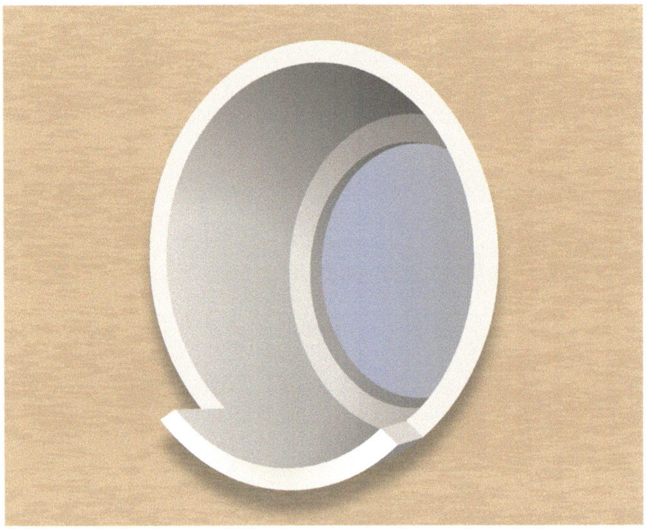

Figure 20 : Exemple de solution pour les baies circulaires

La bavette doit être correctement fixée et étanchée au dormant, afin d'éviter que l'eau ne passe derrière l'appui pour venir ruisseler sur l'allège.

La goutte d'eau doit se trouver suffisamment loin de la façade enduite (à 3 cm usuellement). Elle doit être adaptée aux conditions de précipitation de la région considérée.

ATTENTION

Lorsque les appuis de baie présentent des défauts de conception, l'eau s'écoule aux extrémités de l'appui et provoque alors l'apparition de « moustaches ».
Ce phénomène se manifeste :
lorsqu'un appui de baie débordant ne comporte ni relevés ni oreilles ou lorsque la longueur des oreilles est insuffisante ;
lorsqu'un appui de baie sans débord est équipé d'une bavette ne comportant pas de rejets latéraux

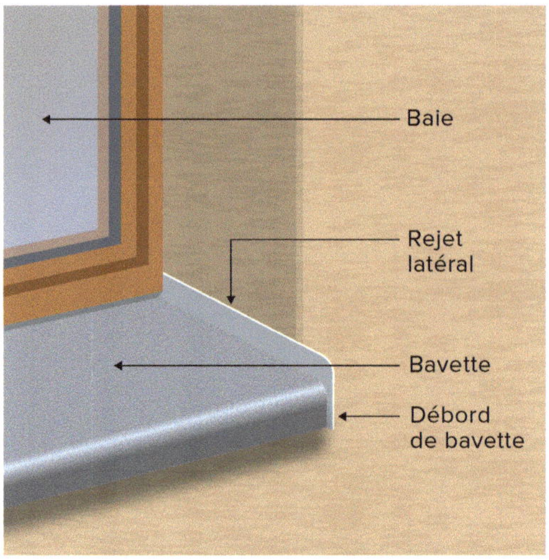

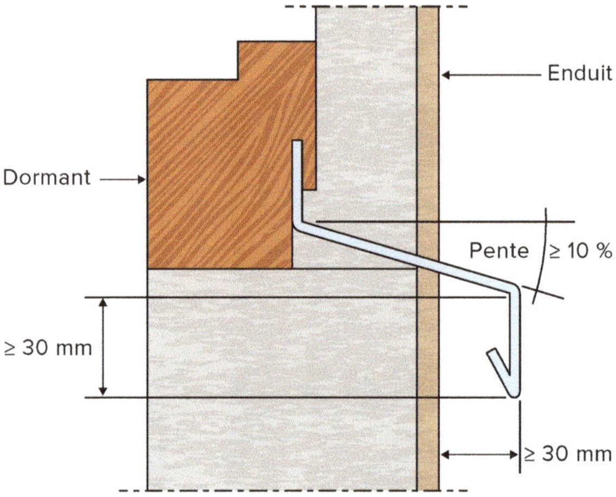

Figure 21 : Bavette avec rejets latéraux

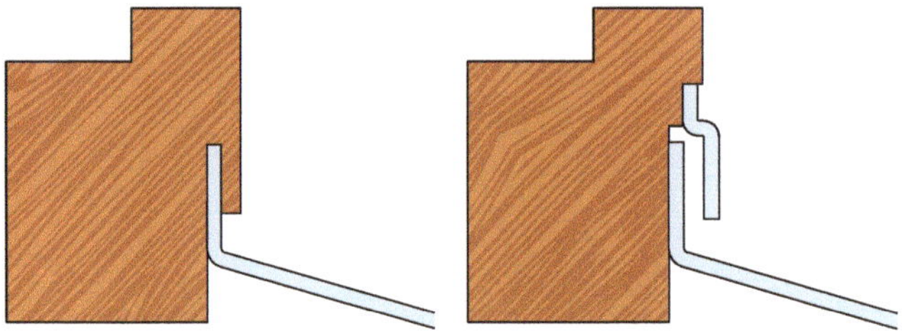

Figure 22 : Raccordement de la bavette au dormant

Figure 23 : Moustaches aux extrémités d'un appui

5. Les couvertures

5.1. Constat

Les pignons des maisons individuelles peuvent présenter des coulures localisées au droit du faîtage et des jonctions entre les tuiles de la toiture.

L'eau s'écoule le long du toit dans le sens de la pente jusqu'à l'égout.

Le long des rives, l'eau accumulée aux jonctions des tuiles a tendance à ruisseler, formant des taches.

Figure 24 : Salissures sur pignon

5.2. Solutions

Pour éviter les coulures sur le pignon, il faut avoir un débord de toiture suffisamment important.

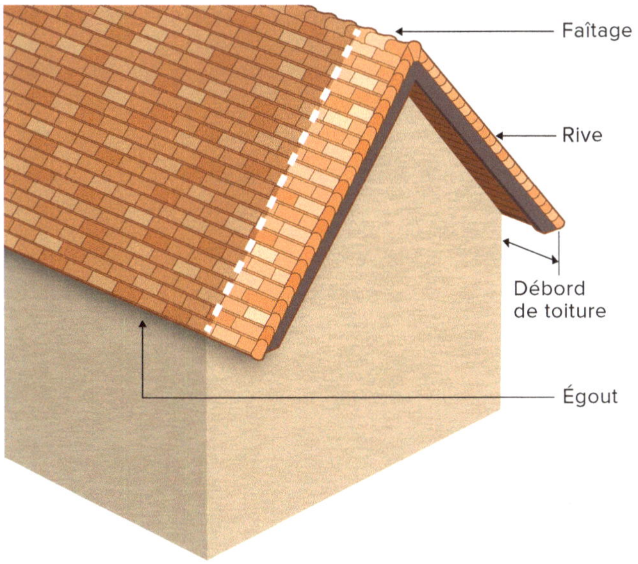

Figure 25 : Débord de toiture

OBSERVATION

Plus le toit est débordant, meilleure est la protection de la façade. Cependant, le débord doit rester limité en longueur, pour éviter de trop priver la façade de lumière lorsqu'elle dispose d'une baie en hauteur.

Cependant, il n'est pas toujours permis d'avoir un débord de toiture... Certaines contraintes existent :

■ Les styles régionaux

Au sein d'une région ou d'une zone géographique plus limitée, les maisons sont souvent construites dans le même style.

■ La législation

Le choix du débord de toiture est guidé par le plan local d'urbanisme (PLU) et le plan d'occupation des sols (POS) de chaque commune, qui parfois impose un débord maximum ou même de n'avoir aucun débord.

Lorsque le débord n'est pas possible, l'installation de bandes de rive ou de tuiles de rive constitue un traitement possible, mais moins efficace.

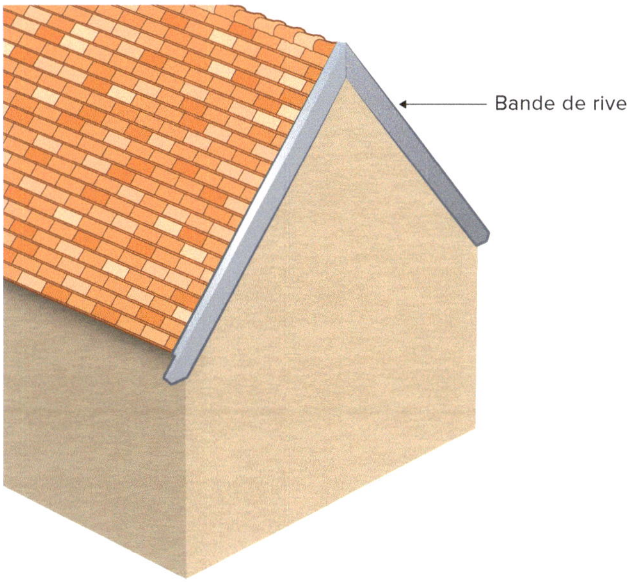

Figure 26 : Bande de rive

Il existe des cas où le pignon est au-dessus de la rive.

La pente du pignon doit alors être dirigée vers le toit.

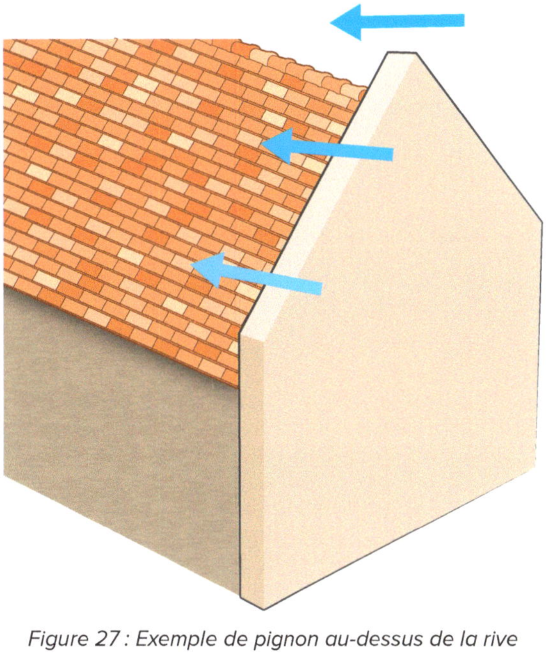

Figure 27 : Exemple de pignon au-dessus de la rive

6. Les toitures-terrasses

Qu'elles soient accessibles ou non, les toitures-terrasses sont entourées d'acrotères pouvant jouer parfois le rôle de garde-corps, retrouvés également sur certains balcons ou passerelles.

6.1. Constat

Sans protection, des coulures apparaissent le long des surfaces verticales.

Figure 28 : Acrotère sans couvertine

Seule la partie droite du bâtiment n'est pas protégée : des coulures se propagent alors sur la façade.

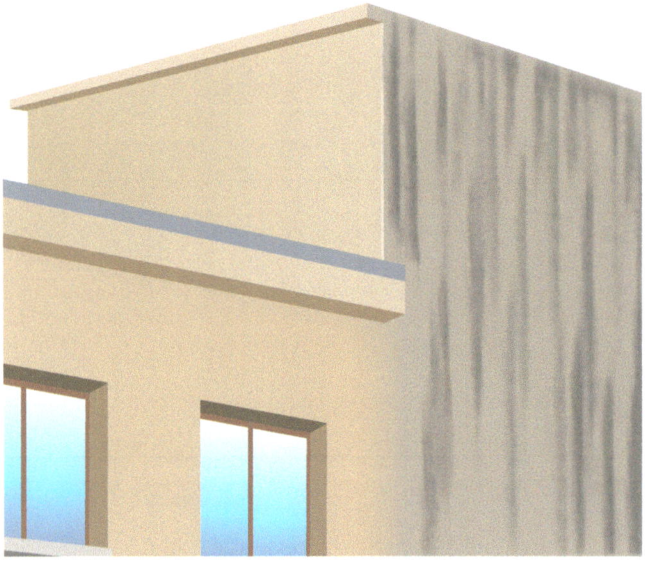

Figure 29 : Exemple de coulures en façade

6.2. Solution

Toutes les surfaces horizontales des acrotères doivent être protégées par des couronnements.

Le couronnement peut se faire avec une couvertine, dispositif métallique (zinc, acier...) conforme au DTU concerné de la série 40.4.

Figure 30 : Acrotère avec couvertine

La couvertine doit être débordante et se terminer en goutte d'eau.

Il est recommandé que l'ourlet soit à 3 cm du pourtour.

Par ailleurs, l'acrotère devra présenter une pente d'au moins 25 % inclinée vers l'intérieur du bâtiment.

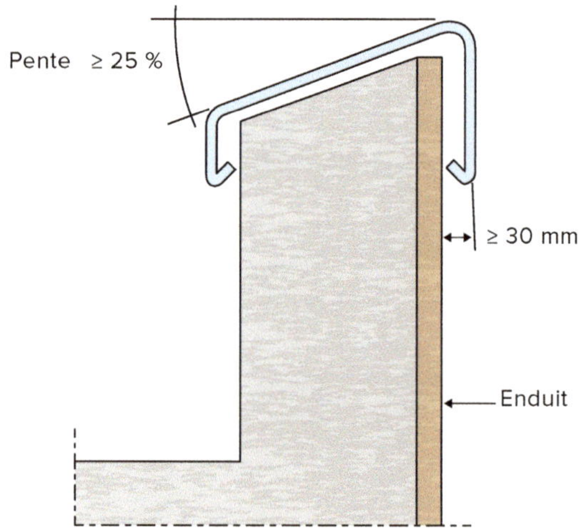

Figure 31 : Acrotère avec pente

Les jonctions entre couvertines constituent un point délicat à traiter. En effet, il est nécessaire de laisser un jeu d'environ 5 mm entre chaque élément de couvertine pour la dilatation.

Les coulures observées sont alors souvent localisées au niveau des jonctions de couvertines.

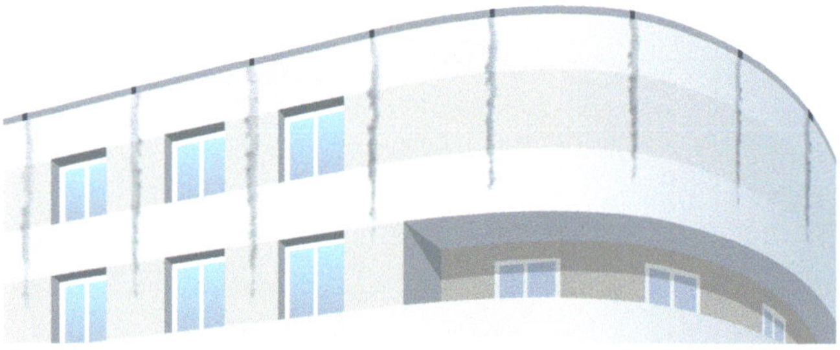

Figure 32 : Coulures au niveau des jonctions de couvertines

Il faut donc placer une pièce de jonction qui respecte la continuité de la goutte d'eau.

Cette pièce est placée sous les éléments de couvertine.

OBSERVATION

La pose de couvertines nécessite au préalable la mise en place de petits supports, qui servent également de pièces de jonction entre éléments.

Pour les raccordements en angle entre deux couvertines, il faut utiliser une pièce de jonction monobloc.

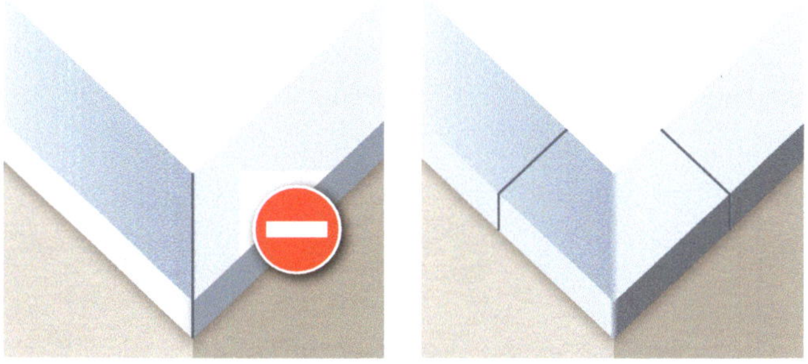

Figure 33 : Raccordement en angle entre deux couvertines

6.3. Cas particulier des toitures-terrasses sans acrotère

Lorsque la toiture-terrasse ne comporte pas d'acrotère, l'ouvrage correspondant est désigné par rive.

On distingue :

- les rives avec débord,
- les rives nues (sans débord).

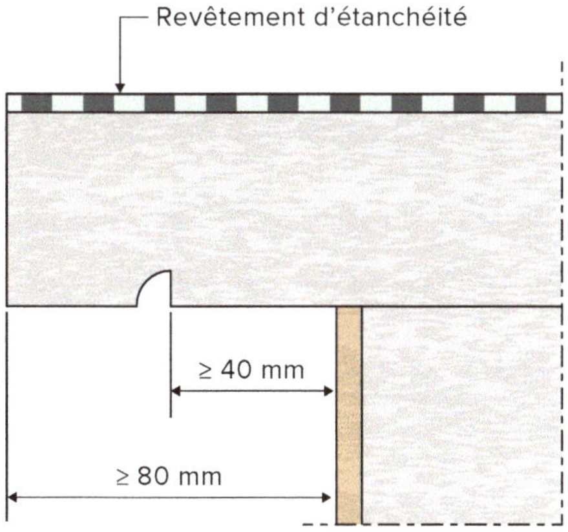

Figure 34 : Rive avec débord

Les rives avec débord doivent être équipées d'une goutte d'eau ; le débord doit être de 80 mm minimum.

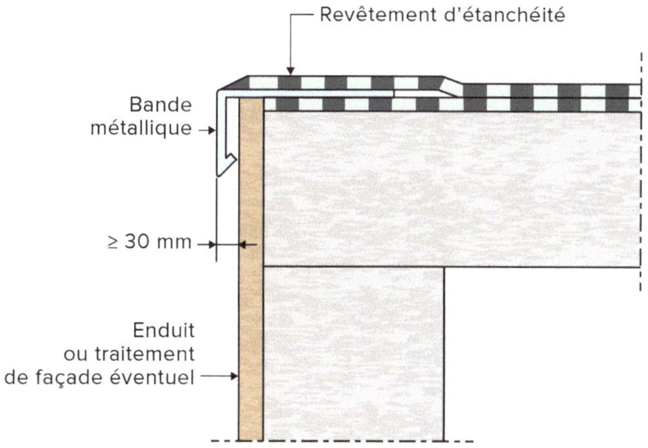

Figure 35 : Rive nue

Les rives nues nécessitent des ouvrages complémentaires d'étanchéité pour rejeter l'eau vers l'extérieur.

7. L'évacuation des eaux pluviales

L'évacuation des eaux pluviales (EP) joue un rôle fondamental dans la protection des façades contre les salissures. L'eau de pluie, qui s'écoule sur le toit, doit être collectée au moyen d'un système d'évacuation composé de gouttières ou chéneaux et de tuyaux de descente.

7.1. Constat

En l'absence de système d'évacuation, l'eau peut couler directement sur la façade et provoquer l'apparition de salissures.

Si le système n'est pas correctement dimensionné ou mal installé, l'eau qui s'écoule du toit peut déborder des gouttières et chéneaux et provoquer également l'apparition de salissures.

Source CSTB

Figure 36 : Défaut de mise en œuvre d'une gouttière

7.2. Solution

Le bâtiment doit donc être impérativement équipé d'un système d'évacuation des eaux pluviales.

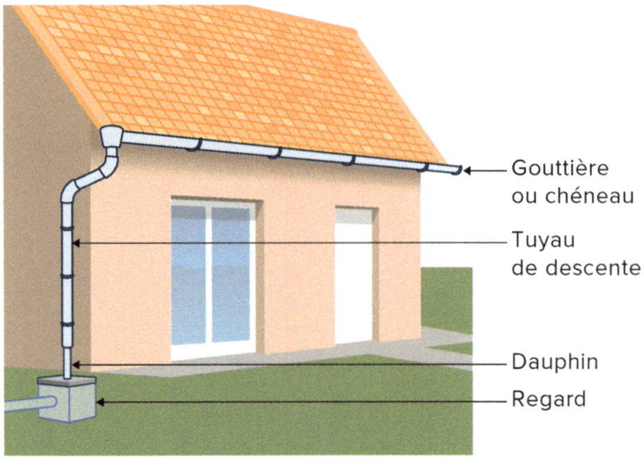

Figure 37 : Réseau d'évacuation des eaux pluviales

Les gouttières et chéneaux doivent être établis de telle sorte que les eaux pluviales soient conduites le plus directement possible vers les tuyaux de descente.

La section des gouttières et chéneaux dépend, entre autres, de la surface en plan des toitures desservies ; elle est déterminée selon les dispositions des DTU 40.5 et 60.11. Les gouttières et chéneaux présenteront une pente au moins égale à 5 mm par mètre.

Le parcours d'un tuyau de descente est en principe une ligne verticale. Il s'agit d'obtenir le maximum de rapidité d'écoulement pour que les déchets entraînés par l'eau ne puissent s'y arrêter et être une cause d'obturation partielle ou totale.

Le diamètre intérieur minimal des tuyaux de descente est fixé à 6 cm. Ils doivent être placés à 2 cm au minimum du mur, afin d'éviter l'écoulement de l'eau sur la façade en cas de fuite.

Enfin, il faut veiller au bon recouvrement des gouttières.

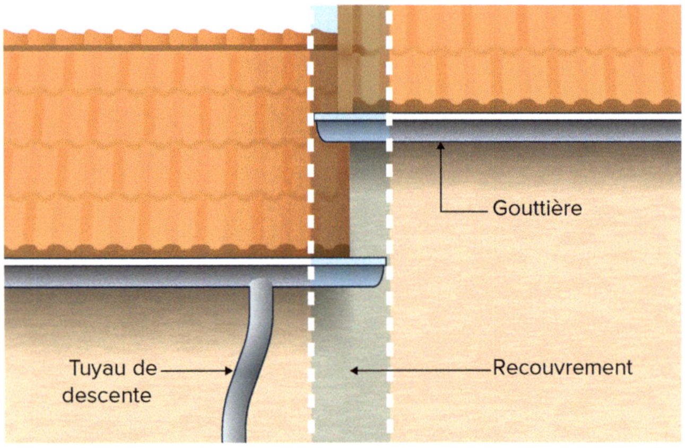

Figure 38 : Exemple de recouvrement de gouttières

OBSERVATION

Durant l'automne, l'accumulation de feuilles mortes dans les gouttières peut entraîner des débordements d'eau sur la façade. Une solution consiste à revêtir l'intérieur de la gouttière avec une grille de protection. Ainsi, l'eau s'évacue sans risque d'obstruction de la gouttière.

7.3. Le cas des pissettes

Les pissettes canalisent l'eau provenant des trop-pleins afin d'évacuer les eaux pluviales des balcons. Des développements plus prononcés de salissures sont souvent observés autour et en dessous des pissettes, et parfois des coulures au droit de celles-ci sur les balcons inférieurs.

Figure 39 : Salissures autour d'une pissette

Ces salissures sont dues au fait que le tuyau n'est pas complètement étanche et l'eau remonte par capillarité le long de la façade.

D'autre part, l'eau issue de la pissette est parfois rabattue un peu plus bas sur les façades, en particulier celles exposées aux vents dominants.

Par conséquent, il faut prévoir une longueur suffisante de pissette, et ce en fonction de l'importance du vent. Leur longueur usuelle est d'environ 5 à 10 cm, leur diamètre étant calculé en fonction du débit d'eau à évacuer.

D'autre part, les pissettes risquent souvent de se boucher. La solution est alors de concevoir une pissette ouverte afin de faciliter l'évacuation de l'eau.

Figure 40 : Pissette fermée

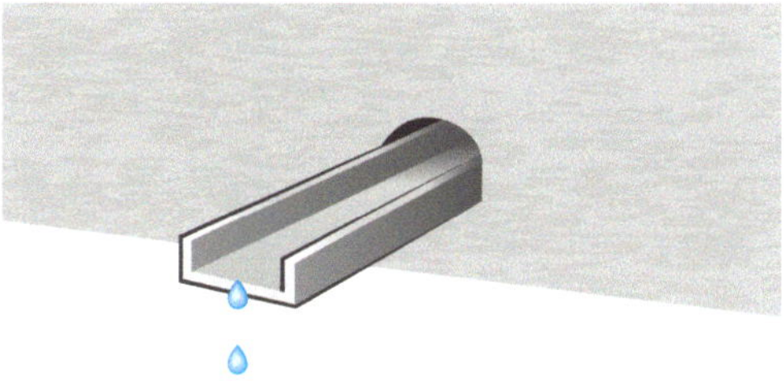

Figure 41 : Pissette ouverte

Les pissettes sont des éléments peu esthétiques ; il est donc important de réfléchir à leur traitement décoratif. Elles peuvent être intégrées à des éléments de la façade.

Autrefois, ces évacuations étaient habillées de sculptures ornementales comme en témoignent les gargouilles des cathédrales.

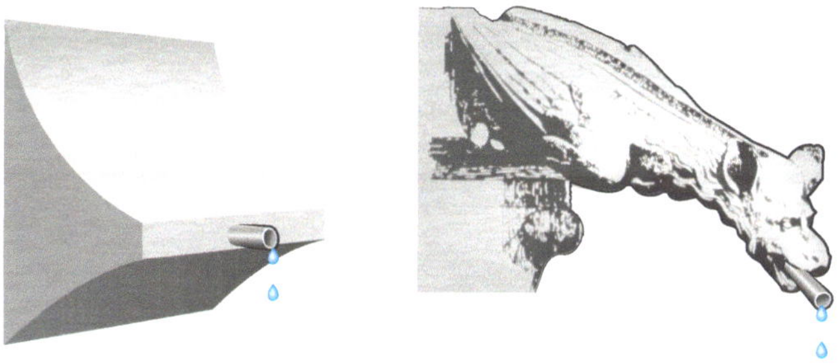

Figure 42 : Intégration architecturale des pissettes

Néanmoins, la solution la plus efficace est d'éviter les pissettes : il faut alors penser à des systèmes permettant de recueillir l'eau et de l'évacuer en réseau.

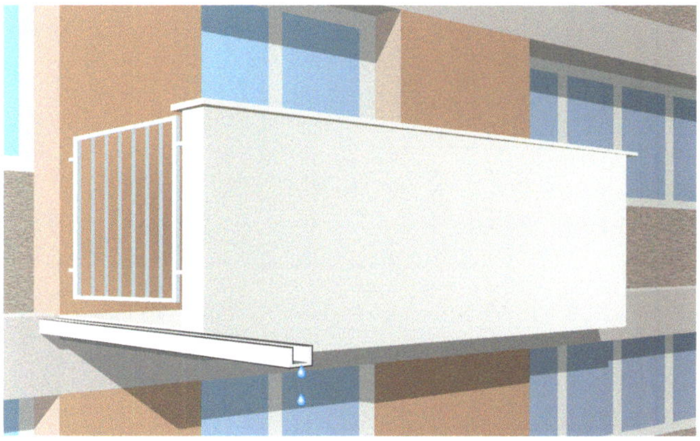

Figure 43 : Exemple d'évacuation de l'eau des balcons

8. L'association de différents revêtements

8.1. Constat

Lorsque différents revêtements sont utilisés sur une même façade, leur jonction peut être à l'origine de salissures, en particulier lorsqu'on passe d'une surface lisse (par exemple du carrelage) à une surface plus rugueuse et / ou plus poreuse (type enduit).

Figure 44 : Exemple de salissures résultant de l'utilisation de différents matériaux

L'eau ruisselle sur le matériau lisse, emportant facilement les salissures.

Les joints canalisent l'eau et les coulures se développent sur l'enduit au droit des joints.

8.2. Solution

La solution pour limiter ce phénomène est de « décoller » l'eau de ruissellement issue de la surface lisse, en utilisant une bande de solin débordant d'au moins 3 cm de la façade.

Figure 45 : Utilisation d'une bande de solin

Il s'agit d'une sorte de bavette en zinc, se terminant en goutte d'eau, qui détourne l'écoulement de l'eau.

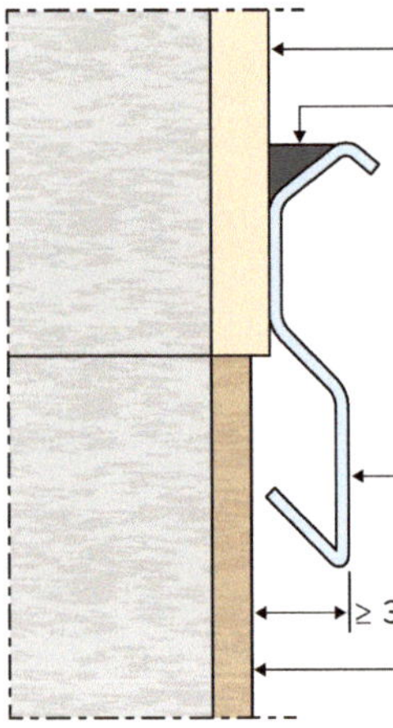

Figure 46 : Vue en coupe

ATTENTION

Certains mastics peuvent noircir facilement. S'ils vieillissent mal (notamment, migration de plastifiants vers la surface), leurs caractéristiques évoluent et ils deviennent « collants ». C'est pourquoi il faut utiliser en façade un mastic adapté.

Figure 47 : Observation de coulures au niveau des joints

OBSERVATION

Sur certains acrotères ou murets, il y a parfois des éléments décoratifs comme de la brique, des carreaux ou autres éléments assemblés par des joints. Des coulures sont alors observées, semblables au défaut lié à l'association de revêtements sur une façade.
C'est encore au niveau des joints que les coulures prennent naissance.
Il faut alors placer une bande de solin imperméable et continue juste au-dessous des briques, débordant par rapport à la surface verticale.

9. Les autres points singuliers

Il existe d'autres points singuliers sur un bâtiment : grilles de ventilation, éléments décoratifs, enseignes, auvents, lucarnes, etc.

Les préconisations exposées précédemment sont adaptables à toutes les configurations rencontrées dans le bâtiment.

9.1. Le cas des lucarnes

Certaines lucarnes sont victimes du phénomène de rejaillissement.

La lucarne peut être traitée comme la partie basse d'un bâtiment.

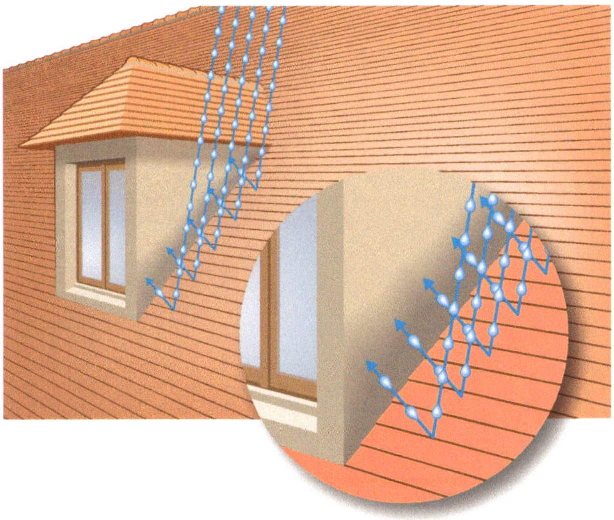

Figure 48 : Rejaillissement au niveau de la lucarne

9.2. Le cas des grilles de ventilation

Des coulures sont fréquemment observées en dessous des grilles de ventilation.

L'air qui sort du système de ventilation est chargé de poussières et autres particules. Les salissures sont ensuite entraînées par la pluie.

Source CSTB

Figure 49 : Coulures en-dessous de la grille de ventilation

Pour limiter ces phénomènes, il faut éviter de diriger l'air sortant sur la façade, et ce pour tous les systèmes d'évacuation d'air (hottes...).

Dans ce cas, la meilleure solution est l'entretien régulier de la grille de ventilation afin de ne pas laisser la rouille et les poussières s'accumuler.

OBSERVATION

Pour les zones inclinées, les phénomènes et les solutions sont les mêmes que pour les autres surfaces horizontales. Le ruissellement de l'eau est plus intense, accéléré par la pente.
Il faudra donc soigner le rejet d'eau ou la goutte d'eau en bas de la couvertine.

Chapitre 6 : **Mise en œuvre et entretien**

La mise en œuvre et l'entretien sont des étapes primordiales. Une installation correcte des protections, associée par la suite à des gestes simples d'entretien, permet de retarder considérablement le développement des salissures de façade.

1. L'installation des protections

L'installation des protections doit être réalisée au moment de la construction du bâtiment ou juste après. Elle doit tenir compte des facteurs qui influencent le développement des salissures de façade (climat, environnement local, orientation de l'ouvrage).

Le raccordement des protections à la façade est particulièrement important.

Même avec des matériaux d'excellente qualité, un défaut de raccordement suffira à engendrer une coulure ou une accumulation de poussières.

Source CSTB

Figure 1 : Absence de relevé en extrémité

2. L'entretien du bâtiment

L'apparition de salissures ne résulte pas seulement de l'absence de protection ou de négligence au niveau du chantier. Dans certains cas, il s'agit d'une absence d'entretien dans le temps.

Au-delà de la conception, il faut donc penser à l'entretien régulier du bâtiment.

Par exemple, on veillera à enlever les feuilles mortes et les végétaux divers dans les gouttières et les pissettes, ainsi que sur les couvertures et les toitures-terrasses.

Les opérations d'entretien sont par ailleurs l'occasion de diagnostiquer les manques de protection ou leur mauvaise mise en œuvre.

OBSERVATION

Le développement durable est au centre des préoccupations en France. L'entretien des façades est bien un problème de qualité environnementale et mettre en œuvre ces protections sur les façades participe de la notion de coût global d'un bâtiment : les coûts d'installation pourraient être légèrement augmentés, afin de réduire les coûts de maintenance de façon significative.

3. Le traitement des matériaux

De nombreux produits visant à retarder l'encrassement des façades sont aujourd'hui disponibles sur le marché. Ces solutions préventives font intervenir des composés chimiques, directement introduits dans le matériau de façade ou appliqués sur ce dernier. Parmi ces composés, les hydrofuges et les biocides sont les plus employés.

Ces produits ne se limitent pas aux revêtements de façade : des traitements similaires existent aussi pour les tuiles de couverture.

PARTIE 2

NETTOYAGE ET DÉCAPAGE DES MATÉRIAUX DE FAÇADE

Chapitre 1 : **Introduction**

Dermatologue sans le savoir

Le parement des matériaux de façade est une peau aussi complexe et fragile que la peau humaine. Le nettoyage ou le décapage de cette peau fait appel à un savoir-faire de dermatologue.

Le nettoyage et/ou le décapage des matériaux de façade correspond, après la mise en place de l'échafaudage, à la première étape du ravalement.

Les produits employés rendent cette étape capitale :

- ils doivent être compatibles avec ceux mis en œuvre dans les deux autres phases : la réparation du parement et la protection des surfaces nettoyées ou décapées ;
- ils doivent être neutres, c'est-à-dire ne doivent pas détruire, à court ou à long terme, le matériau sur lequel ils sont appliqués ;
- ils doivent respecter l'environnement.

Hormis les préconisations des fabricants et quelques recommandations sommaires inscrites au PLU (plan local d'urbanisme) et dans les zones classées, il n'existe pratiquement aucune règle, aucun DTU qui régit le nettoyage et le décapage des matériaux de façade (aluminium, acier, verre, béton, pierre, etc.).

L'absence de règles et de réglementation conduit l'artisan ou l'entrepreneur à privilégier un moyen plutôt qu'un autre, et ce, parfois au détriment du matériau. Bien souvent, les intervenants sont de bonne foi : qui peut deviner sans renseignements préalables que tel ou tel produit appliqué sur un parement peut le détruire ? Ce type d'« oubli » peut, par exemple, marquer à jamais un verre acrylique (communément appelé Altuglas®, Plexiglas®, Perspex®, Setacryl®), nettoyé avec un produit basique pour laver les vitres (certains composants peuvent le faire craqueler, le *crazing*) peut dérocher un aluminium si le produit n'est pas neutre ou peut pourrir la pierre de l'intérieur (certains nettoyants sont à l'origine d'un rabotage chimique irréversible).

S'engager dans un processus de nettoyage ou de décapage sans en vérifier l'incidence sur le matériau ou sur les éléments attenants peut avoir non seulement des conséquences lourdes sur la vie de la façade, mais aussi pour l'entrepreneur dont la responsabilité peut être recherchée par la suite.

Or, **tous les matériaux constitutifs de la façade sont assujettis à une méthode de nettoyage spécifique**. Dès lors, il convient de se poser les bonnes questions et d'adopter les bonnes attitudes chaque fois que l'on se trouve face à un matériau :

- ne pas reproduire des usages sans les avoir vérifiés ;
- éviter tout « acharnement thérapeutique » susceptible d'endommager durablement ou définitivement un matériau de façade pour satisfaire à des exigences à la mode ;
- s'informer auprès des fabricants, même pour des cas *a priori* anodins ou élémentaires ;
- rechercher sur Internet la fiche de déclaration environnementale et sanitaire (FDES) de chaque produit de nettoyage : elle en donne la composition et liste les précautions à prendre pour l'utiliser et pour protéger l'environnement ;
- faire des essais avant de lancer l'opération ;
- faire valider les essais par le client ou son maître d'œuvre.

Chapitre 2 : **Nettoyage, décapage : un projet global**

Nettoyage ou décapage : la mise en œuvre d'une opération de nettoyage ou de décapage implique une réflexion qui, outre la nature du matériau, doit porter sur l'organisation du chantier. Cette réflexion doit prendre en compte les données suivantes :

- l'impact sur l'environnement ;
- les moyens dédiés ;
- les échafaudages :
  - échafaudages de pieds,
  - nacelles,
  - plateformes à mats ;
- l'ensemble des protections à mettre en œuvre avant le décapage ou le nettoyage :
  - bâches et filets,
  - occultation des baies,
  - joints de bâti,
  - bouchage des fissures traversantes ;
- le choix de la technique :
  - en fonction de la réglementation,
  - en fonction de la nature du parement,
  - de son type d'encrassement,
  - de la constitution de la peinture à décaper ;
- l'étude approfondie du mode d'emploi ;
- évaluation des risques professionnels ;
- les essais sur le parement ;
- la mise en œuvre de l'obligation de résultat ;
- la réception de l'obligation de résultat par le client ;
- l'élimination des résidus de nettoyage ou de décapage : boues, eaux de lavage, peintures dissoutes, etc.
- le contrôle pendant le chantier ;
- la réception des travaux.

ATTENTION

- On ne lance pas un projet de ravalement sans avoir préalablement fait certains diagnostics. Le maître d'ouvrage doit, préalablement à l'établissement du cahier des charges et à la demande de prix, réaliser un diagnostic d'absence ou de présence de plomb et d'amiante. Ces diagnostics sont obligatoires. ils doivent préciser la présence ou l'absence de plomb et d'amiante sur chaque élément constitutif de la façade.
- Important : Les diagnostics amiante ou plomb effectués lors d'une vente ou pour l'établissement d'un dossier technique amiante sont notoirement insuffisants lors de démolition ou de travaux. En effet, ils portent sur l'amiante et le plomb « accessibles » alors que les contrôles amiante et plomb avant travaux ou démolition imposent de rechercher ces polluants dans tous les éléments de construction, y compris par des sondages destructifs.
  Sous peu, le Groupement national amiante (GNA-FFB) mettra sur son site Internet un tableau récapitulatif de ces dispositifs (http://www.amiante.ffbatiment.fr/).

Figure 1 : Le diagnostic avant travaux doit prendre en compte la diversité des matériaux constitutifs de la façade

1. Définitions

1.1. Nettoyage

Nettoyer, c'est rendre plus propre, c'est venir à bout de l'encrassement et c'est décontaminer le support. La règle est de respecter le matériau d'origine :

- ne pas changer sa matière ni sa couleur ;
- ne pas l'user, par exemple ne pas arrondir les modénatures ;
- ne pas introduire dans ses pores des produits nocifs.

1.2. Décapage

Décaper, c'est :

- soit éradiquer le feuil de peinture en place sans altérer le matériau support ;
- soit retrouver l'aspect d'origine.

Le décapage d'une façade est en général compris dans un processus de ravalement complet qui implique lui-même le niveau de décapage. Le niveau de décapage, qui peut se faire en une ou plusieurs passes, ne sera pas le même si l'objectif est de remplacer un type de peinture par une autre, par exemple une peinture de décors D3 par un produit d'imperméabilité I3, ou de retrouver l'aspect du matériau d'origine, par exemple un parement pierre. Dans chaque cas, le niveau de décapage doit être précisé par une préconisation du fabricant ou par le descriptif d'un homme de l'art, architecte ou maître d'œuvre. En l'absence de cahier des charges, l'artisan livré à lui-même prend la responsabilité de l'ouvrage avec les risques afférents.

2. Principes

Celui qui nettoie ou qui décape doit être guidé par deux grands principes :

- la réversibilité des actions effectuées ;
- une intervention minimale.

Un bon artisan doit savoir s'arrêter là où la destruction du matériau commence et ne pas appliquer sur la surface des produits irréversibles, quitte à privilégier la livraison du matériau « dans son jus » plutôt qu'un nettoyage d'une finition exagérée au détriment de la matière. Au fil du temps, chacune des interventions successives doit être sans danger pour l'original.

L'artisan doit donc accepter que son nettoyage ou la remise à nu d'une surface puissent ne pas être parfaits et savoir que le vieillissement n'épargnera pas son travail : avec le temps, les badigeonnages vont devenir visibles, les colles vont se désagréger, la couche de finition picturale ou autre va de nouveau s'empoussiérer et s'encrasser, vieillir et se détruire. Ces transformations sont inexorables. Quelle que soit l'excellence de la prestation, le travail devra un jour être repris par un successeur qui le modifiera et profitera des avancées techniques de son époque.

La pénétration d'un produit de nettoyage ou de décapage non adapté au cœur d'un matériau peut déclencher immédiatement, ou à plus ou moins long terme, une réaction chimique nocive. Cette réaction se manifeste, dans un premier temps, par des efflorescences blanchâtres et/ou oxydées suivant la composition du matériau et, dans un deuxième temps, par une destruction interne de la structure du matériau qui peut tomber en poudre. Dans les deux cas, en espérant qu'il n'est pas trop tard, il faut demander au fournisseur du produit comment neutraliser la réaction, ce qui n'est pas toujours possible.

La nouveauté du domaine consiste dans l'arrivée sur le marché de techniques qui respectent mieux l'environnement et le matériau à traiter. Comme par exemple, les produits chimiques bio, formulés spécifiquement pour une action donnée, qui ne rentrent pas dans les pores du matériau ou encore la cryogénie dont la glace se sublime au contact du mur et les argiles dopées qui encapsulent l'encrassement sans abîmer le parement.

3. Choix et fonctions des intervenants

Le maître d'ouvrage (client) motivé mais par définition non professionnel peut avoir du mal à s'entourer d'une équipe compétente pour ce type de travaux. Beaucoup d'intervenants ne prennent plus le temps d'effectuer un diagnostic en profondeur de la façade et produisent un simple copié collé d'une étude similaire. L'absence de DTU et de textes réglementaires sur le nettoyage ou le décapage complique le recours possible à des bureaux de contrôles. Certains fabricants de produits ne sont que des commerçants sans réelle organisation intégrée : laboratoire, bureau de recherche et développement, etc.

La meilleure démarche consiste donc, pour le maître d'ouvrage, à s'entourer d'un « sachant » spécialisé dans ce domaine : maître d'œuvre ou architecte.

3.1. Architecte – Maître d'œuvre

Le ravalement des façades est devenu une spécialité. Suivant les régions, des maîtres d'œuvre, des architectes ou des économistes ont investi ce marché. À Paris, la Compagnie des architectes de copropriété a été créée pour former ce type de spécialistes.

3.2. Entreprise

Difficile de s'y retrouver devant le nombre d'entreprises de ravalement existantes sur le marché. Mais pour en sélectionner une, on peut croiser un certain nombre de données : avoir pignon sur rue, vérifier le chiffre d'affaires, la qualification Qualibat, le nombre d'ouvriers, les chantiers réalisés et se méfier du bouche à oreille des non professionnels.

3.3. Fabricant

Pour le choix des produits, il est important de repérer si l'on a affaire à un authentique fabricant ou à un distributeur. Ce qui peut se faire en consultant l'extrait Kbis qui énonce les caractéristiques de l'entreprise et donne son code APE et compléter cette recherche en s'informant sur l'ancienneté de la société, sa notoriété et sa politique de suivi sur le site avant, pendant, et après le chantier.

Dans le cadre de son partenariat avec les clients, le **fabricant doit apporter une assistance** :

Avant le chantier

L'assistance passe par :

- les études de faisabilité ;
- l'appréciation en amont des éventuelles difficultés de réalisation ;
- la réalisation de **surfaces témoins** permettant d'estimer le résultat susceptible d'être obtenu ;
- les prélèvements, les analyses et le diagnostic ;
- la remise à l'entrepreneur d'un document dit « de préconisation » faisant foi en cas de contestation et/ou de contentieux ultérieur.

Pendant le chantier

L'assistance passe par :

- la participation possible aux réunions de chantiers ;
- la formation du personnel de l'entreprise aux techniques préconisées ;
- des interventions en cours de chantier si nécessaire ;
- la récupération des déchets si l'entrepreneur l'a demandé.

Après le chantier

Le fabricant doit assistance en cas de réaction « épidermique » après la réception de l'ouvrage.

4. Autorisations administratives

4.1. Encadrement administratif

Les textes administratifs sont peu bavards sur le nettoyage et le décapage des façades. Toutefois, l'entrepreneur ou l'artisan doivent les consulter par mesure de précaution avant d'agir.

Plan local d'urbanisme (PLU) et/ou plan d'occupation des sols (POS)

Par le Code de l'urbanisme, le législateur a défini le plan local d'urbanisme (PLU) et/ou le plan d'occupation des sols (POS). Le plan vise à réguler l'usage du droit des sols et à fixer la règle du jeu de l'aménagement de l'espace. Dans le règlement associé à chaque périmètre défini par le plan général de zonage, le POS inclut un article 11, qui édicte des mesures de protection architecturale, dans lesquelles sont incluses les règles à respecter pour le ravalement des façades.

L'article 11 peut être très détaillé, formuler des interdits sur les techniques à employer, imposer l'emploi de matériaux et de teintes, voire de techniques, pour conserver l'unité d'un ensemble bâti, ou le caractère régional, traditionnel, d'une zone.

Chaque ville peut imposer ainsi ses directives, en fonction de la typologie locale des façades. L'article 11 d'un PLU (ou d'un POS) de ville peut donner des indications précises, comme prévoir que le ravalement des maçonneries sera effectué au jet à basse pression et à la brosse, le sablage étant exclu, etc. L'extrait du PLU de la ville de Bordeaux (article B.1.1 Façades) est un exemple des exigences de la ville :

« Le ravalement contribue à l'entretien et à la mise en valeur de la construction. Le choix des procédés de nettoiement doit être adapté à la nature et à l'état des matériaux de la construction pour en garantir la pérennité. Ainsi, il peut, entre autres, s'agir de pulvérisation d'eau et brossage, de projection de microfines, de laser ou de gommage **à l'exclusion de tout procédé abrasif tel que le sablage** ».

La plupart des communes qui procèdent à des campagnes de ravalement organisées éditent des brochures précisant les choix techniques en fonction des typologies locales. Le protocole de ravalement de la ville de Paris, renouvelable tous les trois ans, et révisé avec un volet technique assez complet, en est un bon exemple.

Protection des monuments historiques

En raison de leur valeur patrimoniale, artistique ou historique, certains immeubles sont protégés par un classement (par arrêté ministériel ou par décret en Conseil d'État) ou par une inscription (par arrêté du préfet de région ou du ministre en charge de la Culture) au titre des monuments historiques. Les obligations d'autorisation de travaux sont différentes pour le classement, qui concerne les immeubles les plus intéressants et suppose un contrôle plus approfondi, ou la simple inscription.

Avant d'engager une opération de travaux sur un immeuble, le maître d'ouvrage ou le propriétaire de l'immeuble doit informer de son classement auprès de la direction régionale des affaires culturelles (DRAC), ou de la conservation régionale des monuments historiques (CRMH).

La loi du 31 décembre 1913 a institué l'établissement de listes nationales des immeubles classés ou inscrits et pour chacun de ces immeubles, un périmètre de protection.

Depuis 2005, la notion d'ISMH (inscrit à l'inventaire supplémentaire des monuments historiques) a disparu. On dit simplement « inscrit ».

Aires de valorisation de l'architecture et du patrimoine (AVAP)

Pendant une période de cinq ans, les règlements des aires de valorisation de l'architecture et du patrimoine (AVAP) vont se substituer progressivement à ceux des zones de protection du patrimoine architectural, urbain et paysager (ZPPAUP) qui donnent quelques indications sur le ravalement des façades et sont consultables.

Plan de sauvegarde et de mise en valeur (PSMV)

En France, le plan de sauvegarde et de mise en valeur (PSMV) créé en 1962 par André Malraux[1], alors ministre de la Culture, est un document d'urbanisme tenant lieu de plan local d'urbanisme (PLU) dans le périmètre du secteur sauvegardé.

4.2. Déclaration préalable ou permis de construire ?

Contrairement à ce qui était applicable depuis le 1er octobre 2007, les travaux d'entretien des façades (ravalement), jusqu'alors soumis à déclaration préalable, sont dispensés de toute formalité depuis le 1er avril 2014 sauf dans les secteurs protégés (ZPPAUP), pour les sites inscrits ou classés, les champs de visibilité d'un monument historique, etc. Le décret modificatif maintient toutefois la déclaration préalable pour les travaux qui modifieront l'aspect extérieur d'un bâtiment existant (fenêtres, revêtement extérieur, couleurs de la façade, etc.). Les communes qui le souhaitent peuvent décider de soumettre, par délibération du conseil municipal, les travaux de ravalement à autorisation.

Selon le décret n° 2014-253 du 27 février 2014 relatif à certaines corrections à apporter au régime des autorisations d'urbanisme si la façade est classée, le dossier se traite avec la direction des affaires culturelles (DRAC) par l'intermédiaire de l'architecte des bâtiments de France (ABF), mais une déclaration préalable (DP) doit être déposée en mairie.

Les travaux de ravalement à effectuer sur les immeubles (ou parties d'immeuble) inscrits sont soumis à une demande de permis de construire (PC 158 Cerfa n° 46-0399) et non à une déclaration de travaux.

Hormis ces deux cas particuliers, la procédure applicable est celle de la déclaration préalable. La DP Cerfa n° 13404*03 remplace l'ancienne déclaration de travaux exemptés de permis de construire PC 156.

L'imprimé Cerfa n° 13404*03 est téléchargeable sur le site Cerfa (https://mon.service-public.fr/portail/app/cms/public/les_formulaires).

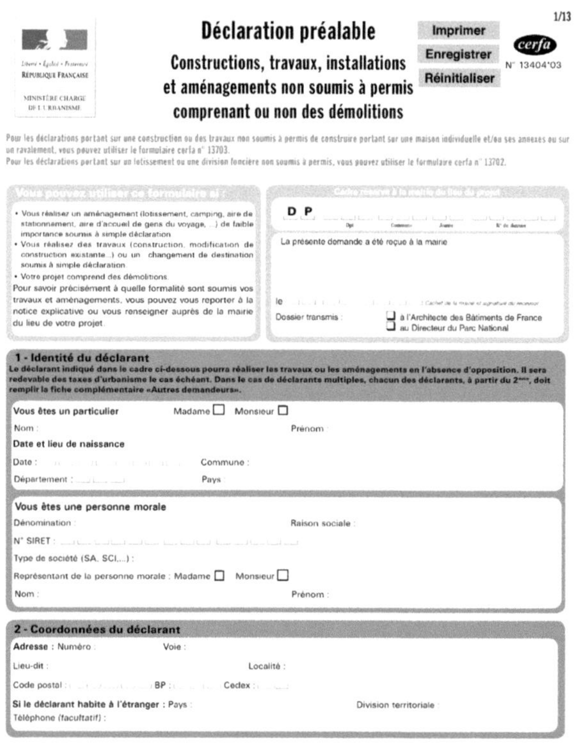
1/13

Liberté • Égalité • Fraternité
RÉPUBLIQUE FRANÇAISE
MINISTÈRE CHARGÉ DE L'URBANISME

Déclaration préalable

Constructions, travaux, installations et aménagements non soumis à permis comprenant ou non des démolitions

Imprimer
Enregistrer
Réinitialiser

cerfa
N° 13404*03

Pour les déclarations portant sur une construction ou des travaux non soumis à permis de construire portant sur une maison individuelle et/ou ses annexes ou sur un ravalement, vous pouvez utiliser le formulaire cerfa n° 13703.
Pour les déclarations portant sur un lotissement ou une division foncière non soumis à permis, vous pouvez utiliser le formulaire cerfa n° 13702.

Vous pouvez utiliser ce formulaire si :

- Vous réalisez un aménagement (lotissement, camping, aire de stationnement, aire d'accueil de gens du voyage, ...) de faible importance soumis à simple déclaration
- Vous réalisez des travaux (construction, modification de construction existante...) ou un changement de destination soumis à simple déclaration
- Votre projet comprend des démolitions

Pour savoir précisément à quelle formalité sont soumis vos travaux et aménagements, vous pouvez vous reporter à la notice explicative ou vous renseigner auprès de la mairie du lieu de votre projet.

D P

La présente demande a été reçue à la mairie

le

Dossier transmis : ☐ à l'Architecte des Bâtiments de France ☐ au Directeur du Parc National

1 - Identité du déclarant

Le déclarant indiqué dans le cadre ci-dessous pourra réaliser les travaux ou les aménagements en l'absence d'opposition. Il sera redevable des taxes d'urbanisme le cas échéant. Dans le cas de déclarants multiples, chacun des déclarants, à partir du 2ème, doit remplir la fiche complémentaire «Autres demandeurs».

Vous êtes un particulier Madame ☐ Monsieur ☐
Nom : Prénom :
Date et lieu de naissance
Date : Commune :
Département : Pays :

Vous êtes une personne morale
Dénomination : Raison sociale :
N° SIRET :
Type de société (SA, SCI,...) :
Représentant de la personne morale : Madame ☐ Monsieur ☐
Nom : Prénom :

2 - Coordonnées du déclarant

Adresse : Numéro : Voie :
Lieu-dit : Localité :
Code postal : BP : Cedex :
Si le déclarant habite à l'étranger : Pays : Division territoriale :
Téléphone (facultatif) :

*Figure 2 : Formulaire Cerfa de déclaration préalable n° 13404*03*

Où trouver les renseignements ?

Tous les renseignements et tous les documents peuvent être pris ou sont consultables :

- dans les mairies ;
- auprès des directions départementales des territoires (DDT) ;
- auprès du service territorial de l'architecture et du patrimoine (STAP) ;
- auprès des aires de valorisation de l'architecture et du patrimoine (AVAP) ;
- sur Internet : une fois les documents ouverts, à la rubrique « Rechercher dans le document » porter les mots-clés : « Ravalement », « Nettoyage », « Décapage », « Pierre ».

Autorité administrative

Si l'autorité administrative (la plupart du temps le maire) statue de façon expresse (non tacite), elle prend une décision soit :

- de non-opposition éventuellement assortie de prescriptions obligatoires ;
- d'opposition qui doit, en ce cas, être motivée.

Tacites ou expresses, les décisions peuvent faire l'objet d'un recours devant la juridiction administrative.

En cas de silence de l'administration municipale et de non-réponse un mois après l'enregistrement du dossier, l'autorisation est considérée comme acquise.

Achèvement des travaux

À l'achèvement des travaux, le dépôt à la mairie de la déclaration sur l'honneur attestant l'achèvement et la conformité des travaux (DACT) certifiant que ceux-ci sont conformes au dossier déposé et, le cas échéant, aux prescriptions formulées dans la décision de non-opposition, est important car il fait courir les délais de visite de récolement.

1. Loi n° 62-903 du 4 août 1962. Code de l'urbanisme, en particulier : articles L. 313-1 à L. 313-2-1 et L. 313-4 à L. 313-4-4.

5. Une nouvelle sensibilité

Le retour des salissures en milieu urbain est si rapide qu'il peut gâcher en quelques mois l'impression générale de qualité du ravalement le mieux exécuté et susciter de la part des clients une interrogation. Bien que les défauts d'ordre esthétique ne soient pas pris en compte dans les garanties, car il est difficile de prouver que les salissures rendent un bâtiment impropre à sa destination, ne pas solutionner ces problèmes, dans le cadre d'un ravalement, peut passer aujourd'hui pour une faute. Cet état d'esprit fait partie des nouvelles conceptions de travail.

Par exemple, une copropriété a fait un procès à son ravaleur, estimant qu'une corniche ajoutée à titre décoratif dans le cadre du ravalement s'encrassait trop rapidement et ne répondait donc pas à l'investissement consenti qui visait une amélioration esthétique.

6. L'obligation de résultat

L'obligation de résultat a pour objet :

- de vérifier l'efficacité de la technique sélectionnée ;
- de servir de « juge de paix » en fin de chantier.

6.1. Modalités

Afin que l'obligation de résultat puisse être effective, des tests de référence doivent être mis en place. Le concept du test de référence est apparu pour la première fois dans le protocole du 17 décembre 1991 sur la mise en œuvre des opérations de ravalement à Paris, puis dans le NF P 84-404.2 (DTU 42.1) d'octobre 1993. La réception du test se fait en présence du client (maître d'ouvrage) et de l'architecte (maître d'œuvre).

Figure 3 : L'obligation de résultat doit mettre en évidence les différentes étapes du traitement

Des surfaces témoins montrant l'aspect fini des façades à traiter doivent être exécutées avec les techniques pressenties soit à la demande du maître d'ouvrage ou de son représentant, soit en prévision d'une demande de l'administration, et doivent figurer aux attendus prévus à la signature du marché. Ce ou ces tests sont alors reconnus par les parties comme la référence à l'obligation de résultat souscrite. Vivement conseillés, ces tests sont obligatoires avant la signature du marché en cas d'intervention sur des bâtiments classés ou inscrits.

Une présentation des surfaces de référence est réalisée en début de chantier ou, mieux encore, avant la signature du marché. Elle est soumise à l'accord du maître d'ouvrage ou de son représentant. Si l'ordre de service de commencer les travaux ne comporte pas la localisation des surfaces de référence, l'entrepreneur doit en avertir aussitôt le maître d'ouvrage.

Les surfaces de référence peuvent donner lieu à la mise en œuvre d'autres techniques que celles prévues au départ. Dans ce cas, leur réalisation sur les façades concernées doit logiquement ouvrir droit à paiement supplémentaire si nécessaire.

Les obligations de résultat définies par ces essais sont destinées à servir de référence pour le contrôle d'exécution et la réception. Elles doivent donc rester en place, visibles et non modifiées, jusqu'à la réception du chantier.

La surface de référence est au minimum d'environ deux mètres carrés. Il doit être exécuté autant de surfaces de référence qu'il y a de types de support et de systèmes de nettoyage.

6.2. Intérêts

Non seulement l'obligation de résultat permet au client de visualiser sa façade telle qu'elle sera une fois ravalée au vu des tests, ce qui peut lui permettre de corriger sa propre demande, mais elle est aussi, pour l'entrepreneur averti, le moyen d'alerter son client sur les limites d'un processus de nettoyage ou d'un décapage : il peut lui faire comprendre qu'aller trop loin serait au détriment du matériau.

7. Prévention des risques professionnels

7.1. Mesures de sécurité et de protection

La mise en œuvre des nettoyages ou des décapages de façade sur des bâtiments impliquent l'utilisation de machines bruyantes (compresseur, malaxeur, etc.), le travail en hauteur avec un risque de chutes, l'utilisation de procédés de sablage émettant des poussières nocives ou encore l'emploi de produits chimiques dangereux pour les travailleurs, les résidents et l'environnement (solvants, bases, acides, etc.).

Ces travaux exposent également les travailleurs à des températures extrêmes et aux aléas climatiques (vent, pluie, verglas, neige). Ils doivent aussi soulever fréquemment des charges lourdes et prendre des postures de travail contraignantes (bras en l'air, dos plié, etc.).

L'article L. 4121-1 du Code du travail stipule que « L'employeur prend les mesures nécessaires pour assurer la sécurité et protéger la santé physique et mentale des travailleurs. » Ainsi, il est de la responsabilité du chef d'entreprise de mettre en place des actions de prévention dans son entreprise, faute de quoi sa responsabilité civile voire pénale pourra être engagée en cas d'accident. Ces mesures comprennent :

- des actions de prévention des risques professionnels comme par exemple l'installation d'un échafaudage (ou autre équipement de travail en hauteur) pour supprimer le risque de chute de hauteur, la mise en œuvre et la bonne utilisation des équipements de levage et d'aide à la manutention pour limiter les manutentions manuelles, le choix de produits et de procédés moins dangereux pour diminuer le risque chimique ;

Figure 4 : Installation d'un échafaudage et d'un équipement de levage

- des actions d'information et de formation à la sécurité au travail (exemple : formation à l'utilisation des équipements de travail notamment au montage et au démontage des échafaudages, etc.) ;
- la mise en place d'une organisation et de moyens adaptés (exemple : machines, outils, etc.). La prévention des risques passe d'abord par une réflexion en amont sur l'organisation du chantier et sur son installation.

Ces mesures de protection collective s'accompagnent du port d'équipements de protection individuelle adaptés en fonction des situations de travail : chaussures de sécurité, gants de sécurité, lunettes de sécurité, vêtement de travail, protections auditives en cas de bruit prononcé, masque de protection pour éviter l'inhalation de produits dangereux ou poussières, casque de sécurité pour tout travail sur échafaudage.

Depuis le 1er décembre 2010, l'étiquetage des produits chimiques a évolué avec, notamment, l'apparition de nouveaux pictogrammes de danger qui remplacent définitivement les anciens depuis le 1er juin 2015. Ces nouveaux pictogrammes de dangers sont présentés dans le tableau 1, paragr. 9.

7.2. Hygiène et suivi médical

Mesures d'hygiène

Les installations d'hygiène et de repos sur les chantiers contribuent à assurer la santé et le bien-être des salariés durant toute la durée des travaux. La présence de ces installations est loin d'être optionnelle : elle constitue une obligation réglementaire et relève de la responsabilité du chef d'entreprise.

Les cantonnements de chantier ou « base de vie » doivent être composés de certains équipements dont la nature et la quantité sont fixées par le Code du travail.

Surveillance médicale renforcée

Une surveillance médicale renforcée (SMR) doit être mise en place pour les salariés exposés au plomb, à l'amiante, aux agents cancérogènes, mutagènes ou reprotoxiques (CMR) de catégories 1 et 2,... (article R. 4624-18 du Code du travail). Il revient au médecin du travail de fixer les modalités de la surveillance médicale renforcée des salariés concernés, à savoir la fréquence et la nature des examens médicaux. Les visites médicales relatives à la surveillance médicale renforcée doivent être espacées de 24 mois au maximum.

Chaque salarié exposé à des produits chimiques dangereux ou cancérogènes doit faire l'objet d'une fiche d'exposition établie par l'employeur et bénéficier d'une surveillance médicale renforcée.

Ces informations peuvent être complétées par les informations déclarées par l'employeur au titre de la pénibilité. Le médecin doit en faire la demande à l'employeur.

À sa sortie de l'entreprise, il doit recevoir une attestation d'exposition qui lui permettra de continuer à se faire suivre médicalement.

8. Gestion des déchets

Certains déchets engendrés par l'activité de nettoyage et de décapage peuvent être considérés comme des déchets dangereux (DD) aux termes du décret n° 2002-540 du 18 avril 2002. Ils doivent être éliminés selon leur nature par des collecteurs professionnels :

- les produits de revêtement (peintures, vernis) : décharge de classe 1 après stabilisation ou incinérateurs pour les DD ;
- les emballages, absorbants, chiffons d'essuyage, matériaux filtrants : décharge de classe 1 après stabilisation ou incinérateurs pour les DD ou recyclage, après décontamination.

La nomenclature légale des produits classés comme dangereux étant complexe (il s'agit d'une liste unique des déchets dans laquelle les déchets dangereux présentant une ou plusieurs propriétés de danger sont signalés), **l'entrepreneur doit s'informer auprès de son fournisseur sur la classe des déchets résultant de la mise en œuvre des produits fournis.**

Les dispositions relatives à la classification des déchets se trouvent aux articles R. 541-7 à R. 541-11 et aux annexes à l'article R. 541-8 du Code de l'environnement.

Ces dispositions sont issues du décret n° 2002-540 du 18 avril 2002 (*JO* du 20 avril 2002), abrogé et codifié dans le Code de l'environnement par le décret du 12 octobre 2007 (*JO* du 16 octobre 2007).

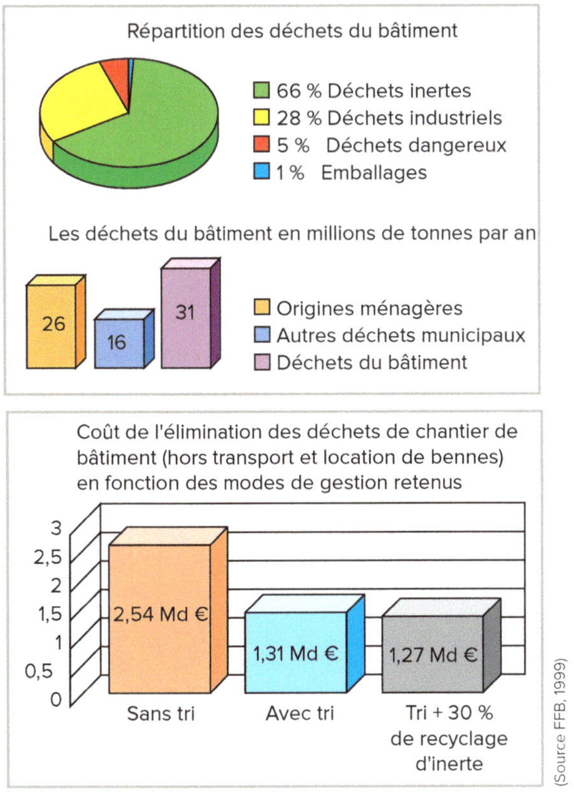

Figure 5 : Répartition des déchets du bâtiment et coût d'élimination des déchets de chantier

8.1. Obligations des entrepreneurs

Les entrepreneurs de bâtiment doivent :

- respecter les obligations de traçabilité des déchets dangereux ;
- trier les emballages (palettes, cartons, films, fûts vides, etc.) en vue d'une valorisation ;
- respecter les obligations de transport des déchets ou les confier à un professionnel.

8.2. Projet d'évacuation des déchets

Conformément à la réglementation en vigueur, l'entrepreneur doit s'engager à respecter le bon déroulement, le suivi et la traçabilité de l'évacuation des déchets de chantier concernant l'ouvrage mis en œuvre. La gestion des déchets du chantier doit être réalisée en trois temps :

- estimation des quantités de déchets produits par nature (déchets dangereux, déchets non dangereux et non inertes, emballages, déchets inertes) ;
- consultation du plan d'élimination des déchets du BTP du département dans lequel se trouve le chantier pour trouver les sites de traitement, de stockage ou de recyclage susceptibles d'accueillir les déchets estimés, en privilégiant le principe de proximité ;
- prévision des coûts d'élimination des déchets en fonction de la nature des déchets et des sites d'élimination (les coûts d'élimination des déchets doivent être clairement indiqués sur les offres de prix, à la ligne « élimination des déchets »).

8.3. Déchets sur le chantier

Tout au long du chantier, l'entrepreneur doit s'engager à :

- ne pas mélanger les déchets dangereux avec les déchets non dangereux et non inertes (les déchets industriels banals), ainsi que les emballages avec les déchets inertes ;
- garder une trace écrite de l'évacuation des déchets (bordereaux de suivi, bons de décharge, etc.).

Les déchets de peinture (regroupés sous la rubrique 08 de la directive 91/689/CE) peuvent être repris **après établissement de contrats écrits** par des fournisseurs collecteurs. Ils collectent les déchets directement sur les chantiers et les dirigent ensuite vers les filières de traitement de stockage appropriées.

Pour les autres déchets non dangereux et non inertes, une benne est prévue à cet effet soit sur le chantier, soit au siège de l'entreprise. Elle est ensuite collectée par un organisme compétent pour le traitement de ces déchets.

Tout brûlage, tout enfouissement sur le chantier est interdit par l'entreprise ainsi que toute mise en dépôt sauvage.

8.4. Bordereau de suivi des déchets dangereux (BSDD)

L'émission d'un bordereau de suivi des déchets dangereux (BSDD) est une obligation dans le cadre du traitement de ces déchets. Le Code de l'environnement pose les principes généraux du contrôle des opérations de transfert de déchets générateurs de nuisances et de l'information de l'administration (art. L. 541-7 du Code de l'environnement).

Le BSDD est un formulaire qui a pour objet d'assurer la traçabilité des déchets dangereux et de constituer une preuve de leur élimination pour le producteur responsable. Il comporte des indications sur la provenance des déchets, leurs caractéristiques, les modalités de collecte, de transport et d'entreposage, l'identité des entreprises concernées et la destination des déchets. Le bordereau accompagne les déchets jusqu'à l'installation destinataire qui peut être un centre d'élimination, un centre de regroupement ou un centre de prétraitement.

Chaque bordereau renseigne sur :

- la nature et l'identité de son émetteur (producteur, détenteur, collecteur, etc.) ;
- l'identité de l'installation de destination des déchets ;
- la nature, les caractéristiques, les quantités et le conditionnement des déchets. Les déchets doivent être désignés suivant les dénominations et les codes énumérés dans la nomenclature des déchets : le code de nomenclature est composé de trois séries de deux chiffres (de 01 00 00 à 20 03 99) ;
- le classement au titre du règlement pour le transport des matières dangereuses (arrêté ADR).

Le bordereau peut être téléchargé sur le site www.ecologie.gouv.fr. Il s'agit du formulaire Cerfa n° 12571*01 qui comprend, outre le document principal, deux annexes à joindre au bordereau de suivi :

- l'annexe 1 pour les collectes de petites quantités de déchets relevant d'une même rubrique ;
- l'annexe 2 si après transformation ou traitement, les déchets sont réexpédiés (leur provenance doit rester identifiable).

La notice explicative est consultable sur le site du ministère de l'Écologie (www.developpement-durable.gouv.fr/IMG/pdf/notice.pdf)

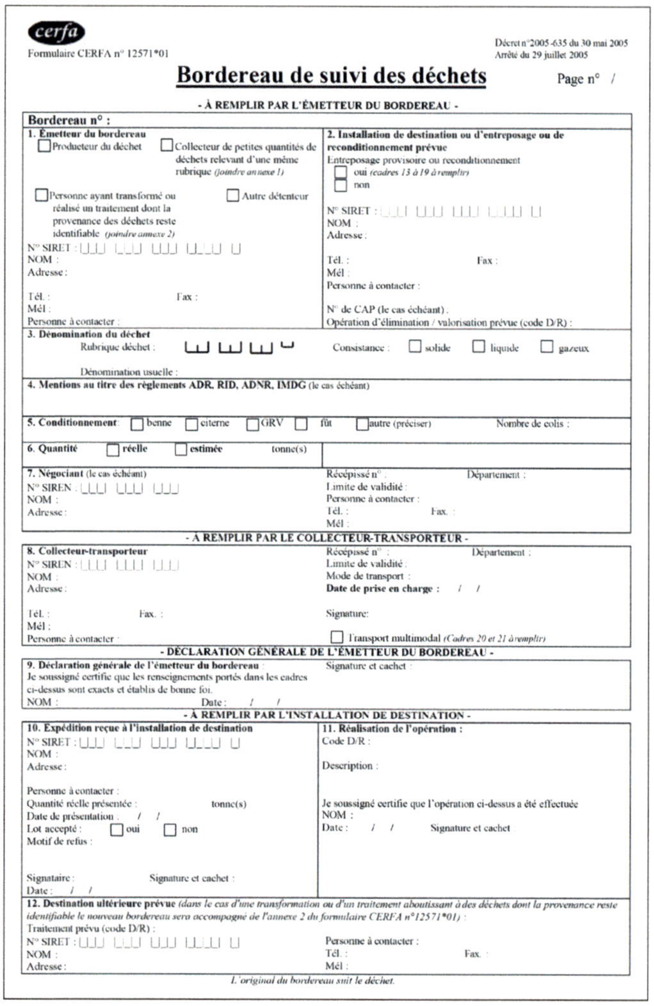
cerfa

Formulaire CERFA n° 12571*01

Décret n°2005-635 du 30 mai 2005
Arrêté du 29 juillet 2005

Bordereau de suivi des déchets Page n° /

- À REMPLIR PAR L'ÉMETTEUR DU BORDEREAU -

Bordereau n° :

1. Émetteur du bordereau
☐ Producteur du déchet ☐ Collecteur de petites quantités de déchets relevant d'une même rubrique *(joindre annexe 1)*
☐ Personne ayant transformé ou réalisé un traitement dont la provenance des déchets reste identifiable *(joindre annexe 2)* ☐ Autre détenteur
N° SIRET :
NOM :
Adresse :
Tél. : Fax :
Mél :
Personne à contacter :

2. Installation de destination ou d'entreposage ou de reconditionnement prévue
Entreposage provisoire ou reconditionnement
☐ oui *(cadres 13 à 19 à remplir)*
☐ non
N° SIRET :
NOM :
Adresse :
Tél. : Fax :
Mél :
Personne à contacter :
N° de CAP (le cas échéant) :
Opération d'élimination / valorisation prévue (code D/R) :

3. Dénomination du déchet
Rubrique déchet : Consistance : ☐ solide ☐ liquide ☐ gazeux
Dénomination usuelle :

4. Mentions au titre des règlements ADR, RID, ADNR, IMDG (le cas échéant)

5. Conditionnement : ☐ benne ☐ citerne ☐ GRV ☐ fût ☐ autre (préciser) Nombre de colis :

6. Quantité ☐ **réelle** ☐ **estimée** tonne(s)

7. Négociant (le cas échéant)
N° SIREN :
NOM :
Adresse :
Récépissé n° : Département :
Limite de validité :
Personne à contacter :
Tél. : Fax. :
Mél :

- À REMPLIR PAR LE COLLECTEUR-TRANSPORTEUR -

8. Collecteur-transporteur
N° SIREN :
NOM :
Adresse :
Tél. : Fax. :
Mél :
Personne à contacter :
Récépissé n° : Département :
Limite de validité :
Mode de transport :
Date de prise en charge : / /
Signature:
☐ Transport multimodal *(Cadres 20 et 21 à remplir)*

- DÉCLARATION GÉNÉRALE DE L'ÉMETTEUR DU BORDEREAU -

9. Déclaration générale de l'émetteur du bordereau :
Je soussigné certifie que les renseignements portés dans les cadres ci-dessus sont exacts et établis de bonne foi.
NOM : Date : / /
Signature et cachet :

- À REMPLIR PAR L'INSTALLATION DE DESTINATION -

10. Expédition reçue à l'installation de destination
N° SIRET :
NOM :
Adresse :
Personne à contacter :
Quantité réelle présentée : tonne(s)
Date de présentation : / /
Lot accepté : ☐ oui ☐ non
Motif de refus :
Signataire : Signature et cachet :
Date : / /

11. Réalisation de l'opération :
Code D/R :
Description :
Je soussigné certifie que l'opération ci-dessus a été effectuée
NOM :
Date : / / Signature et cachet

12. Destination ultérieure prévue *(dans le cas d'une transformation ou d'un traitement aboutissant à des déchets dont la provenance reste identifiable le nouveau bordereau sera accompagné de l'annexe 2 du formulaire CERFA n°12571*01)* :
Traitement prévu (code D/R) :
N° SIRET :
NOM :
Adresse :
Personne à contacter :
Tél. : Fax. :
Mél :

L'original du bordereau suit le déchet.

Figure 6 : Formulaire bordereau de suivi des déchets dangereux (BSDD)

8.5. Eaux de lavage

En ce qui concerne l'élimination des eaux de lavage, l'entrepreneur doit équiper l'échafaudage d'un système de récupération pour ne pas polluer les trottoirs ou les sols au pied de l'installation. Ce système de récupération est en général constitué par une goulotte étanche réalisée en film plastique renforcé au niveau du premier plateau. L'eau de lavage est ensuite dirigée vers les écoulements dédiés par des goulottes verticales.

Si la composition des résidus de nettoyage est considérée comme neutre, ils peuvent être évacués vers le réseau d'eau usée en service sur le lieu. Si leur composition est agressive, ils doivent être récupérés dans des containers et envoyés à la déchetterie.

ATTENTION

Dans le cas d'utilisation de poudres ou de sables, attention au risque de colmatage des canalisations existantes. Un constat de leur bon fonctionnement est toujours utile avant le démarrage d'un chantier de nettoyage ou de décapage.

9. Fiches de déclaration environnementale et sanitaire (FDES)

La fiche de déclaration environnementale et sanitaire (FDES) est le document principal d'information pour les utilisateurs de substances chimiques et les mélanges dans l'Union européenne.

La FDES (*MSDS* [2] en anglais) est la clef de voûte du système d'information mis en place par le règlement européen n° 1907/2006 dit « REACH » (*Registration, Evaluation, Authorization and Restriction of Chemicals*). Cette réglementation concerne l'**enregistrement, l'évaluation et l'autorisation des produits chimiques**.

Les prescriptions réglementaires liées aux fiches de données de sécurité (FDS) sont mentionnées à l'article 31 du règlement REACH (tel que modifié par l'article 57.2 du règlement CLP [3]). Le contenu à détailler pour la rédaction des FDES est précisé à l'annexe II du même règlement, modifiée par le règlement 453/2010 et son rectificatif. Le règlement précédemment cité tient compte des critères de classification, d'étiquetage et d'emballage du CLP, et son objectif est d'harmoniser les règles relatives aux FDES concernant le format de ces dernières.

La FDES possède un format en seize rubriques internationalement reconnu (voir paragr. 9.1).

Afin d'aider les entreprises et les différents intervenants à intégrer ce nouveau système, l'INRS (l'Institut national de recherche et de sécurité) met à disposition sur son site (www.inrs.fr), gratuitement, des affiches, des brochures de sensibilisation, des dossiers d'information, les nouveaux pictogrammes de danger, etc. Ces documents sont également disponibles auprès du service prévention des caisses régionales d'assurance maladie.

L'INRS conduit des programmes d'étude et de recherche pour mieux connaître les risques professionnels, analyser leurs conséquences sur la santé du salarié et proposer des moyens de prévention. Ces programmes couvrent plusieurs axes et entre autres les trois grands axes suivants :

- accidents et conditions de travail ;
- risques liés aux environnements chimiques et biologiques ;
- risques liés à l'environnement physique : bruit, vibrations, rayonnement, éclairage.

Depuis le 1er décembre 2010, l'étiquetage des produits chimiques a évolué avec, notamment, l'apparition de nouveaux pictogrammes de danger qui remplacent définitivement les anciens depuis le 1er juin 2015. En tableau 1 ci-après, les nouveaux pictogrammes de dangers.

Tableau 1 : Les neuf pictogrammes de danger

Pictogramme	Dangers
	Produit corrosif peut provoquer des brûlures de la peau et des lésions oculaires graves
	Ces produits entrent dans une ou plusieurs des catégories suivantes : - produits cancérogènes ; - produits affectant la fertilité et l'enfant à naître ; - produits mutagènes ; - produits pouvant provoquer des allergies, de l'asthme ou des difficultés respiratoires en cas d'inhalation ; - produits toxiques pour certains organes.
	Gaz sous pression, peut exploser sous l'effet de la chaleur Gaz réfrigéré, peut causer des brûlures ou des blessures cryogéniques Gaz liquéfié
	Ces produits entrent dans une ou plusieurs des catégories suivantes : - hautement toxique (dangereux) ; - provoque une sensibilisation cutanée ou une irritation de la peau ou des yeux ; - irritant pour les voies respiratoires ; - narcotique, provoque une somnolence ou des vertiges
	Gaz, aérosols, liquides et solides inflammables
	Explosif
	Produit chimique hautement toxique en cas de contact avec la peau et pouvant être mortel en cas d'inhalation ou d'ingestion
	Comburant : produit chimique contenant des gaz, solides et liquides oxydants qui peuvent provoquer ou aggraver un incendie, ou même provoquer une explosion
	Dangereux pour l'environnement et très toxique pour le milieu aquatique

2. *Material Safety Data Sheet.*
3. *Classification, Labelling, Packaging.*

9.1. Les seize rubriques de la fiche de déclaration environnementale et sanitaire (FDES)

Les fiches de déclaration environnementale et sanitaire (FDES) comportent obligatoirement ces seize rubriques :

1. Identification de la substance ou de la préparation et de la personne physique ou morale responsable de la mise sur le marché.
2. Identification des dangers.
3. Composition et informations sur les composants.
4. Premiers secours.
5. Mesures de lutte contre l'incendie.
6. Mesures à prendre en cas de dispersion accidentelle.
7. Manipulation et stockage.
8. Contrôle de l'exposition et protection individuelle.
9. Propriétés chimiques et physiques.
10. Stabilité et réactivité.
11. Informations toxicologiques.
12. Informations écologiques.
13. Considérations relatives à l'élimination.
14. Informations relatives au transport.
15. Informations réglementaires.
16. Autres informations.

9.2. Responsabilités

Le **fabricant** ou l'**importateur** ou le **représentant exclusif** ont la responsabilité initiale de l'établissement de la fiche de déclaration environnementale et sanitaire (FDES). Il doit anticiper les utilisations auxquelles la substance ou le mélange peuvent être destinés.

Le **distributeur** est celui qui stocke et met sur le marché le produit chimique, sans aucune modification ou processus de reconditionnement. Si aucune modification n'a été faite, la responsabilité du distributeur est limitée à la transmission de la FDES (art. 31 de REACH) et les éventuels risques liés aux expositions pertinentes.

Si la FDES n'est pas requise, il doit transmettre les informations mentionnées à l'article 32 de REACH.

Le distributeur est un maillon capital dans la circulation de l'information sur le produit.

L'**utilisateur**, ou l'**employeur**, doit évaluer les risques encourus pour la santé et la sécurité des travailleurs pour toute activité susceptible de présenter un risque d'exposition à des agents chimiques dangereux.

Ce devoir d'« évaluation des risques » est codifié par l'article R. 4412-87 du Code du travail, créé par le décret n° 2008-244 du 7 mars 2008. L'évaluation du risque doit être renouvelée périodiquement en fonction de l'évolution des règles liées à la santé et à la sécurité des travailleurs.

L'évaluation du risque chimique est obligatoire en France.

La FDES est l'élément de référence pour la bonne approche des évaluations.

La FDES doit être à jour, conforme à la réglementation en vigueur, et doit prendre en compte l'activité de l'utilisateur éventuel (Guide des exigences d'information et évaluation de la sécurité chimique de ECHA - Chap. R12 : Système de descripteurs des utilisations).

10. L'artisan responsable

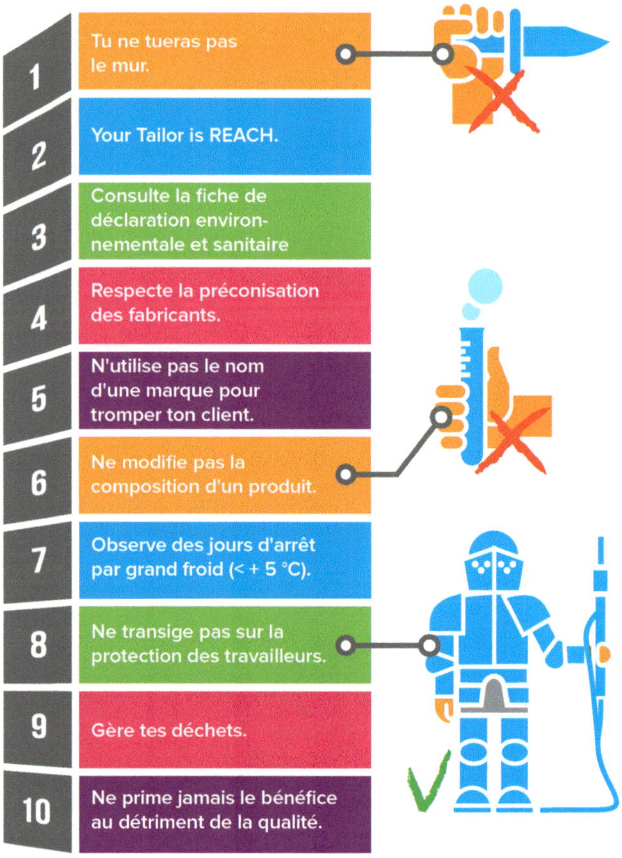

Figure 7 : Les dix commandements de l'artisan responsable

Chapitre 3 : Façades et salissures

1. Types de façade

Figure 1 : La liste des éléments qui composent une façade est aussi la liste des postes à diagnostiquer avant d'établir un devis de nettoyage ou de décapage

Le ravaleur peut distinguer deux types de façade :

- les façades traditionnelles dont l'ossature est en béton ou une maçonnerie avec un remplissage par des fenêtres et un bardage devant les éléments de structure porteuse ;
- les façades légères modernes :
  - façade rideau située devant un nez de dalle. Elle assure l'étanchéité à l'air et à l'eau ;
  - façade semi-rideau située entre files porteuses ;
  - façade panneau située entre planchers ;
  - les verrières, les façades inclinées.

Lire une façade sous l'angle du nettoyage ou du décapage consiste à répertorier tous les matériaux qui la composent, à évaluer les risques liés à leur proximité au cours du nettoyage ou du décapage et à déterminer s'ils sont simplement encrassés ou en voie de destruction.

Le vieillissement n'est pas un encrassement : il faut également apprendre à reconnaître la nature des pathologies rencontrées sur une façade. Les dommages générés par la pollution se manifestent sous deux formes :

- le vieillissement des matériaux constitutifs de la façade : le traitement des phénomènes de vieillissement, de corrosion ou d'érosion n'est pas l'objet de ce guide. Ils sont liés à l'action des composants chimiques contenus dans les pluies. Il s'agit en particulier d'acides trouvés principalement dans les émissions de dioxyde de soufre. Ils sont dus également au développement de zones marneuses générées par l'importation des micro-organismes de nature végétale ;
- l'encrassement du parement, objet de cet ouvrage.

Figure 2 : Vieillissement du parement

2. Origine et nature des salissures

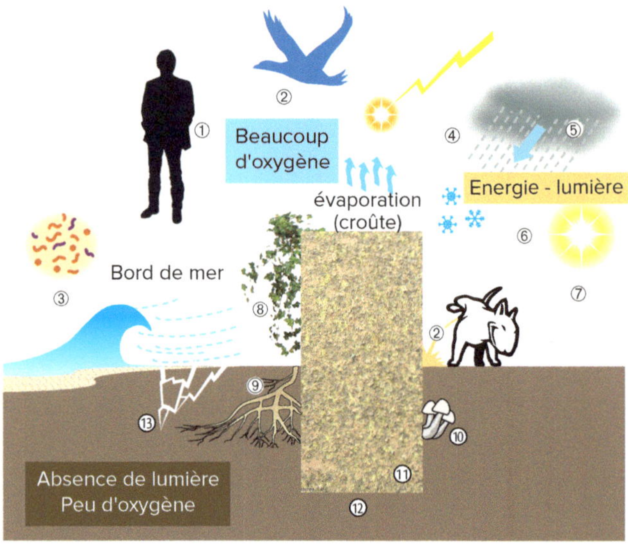

1. Action de l'homme
- Architectes
- Vandalisme
- Guerre
- Transports
- Pollution manuelle
- Réparations
- Entretien
- Erreurs techniques des artisans

2 Déjections
- Urée

3. Bord de mer
- Bactéries
- Embruns
- Fuel

4 Abrasion mécanique
- Grêle
- Vent de sable
- Pluies violentes
- Oiseaux

5. Pluie
- CO_2
- SO_2
- H_2O

6. Température
- Dilatation
- Gel – dégel
- Cristallisation in situ

7. Combustion
- Suie, charbon, fuel
- Herbes, papier
- Acides organiques

8. Plantes grimpantes
- Mousses
- Lichens
- Algues

9. Racines

10. Champignons

11. Sels solubles

12. Bactéries

13. Secousses telluriques

Figure 3 : Les agressions auxquelles est soumis le mur

Trois types de salissure peuvent être considérés comme étant à l'origine de l'encrassement :

- les **salissures physiques** générées par la pollution atmosphérique. Elles sont lavées par l'eau ;
- les **salissures d'origine biologique** liées à la présence de micro-organismes qui se développent en présence de l'eau. La plupart du temps, il s'agit d'algues dont les salissures sont caractéristiques. Elles ressemblent à des mousses, des lichens, sont vertes noires ou rouges. Quand on passe le doigt humide dessus on ramène une poudre de couleur ;
- des **causes d'origine anthropique** (du fait de l'homme) peuvent également favoriser le processus d'encrassement : il arrive que les matières qui souillent soient apportées par la construction elle-même (contact avec des matériaux métalliques corrodés, rouille, etc.) ou liées à l'activité des habitants (graffitis, affichages, taches de gaz d'échappement, fientes de pigeons, déjections canines, etc.) et parfois, hélas, soient le produit d'un ravalement antérieur, laissé par le ravaleur lui-même.

Figure 4 : Salissures d'origine physique

Figure 5 : Salissures d'origine biologique

Figure 6 : Salissures d'origine anthropique

3. Gestion du ruissellement sur une façade

Éradiquer complètement les salissures de pluie n'est évidemment pas possible. La prise en compte de ce problème dans le cadre d'un ravalement doit garder comme objectif de gérer au mieux les ruissellements pour que la façade se salisse le plus régulièrement possible jusqu'au ravalement suivant.

Ce n'est pas l'encrassement qui est désagréable à l'œil, mais l'anarchie de l'encrassement : moustaches noires, coulures vertes ou rouges, traînées blanches sur des surfaces sales, etc. Toutes ces marques sont le fruit des ruissellements préférentiels suivis par l'eau de pluie, dont l'écoulement naturel est contrarié par la modénature et les accidents architectoniques de la façade. Comme une rivière qui change de cours chaque fois qu'elle bute sur un obstacle, le flot de l'eau de pluie, conduit par la pesanteur, cherche à descendre au plus court vers le sol. Ce sont ces ruissellements préférentiels qu'il faut contraindre, canaliser, conduire, et orienter[1] afin de limiter l'action de la pluie et freiner le retour des salissures.

Figure 7 : Exemples de ruissellements préférentiels

> **ATTENTION**
>
> L'exagération des dispositifs de protection contre les salissures peut constituer un défaut et générer ses propres salissures, surtout lorsqu'ils sont mal calculés. Ces protections doivent, de plus, rester discrètes et ne dénaturer ni le style ni l'écriture de la façade.

1. Se reporter à la partie 1.

4. Hydrofugation

C'est le complément du nettoyage. L'hydrofuge de surface est un produit incolore qui permet de limiter la pénétration de l'eau dans les pores d'un matériau poreux sans en altérer les qualités mécaniques ni modifier son aspect esthétique ou le transit de la vapeur d'eau à travers sa masse.

Lorsque leur application est possible, les hydrofuges, qui agissent comme un ralentisseur d'encrassement, doivent être considérés comme faisant partie de l'arsenal à disposition dans le traitement de la problématique de l'encrassement des façades.

> **ATTENTION**
>
> Vérifier avant son application que l'hydrofuge sélectionné ne change pas la couleur du parement nettoyé.

4.1. Avantages

L'hydrofugation a pour avantages de :

- protéger contre l'action des agents atmosphériques et polluants ;
- retarder l'encrassement par son caractère autonettoyant ;
- limiter le développement de mousses et des moisissures ;
- bloquer la formation d'efflorescences par migration d'eau ;
- ralentir le vieillissement ;
- réduire les dégâts dus au gel ;
- laisser respirer le support ;
- être invisible ;
- rester sans incidence sur les propriétés d'isolation thermique d'une paroi.

4.2. Nature et action

Les hydrofuges relèvent des normes peinture NF P 84-403 et DTU 59.1 (D1-D2-D3 classement français) et sont classés décoration D1.

L'application d'un hydrofuge de surface sur un support modifie sa tension superficielle, de telle sorte que l'eau glisse sur la façade sans pénétrer les pores du matériau. L'hydrofugation permet de ralentir l'absorption d'eau dans les matériaux poreux de façade (bétons, briques, pierres naturelles, etc.), donc de réduire les risques d'altération, d'encrassement et d'humidité dans les bâtiments.

Toutefois, il convient d'éviter les confusions : une hydrofugation n'est pas une étanchéité, elle n'a pas pour rôle d'empêcher les eaux de ruissellement de passer à travers un matériau.

Bien que les hydrofuges modernes restent performants plus de dix ans, ces produits D1 ne sont donc pas assujettis à la garantie décennale légale, mais à une garantie de deux ans.

ATTENTION

Dans la majorité des cas, les hydrofuges sont incompatibles avec les produits à base de plâtre. Il faut donc vérifier la fiche technique de l'hydrofuge et s'assurer que le produit de joint utilisé en façade n'est pas de l'ancienne Métalline.

4.3. Mise en œuvre et contrôle

Les hydrofuges doivent être appliqués à la brosse, au rouleau ou par pulvérisation (à basse pression), en deux ou trois couches et jusqu'à saturation du support.

Au préalable, il faut apprécier la porosité du matériau par un test simple, l'essai à la pipette de Karsten : une pipe en verre, dont le corps est gradué en millimètre, est collée au support, avec du mastic colle polyuréthane (par exemple Sikaflex pro 11 FC). La pipe est remplie d'eau et la quantité d'eau absorbée par le support en 30 minutes est mesurée.

Pour vérifier la bonne application de l'hydrofuge, donc son effet perlant, il suffit de jeter le contenu d'un verre d'eau sur la façade. L'eau ne pénètre pas mais se brise en fines gouttelettes qui roulent sur la façade. Le test à la pipette de Karsten permet aussi de vérifier l'efficacité de l'hydrofugation.

ATTENTION

Contrairement à la minéralisation qui peut être localisée, l'hydrofugation ne peut se faire de façon partielle ou localisée. Elle doit être appliquée sur l'ensemble de la façade, sauf sur les sous-faces de balcon pour mieux laisser respirer la pierre.

5. Mousses et micro-organismes

La décontamination des façades infestées par des éléments d'origine biologique (algues, mousses, champignons, etc.) est une phase essentielle du traitement des façades, notamment avant la mise en œuvre d'une isolation thermique par l'extérieur (voir chapitre 8 « ITE et systèmes rapportés », § 1).

La question est de déterminer si le traitement contre les salissures biologiques doit être appliqué avant ou après le nettoyage général. C'est un point d'importance, car le choix technique n'est pas le même : dans de nombreux cas, le traitement anticryptogamique n'appelle pas de traitement complémentaire.

Figure 8 : Salissures d'origine biologique : présence de mousses et micro-organismes

Figure 9 : Salissures d'origines physique et biologique

5.1. Diagnostic

Le choix d'un produit de décontamination ne peut se faire sans diagnostiquer au préalable l'origine et la nature des micro-organismes.

La plupart des salissures sur une façade sont de nature biologique.

Les taches vertes, rouges ou noirâtres qui enlaidissent le bâtiment ont pour origine des bactéries qui préparent le terrain aux développements d'algues et de mousses.

Il existe au moins deux mille espèces d'algues, réparties en plus de cent cinquante genres.

5.2. Produits

Contrairement aux décontaminants qui traitent superficiellement, les bons décontaminants sont ceux qui sont capables d'aller chercher et d'éradiquer les racines des éléments d'origine biologique.

Souvent appelés « antimousses », les produits peuvent être utilisés à titre curatif ou préventif pour les façades et les toitures. Ils sont prêts à l'emploi ou à diluer. Leur pH doit être neutre.

Ces produits se passent au pulvérisateur ou au rouleau. Attention aux manques.

6. Graffitis

La règle est d'agir le plus rapidement possible. Certaines entreprises sont spécialisées dans le nettoyage après sinistre, mais il est possible aussi de demander à la mairie d'intervenir pour enlever les graffitis.

6.1. Demande d'intervention

Cette intervention est gratuite dans certaines municipalités, mais il arrive qu'elle soit payante sous certaines conditions : si le support taché est constitué d'un matériau particulier, ou s'avère vétuste, ou si la façade tachée est difficile d'accès pour le personnel ou son matériel.

- Le nettoyage effectué par les municipalités est en général réalisé par procédés chimiques ou mécaniques (microfinage), ou encore par recouvrement (peinture).
- Le nettoyage est circonscrit à l'emprise du graffiti.
- En aucune manière il ne s'agit d'effectuer la réfection, la restauration ou le ravalement d'un mur, d'une façade ou du support en général, mais uniquement d'assurer le nettoyage ou le recouvrement de la partie souillée.
- Les produits mis en œuvre pour éradiquer les graffitis par les sociétés prestataires des villes, qui sont tenues de répondre efficacement quelle que soit la nature du graffiti ou du support, sont en général très « hard ».

ATTENTION

La demande d'intervention de la mairie doit normalement être complétée par une plainte auprès des services de police.

OBSERVATION

- Le problème de la lutte contre les graffitis s'est déplacé au fil du temps. La volonté municipale d'effacer le plus vite possible ces traces en proposant aux résidants un service d'intervention rapide pour nettoyer les soubassements d'immeuble a fait évoluer les tagueurs vers les cimes des immeubles, où ils sont devenus intouchables.
- Les revêtements foncés attirent moins les tagueurs.

Le prix d'une intervention par les services municipaux ou par un professionnel dépend du travail à effectuer.

6.2. Méthodologie

Dans tous les cas, un diagnostic préalable est nécessaire. L'application est définie en relation avec le fabricant et l'applicateur, en fonction du produit, du système et du type de maintenance retenus.

Le choix du système dépend de :

- la nature du support ;
- la fréquence des graffitis : de nombreux produits de traitement antigraffiti étant peu conciliables avec la respiration des supports, en particulier la pierre, il convient en premier lieu d'évaluer les risques. Dans les zones à faible risque, il est parfois raisonnable d'attendre le premier tag, qui ne va peut-être jamais se produire, avant d'appliquer un produit de protection toujours réducteur de la capacité du matériau à évacuer l'humidité ;
- l'influence sur l'aspect esthétique du support ;
- la perméabilité à la vapeur d'eau du traitement de protection.

La lutte antigraffiti passe par une action à la fois préventive et curative.

6.3. Action préventive

L'action préventive consiste à traiter une surface pour faciliter l'élimination des graffitis à venir.

OBSERVATION

Dans le cas d'une application sur un soubassement, commencer l'application du produit de protection à 25 cm du sol pour permettre l'évacuation de l'humidité en provenance des sous-sols.

Il existe deux familles de systèmes préventifs contre les graffitis (voir tableau 1) :

- systèmes non permanents (protection disparaissant à chaque nettoyage) : ces systèmes, utilisant des produits à base de microcires végétales ou synthétiques, de résines acryliques, de silicones ou encore de polymères fluorés, sont à privilégier parce qu'ils laissent respirer le support et qu'ils sont faciles à enlever. Ces produits sont non filmogènes et incolores mais il faut les remplacer à chaque intervention ;
- systèmes permanents (protection restant en place après nettoyage) : ces produits, à base de résines polyuréthanes, époxydiques ou encore d'alkydes ou d'uréthane époxy, sont filmogènes, visibles et peu respirants.

Tableau 1 : Familles de systèmes préventifs antigraffitis

Systèmes	Produits	Durabilité	Usage	Méthode	Sensibilité aux UV (vieillissement) (DTU 42.1)
Non permanents	Microcires végétales ou synthétiques	3-5 ans	Unique	Décapage chimique, vapeur ou eau chaude sous pression	Insensible
	Résines acryliques				Peu sensible
	Polymère fluoré				Peu sensible
Permanents	Polyuréthane bicomposant	3-10 ans	Permanent	Nettoyage des graffitis par le solvant approprié	Peu sensible
	Résines époxy ou alkydes d'uréthane époxy				Sensible

(source : Betocib)

6.4. Action curative

L'action curative consiste à éliminer les graffitis sur une surface qui n'avait pas été protégée. Il existe plusieurs techniques :

- le microfinage à basse pression en phase aqueuse ;
- le décapage par alternance par application de produits chimiques, suivi de lavage à haute pression ou non, suivant la nature des produits ;
- le décapage par jet de glace combiné à du bicarbonate de soude.

OBSERVATION

L'utilisation de décapants chimiques biodégradables est recommandée.

7. Plomb

7.1. Nettoyage de la façade

Les particules issues du trafic routier, qui sont une des composantes de l'encrassement des façades, contiennent du plomb et des chlorures de plomb, volatils à la température du gaz à l'échappement, qui ne restent pas en général sous forme gazeuse mais se retrouvent adsorbés par les poussières atmosphériques qui se déposent sur les façades.

Des maîtres d'ouvrage public commencent à exiger du ravaleur la mise en œuvre d'une méthodologie spécial plomb pour nettoyer les façades en milieu urbain. Extrêmement coûteuse, cette méthodologie consiste à encapsuler dans des polyanes un cataplasme de nettoyage et à évacuer le résidu du nettoyage vers une décharge spécialisée en l'accompagnant d'un bordereau de suivi des déchets dangereux (BSDD).

Ces mesures de prévention ont pour objectif de réduire l'exposition au plomb des travailleurs au niveau le plus bas techniquement possible.

7.2. Décapage des éléments de façade

Le problème du décapage des éléments de façade se pose principalement pour les anciennes serrureries de garde-corps. Le plomb contenu dans le minium antirouille (tétraoxyde de plomb) des anciennes peintures anticorrosion présente un risque respiratoire.

Pour toute intervention sur des substrats au plomb, il importe d'utiliser des techniques produisant aussi peu de poussières que possible (pour le nettoyage, proscrire balais et aspirateurs ménagers) :

- aspirer systématiquement les poussières avec un aspirateur équipé de filtres à très haute efficacité (pour les petites quantités de poussière, préférer un nettoyage à l'humide) ;
- porter des équipements de protection (vêtements, gants, appareil de protection respiratoire équipé de filtres de type P3) ;
- ne pas boire, fumer, manger, mâcher du chewing-gum sur les lieux de travail ;
- se laver le visage, et surtout les mains, avant les pauses et se doucher en fin de poste et changer de vêtements après le travail.

8. Maintenance

8.1. Entretien des matériaux de façade après ravalement

L'entretien des surfaces après la livraison constitue un problème majeur pour la pérennité des résultats obtenus. De petites interventions régulières peuvent non seulement en prolonger la vie, mais également atténuer le coût de la prochaine campagne, l'objectif étant de compenser l'inéluctable marche du temps.

Dans son sens le plus large, la notion d'entretien recouvre l'ensemble des actions visant à maintenir les ouvrages en bon état. Ces actions sont d'ailleurs décrites dans les annexes de certains DTU, dont le DTU 42.1. Soulignons que les assurances conditionnent de plus en plus la prise en compte des garanties à ces conditions d'usage. Par ailleurs, il est du devoir de conseil du maître d'œuvre, de l'entrepreneur ou de l'artisan, de rappeler au maître d'ouvrage cette obligation lors du processus de réception.

ATTENTION

En l'absence de maître d'ouvrage, l'entrepreneur responsable est tenu de remettre en fin de chantier une notice d'entretien des surfaces livrées avec la liste des produits adéquats.

8.2. Réguler l'encrassement

Les récurrences à surveiller et à traiter en priorité pour réguler l'encrassement se retrouvent sur toutes les façades, quels que soient l'époque et le style. Ce sont :

- les salissures ayant pour origine l'absence ou les mauvaises dispositions des protections des têtes de mur et de muret, des voiles béton, des acrotères, des pignons, etc. ;
- les salissures ayant pour origine les appuis de baie ;
- l'encrassement des nez de dalle ou des faces extérieures des bandeaux et des corniches ;
- le rejaillissement des eaux pluviales au-dessus d'un élément saillant (bandeau, corniche, etc.). Les DTU 26.1 « Travaux d'enduits de mortiers » et 42.1 « Réfection de façades en service par revêtements d'imperméabilité à base de polymères », les plus couramment utilisés en matière de ravalement, conseillent expressément, à titre de précaution, de relever en plinthe les zincs des bandeaux.

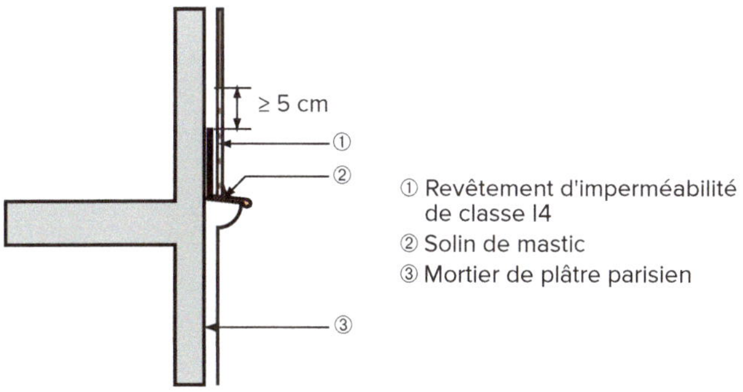

Figure 10 : Protection des engravures des bavettes en zinc

- la moindre différence de nu est fatale. Par exemple, les façades en briques silico-calcaires sont souvent marquées par des zones d'encrassement en forme d'auréole. Cet effet s'explique par les briques qui, n'étant pas toutes posées au même nu, accrochent plus ou moins la poussière.

OBSERVATION

Des façonniers sont spécialisés dans la fabrication de profilés anti-encrassement. Ils suivent les entrepreneurs de ravalement et sont susceptibles de répondre immédiatement à une demande en adéquation avec l'urgence du chantier.

8.3. Après nettoyage

Des produits et des traitements permettent de prolonger durablement l'action du nettoyage des façades, c'est-à-dire de les préserver et de les protéger sur du plus long terme. Ce sont :

- les produits anticryptogamiques (voir chapitre 3 « Façades et salissures », § 5) ;
- la reminéralisation ou biominéralisation (voir chapitre 7 « Matériaux », § 1.6) ;
- les produits hydrofuges (voir chapitre 3 « Façades et salissures, § 4) ;
- les actions antigraffitis (voir chapitre 3 « Façades et salissures, § 6) ;
- les inhibiteurs de corrosion (voir chapitre 7 « Matériaux », § 5.4).

Chapitre 4 : **Nettoyage ou décapage : la mise en œuvre d'un projet complexe**

Qu'il s'agisse de nettoyage ou de décapage, la phase préliminaire d'un projet doit se concentrer sur le diagnostic de l'état de surface du parement et de l'origine de son encrassement.

1. Nettoyage

Pour un ravalement, un bon projet de nettoyage doit répondre aux objectifs suivants :

- rendre plus propre ;
- éradiquer les micro-organismes ;
- ralentir le vieillissement ;
- retarder le retour de l'encrassement ;
- s'insérer dans une démarche environnementale.

Un projet de nettoyage complet doit prendre en compte les données suivantes :

- l'environnement ;
- la destination du bâtiment (privé, public, copropriété, etc.) ;
- l'accès ;
- les engins dédiés, possibilité d'implantation d'échafaudages et l'intervention d'engins divers ;
- l'élimination des déchets ;
- le diagnostic ;
- la nature du matériau à traiter ;
- la localisation des matériaux voisins à protéger ;
- la situation du matériau dans la façade ;
- la nature de l'encrassement ;
- l'étude des ruissellements préférentiels et les moyens d'y pallier ;
- l'état de vieillissement du support ;
- les réparations indispensables avant nettoyage pour éviter les infiltrations ;
- le constat de l'état des modénatures avant nettoyage ;
- les essais de nettoyage et le contrôle ;
- le choix du procédé ;
- la décontamination (mousses et des micro-organismes) :
  - nature et origine de la contamination,
  - diagnostic de synthèse,
  - produits sélectionnés,
  - mise en œuvre et contrôle.

Figure 1 : Diagnostic de la façade : état du parement – Corps étrangers – Matériaux différents

2. Décapage

NF DTU 59.1 et 42.1

Le décapage consiste à mettre à nu une surface en la débarrassant de la couche de matière (le revêtement) qui la recouvre. L'élimination de cette couche, qui prend des formes variées (traitement de surface, peinture, etc.), doit se faire sans modifier ni la nature, ni l'aspect de surface du matériau sous-jacent, ni l'environnement.

Il existe deux documents de référence pour le décapage :

- le DTU 59.1 (NF P74-2011) « Travaux de peinture » ;
- le DTU 42.1 (NF P84-404) « Réfection des façades en service par revêtement d'imperméabilité à base de polymères ».

Mécanique, thermique ou chimique, le décapage des façades d'anciens revêtements est une opération qui peut être à l'origine de désordres, en particulier lors de l'utilisation de produits chimiques à risque.

OBSERVATION

Les techniques de décapage de peintures ont commencé à se développer au début des années 1990 pour répondre à de nouvelles demandes et à de nouveaux besoins. Il s'agissait notamment de réagir à l'obligation faite par le DTU 42.1 d'octobre 1993 § 4.1.2 « Présence d'anciens revêtements organiques » qui veut que les anciens revêtements organiques soient décapés.

Les exceptions sont mentionnées dans le DTU. Le décapage n'est pas obligatoire en tableau et linteau si l'ancien revêtement est bien adhérent.

2.1. Méthodologie

La méthode de décapage ne doit pas modifier les qualités physico-chimiques d'origine du parement sous-jacent, ni importer dans les matériaux les germes d'une dégradation future. Les produits employés doivent être compatibles avec les produits de réparation ou de protection prévus dans le protocole du ravalement à venir.

ATTENTION

Décapage et produit d'imperméabilité. Dans le cas de la mise en œuvre d'un produit d'imperméabilité de façade selon le DTU 42.1 sur un revêtement existant, il est obligatoire de procéder, avant son application, à une étude visant à vérifier l'épaisseur et le bon comportement de l'ancien revêtement. Sans cette étude, ou si ses résultats sont négatifs, les anciens revêtements doivent être décapés au préalable.

La première question à se poser est donc de savoir pourquoi le projet de décapage est envisagé et s'il est vraiment nécessaire (définition de l'objectif et motifs du décapage).

S'il s'agit d'une opération inscrite dans le cadre des obligations prévues au DTU 42.1, la marche à suivre est indiquée dans le DTU.

Les autres motifs sont nombreux, certains sont indispensables pour soigner le parement, d'autres purement esthétiques.

Figure 2 : Essai de décapage

2.2. Motifs

Motifs thérapeutiques

L'élimination totale de la couche s'impose lorsque :

- une surépaisseur de couches de peinture accumulées avec le temps empêche le mur de respirer. Décaper l'existant va permettre de régénérer les fonds et de retrouver cette respiration ;
- le subjectile, totalement étanche et trop utilisé dans les années 1980, doit être éliminé ;
- l'épaisseur du revêtement ancien bloque le transit de la vapeur d'eau dans le mur ;
- le revêtement est dégradé (farinage, faïençage, cloquage, écaillage, etc.) ;
- les façades en béton ont besoin d'être débarrassées de leurs revêtements (carrelage, RPE, etc.) afin que le support puisse être réparé.

Figure 3 : Revêtement de peinture dégradé

Figure 4 : Revêtement I3 décollé

OBSERVATION

300 microns : l'épaisseur minimale de la couche de peinture. Le but à atteindre, tel qu'il est fixé par le DTU 42.1, est d'abaisser l'épaisseur de la couche de peinture à 300 microns pour permettre l'accrochage de la nouvelle peinture sans bloquer la respiration du mur. Il faut donc affiner la couche au maximum sans abîmer le support.

ATTENTION

à l'acharnement thérapeutique des néophytes qui veulent absolument retrouver le parement d'origine exempt de toute trace de peinture, au risque d'abîmer le support.

Motifs techniques

L'élimination de la couche est nécessaire :

- dans la cadre de l'application du DTU 42.1 ;
- quand le subjectile en place est incompatible avec la mise en œuvre de produits prévus dans le projet de ravalement.

Motifs esthétiques

L'élimination de la couche se conçoit lorsque :

- l'on veut retrouver l'aspect naturel d'un parement en pierre recouvert au cours des temps par des couches de peinture plus ou moins silicatée ;
- retrouver la texture initiale d'un béton livré brut et recouvert lors de ravalements successifs par de la peinture sans que cela soit justifié.

2.3. Prescriptions particulières pour les peintures au plomb

Un diagnostic doit être effectué en amont des travaux, à la charge du maître d'ouvrage qui s'occupe du programme, pour détecter les peintures au plomb. La réglementation en vigueur (loi d'août 1999) doit alors être respectée. Désormais, ce type de décapage ne s'envisage que dans le cadre d'une démarche environnementale.

L'analyse doit donc commencer par une évaluation de la configuration du chantier sous tous ses angles : son environnement, sa destination (habité ou non habité), sa qualité architectonique (matière, modénature), la nature du fond (matériaux, béton, plâtre, pierre, etc.), des huisseries (aluminium, PVC, bois, etc.), les moyens d'accès, d'évacuation, la nature des échafaudages (de pieds, volants, nacelles, etc.).

Elle se poursuit par un diagnostic : analyse des peintures à décaper, préconisation de la méthode de décapage, essais.

En troisième lieu, la mise en œuvre de l'opération s'effectue selon les étapes suivantes :

- choisir un procédé chimique et/ou physique pour la mise à nu du subjectile avec conservation du parement originel et des traces d'outil ;
- suivre les modalités d'intervention et le type de produits à utiliser pour le décapage et l'application selon les stipulations d'un laboratoire spécialisé ;
- employer les outils, de manière complémentaire, sous certaines conditions et avec l'autorisation de l'architecte ;
- procéder aux rinçages intermédiaires et définitifs, au brossage *a posteriori* et aux retouches de nettoyage, sauf contre-indications du fabricant de produits. Certains produits biologiques ont l'avantage de travailler à sec, le film de peinture, une fois décapé, tombe en poudre et se ramasse avec des moyens mécaniques ;
- protéger les parties adjacentes ;
- gérer les déchets, c'est-à-dire nettoyer les lieux après travaux, puis évacuer les déchets vers un lieu de décharge qui délivre le BSDD, bordereau de suivi des déchets dangereux. Le dernier BSDD, en vigueur depuis 1er décembre 2005, répond à des obligations européennes et permet le contrôle du début à la fin du circuit de traitement des déchets. Les fabricants sérieux incluent dans la vente du produit un service d'enlèvement de déchets avec remise automatique du BSDD à l'entrepreneur.

Chapitre 5 : **Techniques de nettoyage et produits**

Lorsqu'il est question de nettoyage, deux écoles s'affrontent actuellement. L'une, moderniste, postindustrielle, tend à pousser au maximum les possibilités techniques pour obtenir un parement qui, une fois nettoyé, paraît comme neuf. Cette méthode est illusoire car, pour obtenir un tel aspect, le risque est d'attaquer durement le matériau. Le résultat est immédiat mais éphémère, puisque la couche d'encrassement en milieu urbain revient très rapidement (un an en moyenne).

L'autre école, davantage dans le fil de la tradition du patrimoine, considère que la mise en œuvre des techniques de nettoyage doit respecter la nature et le caractère des façades. Mieux vaut savoir se limiter à un nettoyage mesuré, qui conserve l'esprit de la patine de l'immeuble, que de chercher à tout prix à lui donner un aspect neuf et clinquant mais destructeur.

L'avenir appartient aux professionnels qui sauront le mieux faire le lien entre leurs techniques et les problèmes posés par l'environnement. Dans les années à venir, une très sérieuse sélection sur ce thème risque de rendre obsolètes nombre de procédés et de favoriser les entrepreneurs qui intègrent cette démarche.

Le chantier de nettoyage est, en effet, encore géré de manière très approximative. Il reste un chantier sale, désagréable pour l'usager, quelquefois dangereux pour la santé de ceux qui y travaillent, et souvent nuisible pour les existants immédiats (canalisations d'immeuble, éléments en bois, en fer, en aluminium, végétation, etc.).

L'élimination des déchets est rarement prise en compte. L'avenir du marché est dans la rationalisation et le traitement de ces effets secondaires.

Figure 1 : Avant nettoyage

Figure 2 : Après nettoyage

1. Nettoyage écologique

1.1. Nettoyants chimiques bio

Le secteur du nettoyage chimique est en pleine évolution. L'arrivée de produits pratiquement neutres, efficaces et biologiques, a modifié le regard porté sur la mise en œuvre de ce type de nettoyage.

Les nettoyants chimiques bio constituent sans conteste la nouvelle réponse efficace, rapide et propre au nettoyage de façade. Bien formulés et correctement appliqués, ils sont susceptibles d'apporter une alternative « douce » aux techniques de nettoyage par action de poudres abrasives ou par action de l'eau qui peut être employée sous trop forte pression, surtout sur certains supports particulièrement fragiles tels que les pierres tendres, les modénatures très abîmées, les bétons précieux, etc. Le nettoyage chimique calculé de façon précise peut avoir des vertus curatives sur des pathologies chroniques du matériau.

L'avenir du nettoyage chimique est dans ces produits qui constituent la vraie alternative aux systèmes mécaniques et/ou chimiques traditionnels.

OBSERVATION

Un procédé moins agressif pour des résultats plus discrets. Moins un procédé est agressif, moins il promet de résultats spectaculaires. La réponse proposée par les produits « neutres » tient dans un équilibre entre le respect du matériau dans son intégrité et un nettoyage mesuré du parement.

Produits

Un produit nettoyant bio conforme est un produit ne nécessitant pas de neutralisation, sans solvant, sans base forte ni acide fort, définis par un pH autour de 7 (neutre), biodégradable, non nocif et non toxique. L'action lente mais non agressive de ces produits permet de dissoudre les encrassements sans attaquer les éléments constitutifs du matériau en œuvre, comme le carbonate de calcium contenu dans la pierre et sans y laisser des matières actives susceptibles de se réactiver sporadiquement en fonction de l'humidité ambiante.

Aucune neutralisation n'est nécessaire au cours de leur application. Ils sont sans effets sur l'environnement et n'attaquent pas les autres matériaux en contact avec eux (verre, aluminium, PVC, peintures, végétations, canalisations d'eaux usées, etc.).

Une attention particulière doit être portée sur leurs qualités toxicologiques et écotoxicologiques et sur leur compatibilité lorsque plusieurs formules sont à appliquer de façon successive pour l'obtention du résultat.

Ils se présentent sous forme de gels applicables au rouleau ou au pulvérisateur, agissent en quelques heures et une faible pression d'eau suffit pour les éliminer.

Les eaux de rinçage peuvent être directement rejetées à l'égout.

Ils sont particulièrement efficaces sur des encrassements légers liés à la pollution.

OBSERVATION

Engagement du fabricant. Il est important que le formulateur ou le fabricant du produit soit impliqué du début à la fin de l'opération et assure les missions suivantes : analyse du parement, préconisation, essais, formation du personnel sur le chantier à la méthodologie d'application, contrôle de la bonne application, prélèvements et analyses en fin de chantier, assistance et suivi après livraison.

Figure 3 : Nettoyant chimique bio : une alternative douce de nettoyage

Figure 4 : Le produit s'applique au pinceau

Figure 5 : Ce type de nettoyage est particulièrement adapté aux surfaces fragiles comme la mosaïque

Méthode

La bonne démarche consiste à encadrer l'opération par un va-et-vient entre le site et un laboratoire chargé de faire des prélèvements de contrôle avant, pendant et après l'application du produit. Si ce n'est pas possible pour des raisons économiques, il faut pallier cette déficience par les précautions suivantes :

- analyse de l'environnement : l'évaluation des risques importés sur l'environnement concerne les éléments susceptibles d'entrer en contact avec les produits (étanchéité, zinguerie, oriels, circulations, balcons, espaces verts, canalisations, VRD, etc.), les moyens d'évacuation des produits et le plan de gestion des déchets ;
- sélection d'un fournisseur réputé sérieux et fiable : les fabricants sérieux sont en mesure d'établir le diagnostic, de réaliser une analyse chimique après prélèvement d'un ou plusieurs fragments de façade, de rédiger un rapport qui peut servir de base à l'établissement d'un cahier des charges et de proposer un processus d'élimination des déchets.

Nettoyage

Le nettoyage consiste à recouvrir la façade, au moyen d'une brosse ou d'un pulvérisateur, du produit (liquide, gel ou pâte) qui dissout la saleté. Le produit et la saleté sont ensuite éliminés suivant une procédure définie par le fabricant (à sec ou rinçage à l'eau chaude ou froide sous haute pression).

ATTENTION

Il faut tenir compte du fait que des résidus de produit restent toujours dans le parement nettoyé et que la réaction finale ne peut être observée que dans un délai minimal d'une semaine. Si, malheureusement, le nettoyant n'est pas un produit neutre, et si après ce temps d'observation, la façade présente des efflorescences, c'est que le produit continue à agir.

1.2. Cryogénie

La technique est utilisable sur le bois, la pierre, l'acier, l'aluminium, le marbre, le fer, l'inox, le béton.

Le nettoyage par cryogénie consiste à projeter à grande vitesse sur les supports contaminés des billes de glace carbonique ou « pellets » de glace (température à - 78 °C) à l'aide d'air comprimé (7,5 bars minimum). Les salissures sont fragilisées par les effets conjugués de la thermique, de la cinétique et de la sublimation :

- thermique : à – 78 °C, la glace casse la couche de salissure ;
- cinétique : les pellets frappent la couche de salissure sous une pression de 3 à 12 bars ;
- sublimation : les pellets de glace redeviennent gaz instantanément par une augmentation de volume de 700 %.

OBSERVATION

La cryogénie ne génère aucun déchet.

1.3. Compresses ou cataplasmes

Le nettoyage par l'application de compresses ou de cataplasmes est l'une des techniques les plus écologiques, sauf pour la consommation d'eau.

Ce procédé est adapté aux pierres peu capillaires et aux bétons, mais il est à éviter en hiver à cause des risques de gel. Il nécessite un excellent contrôle des points où peuvent se produire des infiltrations d'eau. Il est également utilisé pour le nettoyage des ouvrages d'art en béton et en pierre.

Le cataplasme est un gel constitué d'argiles et de pulpe végétale. Il s'applique de façon égale en couche épaisse sur le support humidifié. Après son séchage, la couche solidifiée peut être grattée avec une spatule. Le parement doit ensuite être rincé à l'eau claire et brossé avec une brosse douce pour éliminer les résidus. Le procédé agit comme un désincrustant. Son action provoque une désolidarisation des salissures de l'épiderme de la pierre par solubilisation.

Il existe plusieurs procédés brevetés qui ont en commun le même type d'application.

OBSERVATION

- En cas d'encrassement important, recouvrir le produit d'un film polyane ou réhumidifier le support à l'aide d'un pulvérisateur et maintenir l'humidité durant plusieurs jours.
- Afin d'éviter les pénétrations d'eau, la parfaite étanchéité des joints du parement et des fissures doit être assurée avant l'application.
- Supports (parements) dédiés : brique silico-calcaire, béton, stuc.

OBSERVATION

Dessalement. La technique des compresses ou des cataplasmes peut être d'une grande utilité pour le dessalement des pierres en œuvre.

Les méthodes de dessalement courantes se répartissent en cinq grandes catégories : l'élimination mécanique à sec, les méthodes utilisant la diffusion et l'évaporation (compresses), les méthodes diffusives (bains), les méthodes basées sur l'électromigration et les méthodes convectives (extraction sous vide ou sous pression d'eau).

1.4. Laser

Le laser est sans doute l'une des meilleures techniques de nettoyage, car elle attaque la salissure sans toucher au parement. Il est utilisé depuis 1990, principalement sur les chantiers du patrimoine et de la conservation des monuments historiques. Le développement de ce nouvel outil a été particulièrement favorisé en France.

Outil

Les lasers de nettoyage sont constitués d'un générateur, d'un système de refroidissement et d'une unité laser. En pratique, ces trois composants forment deux ou trois unités mobiles, le système de refroidissement et l'unité laser pouvant être regroupés sur le même bâti. Suivant le modèle et sa puissance, le poids total de la machine atteint 100 à 400 kg. Selon les fabricants, le rayon laser émis est transmis jusqu'à la gâchette de l'opérateur par un bras articulé muni de miroirs ou par un réseau de fibres optiques. En fonction de la lentille placée à l'extrémité, le faisceau peut être parallèle (colmaté), convergent ou divergent, avec des distances de focalisation courtes ou longues. L'opérateur dispose de trois moyens pour régler la machine et optimiser le nettoyage :

- le réglage de l'énergie par pulse (potentiomètre) ;
- le réglage de la fréquence des tirs (diviseur de fréquence) ;
- la modification de la densité d'énergie, en avançant ou reculant, pour une énergie de pulse donnée.

Mise en œuvre

Avant la mise en œuvre, il faut commencer par des analyses préalables du subjectile sous encrassement, des essais et une recherche d'éventuelle polychromie ou d'anciens traitements. Le choix du laser se fait en fonction de l'avis du laboratoire de recherche des monuments historiques (LRMH), au vu des résultats des analyses. Il convient de procéder à des essais avec laser, à bras ou à fibres.

Il est possible de réaliser une pulvérisation d'eau claire avant le nettoyage. Après le nettoyage, une application de compresse humectée d'eau claire peut être opérée, si un effet de jaunissement est constaté.

Nettoyage

Le procédé élimine de la surface de la pierre les salissures minérales par interaction entre le rayon laser et la croûte noire. Le laser, onde infrarouge de forte énergie, est puissamment absorbé par les salissures superficielles de teinte sombre (alors que le support pierre, généralement clair, blanc à jaunâtre, a plutôt tendance à le réfléchir). Le processus de nettoyage correspond à une photoablation d'une durée de quelques milliardièmes de seconde.

L'interaction entre le rayon laser et la croûte noire provoque à la surface du matériau une rapide élévation de température très localisée et très brève. Sous l'effet du tir laser, des ondes de chocs mécaniques et des ondes acoustiques se propagent dans la couche sale, la fragmentent et provoquent son éjection sous forme de particules de taille variée. Le support ne subit pas d'échauffement notable. Par exemple, le nettoyage du plâtre, dont le composé principal est le gypse, stable jusqu'à une centaine de degrés, n'entraîne pas sa destruction ni la formation d'hémihydrate ou d'anhydrite.

L'impact du rayon laser sur la salissure produit un crépitement caractéristique.

Avantages et inconvénients

Le laser ne remplace pas toutes les autres méthodes, mais, dans certains cas bien définis, il s'avère plus performant. Par ailleurs, il n'utilise que de l'énergie lumineuse, sans eau, sans produits chimiques, sans particules abrasives et sans pression.

Le procédé est d'une extrême précision. Il permet d'intervenir de manière sélective sur des surfaces très fines, fragiles, écaillées, pulvérulentes, prêtes à tomber et de nettoyer les croûtes noires sans aucun risque pour le support, ce qui, souvent, permet d'éviter une préconsolidation délicate et coûteuse du matériau avant son nettoyage.

Le résultat peut être examiné au fur et à mesure et le nettoyage arrêté à tout moment.

Cependant, l'utilisation du laser est limitée aux petites surfaces, statuaire et modénatures. Les manipulateurs doivent avoir reçu une formation spécialisée et, outre son coût, la mise en œuvre est lente et complexe.

1.5. Latex dit aussi « peeling »

Cette technique de nettoyage par voie sèche est réservée pour l'intérieur. C'est une méthode douce relativement onéreuse destinée au nettoyage des ensembles à haute valeur patrimoniale.

Elle est principalement utilisée pour le nettoyage des halls d'immeubles et cages d'escalier. Très efficace également pour nettoyer les murs souillés par un incendie.

Un enduit à base de caoutchouc est appliqué sur la surface à nettoyer à l'aide d'une brosse ou d'un pistolet. Il agit par absorption de la pollution.

Le produit forme un film brunâtre qui une fois sec peut se retirer manuellement en tirant dessus d'où l'expression *peell away*, *peeling*, se décoller en anglais.

Le temps de séchage, de l'ordre d'une semaine, est variable suivant la température ambiante qui doit être au minimum de 10 °C.

2. Nettoyage à base d'eau

À l'origine, l'eau a donné naissance à la technique simple du ruissellement, qui a ensuite évolué vers la technique de nébulisation, où l'eau est distribuée par des gicleurs programmés, puis à toutes les formes de nettoyage sous pression possibles.

Les machines actuelles, qui ont la possibilité de produire des pressions énormes d'eau chaude ou froide, peuvent se révéler plus dangereuses que des sableuses lorsqu'elles sont utilisées au maximum de leurs possibilités, sur des pierres trop tendres, et pendant trop longtemps.

2.1. Ruissellement et brossage

La technique consiste à brosser la surface après avoir ramolli la couche de salissures à l'eau. L'action exercée par l'eau dissout le gypse ou la calcite, qui sont les agents de collage des croûtes noires chargées de sulfates. Après cette imprégnation, il peut être nécessaire d'effectuer un brossage avec des brosses en poils naturels ou en nylon. Des brosses douces sont utilisées pour les petites finitions à l'eau claire après le lavage.

L'avantage de ce procédé est qu'il est simple, économique, efficace et peu agressif. L'inconvénient majeur est le risque d'infiltration de l'eau à l'intérieur des locaux. Cette méthode traditionnelle est la plus douce, mais elle ne peut raisonnablement être utilisée que lors de la rénovation complète d'un immeuble, car les murs sont saturés d'humidité pendant l'opération.

Les dispositions sont les suivantes :

- rejointoyer la façade en pierre, colmater les fissures et traiter les joints de bâti afin de limiter la quantité d'eau qui pourrait s'infiltrer à l'intérieur du bâtiment ;
- installer un ruissellement d'eau sur toute la surface du parement en pierre, en plaçant en tête une rampe de ruissellement ou un tuyau percé à intervalles réguliers ;
- laisser l'eau couler doucement pendant plusieurs jours, pour que le ruissellement ramollisse les salissures. La technique peut être améliorée en programmant des gicleurs pour créer des cycles de trempage et détrempage (nébulisation, voir *infra*) ;
- sous le ruissellement, brosser manuellement la surface humide, depuis le haut vers le bas, avec une brosse dont la dureté doit être adaptée à celle de la pierre. L'eau évacue les salissures ;
- récupérer l'eau au fur et à mesure pour ne pas fragiliser les soubassements.

2.2. Nébulisation ou brumisation

La méthode respecte l'état de l'épiderme et les infiltrations sont limitées. Le principe est toujours la rampe de lavage, mais les buses ajoutées et fixées permettent des jets sous basse pression à cône d'ouverture très large. L'apport d'eau étant plus faible, la méthode permet un meilleur contrôle de l'humidité du parement.

Ce nettoyage peut être complété d'un brossage doux.

2.3. Projection d'eau (froide ou chaude) sous pression

Le procédé consiste à éliminer les salissures en utilisant la projection d'eau pure sous pression (de l'ordre de 100 bars, variable selon les supports et l'encrassement). La technique, très souple, permet de moduler la pression, le débit et la distance de projection en fonction de la nature du matériau et de son encrassement.

L'avantage est qu'il n'y a pas d'action abrasive : le procédé respecte l'épiderme du matériau s'il est en bon état (le calcin, par exemple). En revanche, il présente certains inconvénients :

- des risques d'infiltration par les baies et les ventilations, mais aussi dans le réseau de fissures de la façade et dans les joints d'assises de pierre ou joints de construction entre matériaux (entre bâti et maçonnerie, par exemple) ;
- des risques d'erreur sur le choix de la pression en fonction de la fragilité du matériau ;
- une forte consommation d'eau et une nuisance due au bruit du compresseur.

La mise en œuvre comprend :

- le rejointoiement de la façade à traiter avant l'intervention de nettoyage à l'eau sous pression ;
- le contrôle de la pression sur les parements très fragiles ;
- la surveillance du débit d'eau et de la durée d'application pour limiter les infiltrations d'eau à l'intérieur de la maçonnerie ;
- l'organisation de la gestion et l'élimination des eaux résiduelles.

Dans la projection d'eau chaude sous pression, le nettoyeur est relié à un brûleur qui permet de chauffer l'eau à une température d'environ 95 °C (entre 80 et 95 °C selon les cas), avec une pression de 150 bars. Cette technique réduit sensiblement la durée du nettoyage, donc la consommation d'eau. La chaleur permet l'élimination des pellicules grasses adhérentes. Il faut se méfier des chocs thermiques en hiver.

Des brosses, parfois rotatives, fixées à l'extrémité des lances de projection branchées sur les circuits d'eau, sont utilisées pour parfaire le nettoyage.

Des produits de nettoyage sont parfois ajoutés à l'eau pour renforcer son action, en général des détergents qui facilitent l'élimination des matières grasses, mais aussi des acides ou des abrasifs destinés à attaquer la crasse en profondeur. Ces mélanges sont à éviter : un détergent peut multiplier par deux, voire trois, le coefficient d'absorption d'un matériau. L'augmentation de cette capacité à absorber une eau chargée de produits acides ou abrasifs peut vite se révéler catastrophique. Par exemple, pour une pierre tendre, le mélange chemine à l'intérieur des pores et peut s'y répandre en réalisant des dégâts considérables et réapparaître plus tard sous forme d'efflorescences.

Toutefois, des produits spécialisés peuvent dépanner lors d'encrassements particulièrement difficiles :

- produits de lavages adaptés aux différentes qualités de pierre ;
- produits de lavage pour les efflorescences de la pierre ou du béton ;
- produits de nettoyage pour les salpêtres, les hydrocarbures, la rouille, etc. ;
- produits pour enlever le ciment.

3. Nettoyage par abrasion

Le cahier des charges doit définir les pressions, l'angle d'attaque et les distances de projection, le diamètre des buses, la nature et les diamètres des poudres en fonction de la nature des parements et de la distribution granulométrique, de leur état et de leur degré d'encrassement.

3.1. Sablage à sec

C'est la pression fournie par la machine et la granulométrie du produit projeté qui différencient principalement les sablages de la période d'après-guerre du microfinage actuel. Dans ces années-là, les sableuses travaillaient à 25 ou 30 bars de pression, en utilisant des grès broyés d'une granulométrie de 100 à 500 microns. Cette technique mal ou abusivement employée a détérioré bon nombre de parements en pierre. Le sablage à sec fait dorénavant l'objet d'une réglementation très limitative énoncée dans la plupart des cahiers des charges diffusés par les municipalités à l'occasion des campagnes de ravalement. Les entreprises ne proposent plus que des sablages dits « légers ».

OBSERVATION

Le tour de main. Il est difficile de contrôler la mise en œuvre d'un sablage léger, car entre un sablage léger et un sablage lourd, la seule différence tient à la main de l'ouvrier qui l'exécute et au choix d'une pression sur le compresseur.

La méthode, rapide et très efficace, évite les inconvénients dus à l'eau. Malheureusement, elle élimine le calcin et/ou le sulfin en partie ou en totalité, constitue une attaque brutale qui peut user des arêtes et des angles des pierres tendres et abîmer les détails d'une modénature fine. De plus, il est difficile d'obtenir un nettoyage régulier du parement.

La méthode est dangereuse pour l'opérateur, qui doit être protégé pour éviter le risque de silicose. Un décret du 6 juin 1969 a interdit l'utilisation de sables abrasifs contenant plus de 5 % en poids de silice libre cristalline pour les travaux de décapage à sec en cabine ou à l'air libre. De ce fait, des abrasifs de remplacement ont fait leur apparition : laitiers de haut-fourneau (fonte), résidus de la fabrication du phosphore, produits minéraux.

Le sablage entraîne des nuisances importantes pour l'environnement et la mise en place de dispositions pour la protection du personnel, le contrôle continu de l'état des parements et la gestion des déchets et des poussières.

3.2. Sablage hydropneumatique

Le sablage hydropneumatique consiste à projeter à basse pression un mélange de sable et d'eau dont le dosage est établi en fonction de la dureté du parement à nettoyer. Le sable use la surface des matériaux à nettoyer, l'eau détrempe et entraîne les salissures.

Cette méthode rapide et efficace, moins polluante que le sablage à sec, permet de nettoyer les façades très encrassées. Ses inconvénients sont :

- le risque de gel en hiver ;
- l'action abrasive, qui dégrade fortement les moulures et les arêtes vives et qui fait disparaître le calcin de la pierre ;
- l'utilisation très délicate sur des façades construites avec des matériaux dont la dureté est différente, comme des briques encadrées de pierre ;
- la dégradation et la fragilisation des joints.

3.3. Microfinage, gommage, aérogommage ou hydrogommage

Cette technique, qui n'a jamais su se fixer sur un nom, se pratique sous différentes formes, à sec, avec brumisation en sortie de buse, ou par voie humide. Le microfinage utilise la projection à basse pression à sec ou accompagné d'eau, d'un mélange d'air et de microgranulats. Le principe de nettoyage consiste à nettoyer par projection des poudres les films de salissures. La dureté des abrasifs est définie par l'échelle de Mohs(1) qui va du plus tendre au plus dur de 1 à 10, le plus dur rayant le plus tendre. Les poudres les plus utilisées suivant la nature des supports sont : le bicarbonate de sodium 2, la calcite (carbonate de sodium) 3, la bille de verre 6, l'Archifine® 7, le Rugos® et Garnet 8 et le corindon 9.

3.4. Grenaillage

Le grenaillage est une technique consistant à projeter, à l'aide d'une grenailleuse, des microbilles sur la surface d'un objet en fer pour en modifier la structure superficielle. Les microbilles sont en acier, en verre ou en céramique. La projection se fait à grande vitesse et en continu, jusqu'à 100 m/s. Le résultat dépend de plusieurs facteurs :

- la nature du support ;
- la nature et la dimension de la grenaille ;
- le débit et la vitesse d'impact ;
- la direction du jet.

Voir les différentes techniques de nettoyage dans le tableau 1 ci-après.

Cette méthode rapide est particulièrement efficace. Bien conduite, elle respecte les parements et peut être modulée en fonction de leur dureté sur un même chantier. Cependant, une application de fine à trop faible distance pendant trop longtemps, sous un mauvais angle, avec une pression trop élevée, peut faire plus de mal qu'un léger sablage bien dominé. Le résultat repose en grande partie sur la qualité de l'applicateur, sa formation, son expérience et son niveau de concentration sur le travail à exécuter.

Pour la mise en œuvre, les questions concernent la pression, le temps d'application, la poudre et la granulométrie. Pour le contrôle continu de l'état des parements, il faut constamment rester vigilant lors de l'application, même si le travail semble bien se dérouler. De plus, il faut être attentif à la protection du personnel.

---

1. Le minéralogiste autrichien Friedrich Mohs a établi en 1812 une échelle de dureté relative, allant de 1 (tendre) à 10 (très dur), selon laquelle le minéral de dureté inférieure est rayable par le minéral de dureté supérieure. Le diamant est à 10, car il ne peut être rayé que par lui-même.

Autre inconvénient, le chantier reste sale pendant la période du nettoyage. La gestion des déchets est difficile. Au minimum, une goulotte de récupération des produits au niveau bas de l'échafaudage est à installer.

Tableau 1 : Les différentes techniques de nettoyage

Procédés	Principe	Action	Voie	Pour	Contre	Observations
			Les inclassables			
Cryogénie (1) (2)	Projection de pellets glace carbonique	Doux, respecte les parements Les salissures sont fragilisées par les effets conjugués thermique et cinétique et de la sublimation	Sèche	Respect total de l'environnement Ce procédé ne génère aucun déchet	EPI spécifiques Matériel lourd avec compresseur	Technique utilisable sur le bois, la pierre, l'acier, l'aluminium, le marbre, le fer, l'inox, le béton
Compresses, cataplasmes (1) (2)	Application de cataplasme constitué d'argile et de pulpe végétale	Désolidarisation des salissures par solubilisation	Humide	Non polluant	Consommation d'eau très importante	Afin d'éviter les pénétrations d'eau, la parfaite étanchéité des joints du parement et de fissures doit être assurée avant l'application
Laser (1) (2)	Amplification par stimulation de radiations ou pompage optique	Nettoyage de très grande qualité mais lent et coûteux	Sèche	N'utilise que de l'énergie lumineuse, sans eau (nébulisation, compresses), sans produits chimiques (bases, acides, complexants, etc.), sans particules abrasives (micro-abrasion) et sans pression	Nettoyage trop uniforme, « trop propre », trop parfait Jaunissement de la pierre	Préconisé et utilisé dans les chantiers de restauration des grands monuments, portails sculptés de cathédrales, statuaires remarquables
Thomann HANRY (2)	Projection à sec, dans un flux d'air comprimé à basse pression, d'une poudre minérale de faible granulométrie à partir d'un camion élévateur équipé d'une cabine ventouse où un ouvrier peut travailler sans risques sur la hauteur d'un étage	Rapide efficace, douce	Sèche	L'aspiration des poussières par les aspirateurs installés dans la cabine ventouse protège l'opérateur La conception prend en compte également la gestion des déchets. Les poussières aspirées sont humidifiées et la boue résiduelle est évacuée à la décharge conformément à la législation	Difficile de contrôler ce qui se passe dans la cabine	L'utilisation de ces machines permet d'éviter les échafaudages et les bâches La technique ne répond qu'à la phase nettoyage du ravalement Pour réparer la façade il faut monter un échafaudage traditionnel ou travailler avec une nacelle. Cette technique est particulièrement adaptée aux façades encrassées et en bon état en milieu urbain
			Mécaniques			
Brossage Ponçage Chemin de fer	Utilisation de la brosse non métallique Ponçage au disque Genre de racloir métallique manié à la main	Douce Abrasive Dure, attaque la peau	Sèche Sèche Sèche	Préparation et finition Uniquement pour le béton Réservé au parement irrécupérable	Peu rapide Limité aux petites surfaces Retaille qui détruit l'autoprotection Lent et onéreux	Les méthodes mécaniques sont réservées à des usages particuliers Brossage : en travail préparatoire pour éliminer les mousses, ou en travail de finition en complément d'un nettoyage par voie humide Ponçage et chemin de fer : pour retrouver l'aspect d'origine d'un parement silicaté et sur les parements en béton
Sablage à sec	Projection sous faible pression d'un jet de sable sec	Dure	Sèche	Rapide et efficace Pas de problème d'évacuation d'eau	Pratiquement interdit : Usure du parement, élimination de la patine Poussière. risques de silicose	Usage limité sur des parties de parement ou de décorations rebelles à toute autre forme de nettoyage. La pression peut être modulée en fonction de la dureté du parement pour effectuer des sablages légers qui le préservent au maximum

1. Techniques non polluantes respectueuses de l'environnement et du matériau à nettoyer.
2. Techniques particulièrement adaptées au ravalement en milieu urbain, en site habité, aux immeubles en copropriété.

Tableau 1 : Les différentes techniques de nettoyage (suite)

Procédés	Principe	Action	Voie	Pour	Contre	Observations
Sablage hydropneumatique	Projection d'un mélange à basse pression de sable et d'eau. Le sable use la surface et détache les salissures que l'eau détrempe	Demi dure	Humide	Très efficace sur l'élimination de l'encrassement Peu de poussière Visualisation immédiate du résultat obtenu	Dégradation du parement et de la modénature (abrasion de la pierre tendre) Risque de gel en période froide	Agressivité du traitement lié au choix de la pression de l'air, à la granulométrie du sable, à la distance de travail, et à la nature du parement
Microfinage à sec ou par voie humide Appelé également aérogommage, gommage ou hydrogommage	Projection à sec ou par voie humide de micro-fines	Douce	Sèche	Modulable suivant la dureté des parements Bonne qualité de nettoyage	Tributaire de l'attention de l'opérateur, de la pression utilisée et de la fine Boues difficiles à gérer	Ce procédé associé à l'emploi d'une nacelle aspirante qui évite un échafaudage porte le nom de gommage. Peu abrasif. Dans le procédé par voie humide, les propriétés de l'eau ne sont pas utilisées pour le nettoyage, mais principalement pour éviter la poussière. Un rinçage à l'eau chaude donne une meilleure qualité de fini.
Projection d'eau						
Ruissellement d'eau	Ruissellement d'un voile d'eau sur toute la surface à traiter pendant le temps nécessaire pour ramollir la crasse et l'entraîner	La plus douce	Humide	Très bonne technique Curative Élimine les sels nocifs Préserve l'autoprotection des parements	Méthode très longue Très coûteuse. Effet de détrempe Réservée pratiquement aux bâtiments historiques Peu viable pour les bâtiments d'habitation Problèmes de séchage très long et de gel en hiver	Inclure dans le prix la nécessité d'un brossage manuel en fin de traitement. Purge indispensable après détrempe. L'absorption de l'eau de lavage par le parement peut entraîner la formation de moisissures et de mousses ainsi que l'apparition de taches dues à L'oxydation des métaux contenus dans le matériau à traiter Des altérations peuvent apparaître longtemps après le traitement sur les revêtements intérieurs (nécessité d'un calfeutrement sérieux)
Projection d'eau						
Pulvérisation d'eau à basse pression (nébulisation)	Variante de la précédente, réalisée à partir de rampes munies de gicleurs qui pulvérisent de l'eau par intermittence	Douce	Humide	N'altère pas la surface des matériaux Efficace sur les calcaires et les grès ou sur des parements très encrassés	Coûteux, long Ne permet pas d'éliminer des encrassements fortement incrustés	Mêmes remarques que pour la technique précédente. Nécessite un brossage partiel en fin d'exécution Réservé aux bâtiments historiques et à quelques cas particuliers de façades offrant des surfaces lisses non poreuses et peu percées
Projection d'eau froide sous pression	Utilisation d'un jet d'eau froide sous pression pour éliminer et ramollir les salissures	Douce	Humide	Grande souplesse d'utilisation par la modulation de la pression Ne détruit pas l'autoprotection	Influence de la teneur en chlore de l'eau sur certains parements (béton par exemple) Risque de gel Risques d'infiltrations	Contrôler la pression sur les parements très fragiles. L'efficacité repose sur un dosage complexe entre la pression, le débit, la durée et la température.

1. Techniques non polluantes respectueuses de l'environnement et du matériau à nettoyer.
2. Techniques particulièrement adaptées au ravalement en milieu urbain, en site habité, aux immeubles en copropriété.

Tableau 1 : Les différentes techniques de nettoyage (suite)

Procédés	Principe	Action	Voie	Pour	Contre	Observations
Projection d'eau chaude sous pression	Par rapport à la méthode précédente, le système comporte en plus un brûleur qui permet de chauffer l'eau à environ 95 °C	Douce (sauf sur une pierre malade)	Humide	Élimine les graisses Réduit la durée par rapport à la méthode précédente	Mêmes défauts que la précédente. Se méfier d'un choc thermique toujours possible	Très efficace en site urbain où les salissures sont grasses
Vapeur	Nébulisation d'une eau liquide à 140 °C sous pression qui se transforme en vapeur à la sortie	Douce	Humide	Pas d'altération de l'aspect de surface Pas de poussière Faible consommation d'eau	Ne permet pas d'éliminer les salissures très incrustées Danger de choc thermique	Cette méthode peut se combiner avec une pulvérisation d'eau pour obtenir une meilleure efficacité. On supprime ainsi les risques induits par les contraintes thermiques
Chimiques	Ils existent en deux catégories : les pâtes et les liquides	Variable	Humide	Pénétration plus faible Plus rapide	Plus long Difficile à neutraliser	Mal calculés ces produits peuvent provoquer, en stagnant dans le matériau, un rabotage chimique à retardement
Gels bio (1) (2)	Gel neutre désincrustant prêt à l'emploi s'applique au pistolet pneumatique ou à la brosse carrée	Action rapide facile à l'emploi	Rinçage au nettoyeur sous une pression inférieure à 110 bars	Nettoie en profondeur sans entrer en réaction avec le matériau. Aucune neutralisation	Les encrassements rebelles nécessitent plusieurs passes de produit	Alternatives efficaces aux solutions mécaniques ou chimiques traditionnelles. Un produit bio est un produit qui ne nécessite pas de neutralisation, sans solvant, sans base forte ni acide fort, de Ph neutre, biodégradable, non nocif, et non toxique Les eaux de rinçage peuvent être rejetées à l'égout
Projection d'eau						
Acides Fluorhydrique Bifluorure d'amonium Chlorhydrique Sulfurique Phosphorique	1. Application à l'aide de brosses douces ou au rouleau sur surfaces humidifiées au préalable. 2. Temps de réaction de 5 à 30 minutes 3. Rinçage à l'eau sous pression ou à la vapeur	Dure	Humide	Efficace	Attaquent des minéraux inclus dans les matériaux de parement. Peuvent provoquer des décolorations. Aspect après traitement souvent douteux. Risque d'efflorescences. Risque de dégradation de fissures capillaires du béton	Efficaces sur la brique Employés pour renforcer une action de lavage dans les cas extrêmes. Produits à éviter sur parement pierre. L'emploi de l'acide chlorhydrique est interdit
Alcalins Soude Potasse caustique	Agissent par saponification des graisses, des acides gras et des huiles	Douce	Humide	Ramollissent les salissures sans attaquer les parements calcaires. Le résultat est bon sans traces d'efflorescences	Attaquent les peintures. Attaquent les roches siliceuses	Appropriés pour les pierres dures et le béton
Tensio-actifs cationiques Amonium quaternaire	Les sels d'ammonium quaternaires ou composés ammonium quaternaires ont des propriétés détergentes, antimicrobiennes et antifongiques	Douce	Produit à diluer	Bon aspect après traitement	Toxicité cutanée et oculaire	Produits rarement employés seul

1. Techniques non polluantes respectueuses de l'environnement et du matériau à nettoyer.
2. Techniques particulièrement adaptées au ravalement en milieu urbain, en site habité, aux immeubles en copropriété.

Tableau 1 : Les différentes techniques de nettoyage (suite)

Procédés	Principe	Action	Voie	Pour	Contre	Observations
Fongicides Biocides Anti : algues, lichens, champignons, bactéries courantes	Substances de composition complexe souvent à base de sels d'ammonium quaternaire en solution aqueuse	Douce	Humide Concentré, à mélanger avec de l'eau	Préventif et curatif Pour les salissures végétales et biologiques La décontamination des supports est indispensable avant la mise en œuvre d'une ITE	Protéger la végétation et les utilisateurs pendant le traitement. Les fongicides comprennent une grande variété de composés chimiques dont la toxicité varie considérablement d'une substance à l'autre	Adaptés à la décontamination de tous les matériaux poreux. Bétons, pierre, briques, etc. Les bons décontaminants sont ceux qui sont capables d'éradiquer les racines des éléments d'origine biologique sans polluer les pores du matériau

1. Techniques non polluantes respectueuses de l'environnement et du matériau à nettoyer.
2. Techniques particulièrement adaptées au ravalement en milieu urbain, en site habité, aux immeubles en copropriété.

4. Biominéralisation

La biominéralisation utilise la capacité naturelle de certaines bactéries non pathogènes à fabriquer du calcaire. Le procédé consiste à créer artificiellement un épiderme naturel et protecteur de calcite, en surface du matériau. Le traitement optimisé se déroule sur une période de cinq jours.

Le premier jour du traitement, le bouillon bactérien (mélange de bactéries et de solution nutritive en phase aqueuse) est pulvérisé à la surface de la pierre à traiter. Les bactéries doivent être dans leur phase exponentielle de croissance et la concentration du bouillon est évaluée de 1 010 à 1 012 bactéries environ par litre. C'est l'ensemencement.

Le liquide nutritif, composé d'un mélange de matières organiques, de sels minéraux et d'un activateur de carbonatogenèse, est ensuite pulvérisé quotidiennement pendant les quatre jours suivants. C'est le nourrissage. Au fur et à mesure du nourrissage, les bactéries, installées dans les microniches de la surface de la pierre, se multiplient, s'accrochent les unes aux autres, s'entourent peu à peu d'un cocon de carbonate de calcium, jusqu'à former un édifice cristallin, et s'accumulent en couches superposées.

Au début de cette période, les bactéries restent identifiables à l'observation en microscopie électronique à balayage (MEB). En une semaine, un voile de carbonate de calcium, appelé biocalcin, de quelques microns d'épaisseur (4 à 5 µm), occupe la surface du matériau. Les corps bactériens fossilisés ne sont plus différenciés à l'examen MEB. À ce stade, le carbonate néoformé est encore très hydraté. Il sèche et durcit dans les semaines qui suivent.

5. Procédés mécaniques

Ce sont des procédés de reprise de surface à vif par brossage ou par raclage.

5.1. Brossage

Le brossage est en général le complément d'un lessivage ou d'un nettoyage d'une surface par ruissellement d'eau.

5.2. Brossage à sec

Les brosses sont soit des brosses dures métalliques, destinées à attaquer la couche d'encrassement ou de peinture superficielle, soit des brosses douces en poils naturels (chiendent) pour le dépoussiérage.

5.3. Ponçage au disque ou raclage au chemin de fer

Le ponçage, utilisé dans le traitement du béton, est réservé aux petites finitions sur d'autres matériaux durs. Pour les parements en pierre, ce traitement est presque exclusivement réservé aux parties de façade en aplat très endommagées où le calcosulfin pulvérulent est irrécupérable. De même que pour le chemin de fer, le principe consiste à regratter le parement pour repartir à zéro sur un parement nu qu'il va falloir traiter en conséquence. Toutefois, ce procédé est peu recommandable sur de très grandes surfaces, car il ne peut que difficilement assurer une parfaite planéité des supports.

Figure 6 : Chemin de fer

5.4. Retaille

Destinée aux parties les plus ouvragées de la façade, avec moulures et sculptures, cette opération délicate, presque chirurgicale, demande une grande maîtrise. C'est pratiquement la seule méthode qui permette de retrouver l'aspect naturel d'origine des ornements fortement silicatés. Ce procédé manuel de restauration consiste à retirer le sulfin malade sur son épaisseur pour faire apparaître la pierre saine, avec l'outil du tailleur de pierre, en respectant minutieusement les profils existants.

Après l'opération, la façade est comme neuve. Mais comme le parement a perdu son épiderme protecteur, il faut en général effectuer une reminéralisation et protéger la surface par un hydrofuge. La nécessité de faire appel à une main-d'œuvre hautement qualifiée n'implique pas forcément des coûts très élevés.

6. Points vulnérables : prévention de l'altération des matériaux

6.1. Matériaux soumis au nettoyage

Le tableau 2 ci-après indique respectivement les points faibles d'une façade soumise à un nettoyage (joints, volets, par exemple), le traitement préconisé pour prévenir l'altération des matériaux (joints refaits, démontage des volets, par exemple), et les recommandations (faire attention à la nature des joints, répertorier chaque paire de volets, par exemple).

Tableau 2 : Les points vulnérables de la façade lors d'un nettoyage, prévention de l'altération des matériaux et recommandations

Points faibles	Traitements	Recommandations
Vide entre le bâti des fenêtres et le gros œuvre	Joints à la pompe ou au mastic extrudable	Vérifier les préconisations sur les joints et les mastics ainsi que la compatibilité des produits avec les deux supports
Parties ouvrantes à l'étanchéité douteuse	Polyane au droit des croisées agrafé sur les encadrements fixes et rendus étanches par l'application de rubans adhésifs imperméables	Signaler au gestionnaire de l'immeuble le niveau de qualité des ouvrages visités
Fissurations traversantes	Reprise des fissures avant nettoyage	Normalement, les réparations se font après nettoyage
Joints de pierre ou de matériau détruits	Refaire les joints avant nettoyage	Attention, dans l'étude du nettoyage, prendre en compte la nature des joints
Volets et tous les matériels mobiles	Démontage après repérage de la localisation	Répertorier correctement les éléments, car chaque paire de volets est spécifique à une baie et ne peut être remontée ailleurs
Matériels fixes, balustrades, appareils d'éclairage de la ville, fers et divers	Emmaillotage des objets avec des films étanches	Surtout pour les décapages chimiques

6.2. Surfaces non soumises au nettoyage

Dans la majorité des cas, le nettoyage des façades entraîne l'obligation de protéger les surfaces qui ne sont pas directement concernées par le nettoyage :

- éléments d'architecture, modénatures, éléments décoratifs, statuaire ;
- fenêtres, châssis, volets, portes, balconnets, mains courantes ;
- enseignes, lampadaires, boîtiers électriques, etc.

Les modalités de protection sont choisies en fonction de la technique de nettoyage retenue, du matériel employé et des produits utilisés pour renforcer l'action du procédé (adjuvant, produits chimiques). Elles doivent aussi prendre en compte les données propres à l'immeuble, ce qui implique que l'accès aux appartements soit facilité pour permettre la reconnaissance de la nature et de la qualité des aménagements situés derrière la façade.

De même, il convient d'étudier la structure de la façade, la nature des matériaux qui la composent et ses points faibles. À cet égard, il faut prêter une attention particulière aux façades composites dont les différents éléments ont tendance à se dissocier avec l'âge (pans de bois et maçonnerie enduite, pierres et briques, ossatures métalliques et remplissages, etc.).

La porosité excessive de certains matériaux, les fissurations traversantes, la friabilité, la fragilité doivent être recherchées.

L'analyse de ces données peut déboucher sur un constat contradictoire préventif de l'état intérieur des murs et des sols ainsi que de l'état des façades et des commerces en rez-de-chaussée. L'étude approfondie des moyens de protection risque donc d'influer sur le choix de la méthode de nettoyage et peut parfois conduire à la remise en question d'une technique déjà préconisée.

Deux types de prévention sont à distinguer :

- celle qui lutte contre la pénétration des eaux de lavage ;
- celle qui cherche à protéger les matériaux constitutifs de la façade qui ne font pas l'objet du nettoyage.

La plupart des méthodes de nettoyage utilisent l'eau à un moment de leur action. Il est donc nécessaire, à titre de prévention, de s'assurer de l'étanchéité de la façade à nettoyer et de pallier les risques de pénétration en bouchant au préalable les fissures traversantes et tous les vides entre les matériaux constitutifs de la façade (vides entre les bâtis des fenêtres et la maçonnerie, par exemple).

Chapitre 6 : Techniques de décapage et produits

Il existe trois techniques de décapage : chimique, thermique et sous pression, chacune faisant appel à ses propres produits.

Le choix du décapant pour un chantier donné dépend des facteurs suivants :

- la nature du matériau ;
- l'efficacité ;
- la sécurité ;
- l'impact sur l'environnement ;
- le coût global.

Le choix peut être effectué à partir des deux documents qui doivent être fournis obligatoirement par le fabricant ou son représentant, la fiche de déclaration environnementale et sanitaire (FDES) (voir § 1.5 et 1.6 ci-après) et la fiche technique du produit.

Les produits doivent être choisis pour leur propriété de travailler en surface sans polluer le cœur du matériau et y laisser des matières actives susceptibles de se réactiver sporadiquement en fonction de l'hygrométrie ambiante (risque de rabotage chimique).

1. Décapage chimique

La plupart des produits de décapage sont d'origine chimique.

L'utilisation mal contrôlée d'un produit chimique peut induire des nuisances sur l'environnement et des désagréments sur les utilisateurs et les résidents.

Un produit inadéquat peut également détériorer le matériau, voire le détruire.

Les produits retenus ne doivent s'attaquer qu'aux salissures elles-mêmes ou à la couche de peinture à décaper, sans effectuer à la surface du matériau un rabotage chimique ou laisser en leur sein des matières actives susceptibles de se réactiver sporadiquement en fonction de l'humidité ambiante.

Une attention particulière doit être portée sur les qualités toxicologiques et écotoxicologiques de ces produits et leur compatibilité lorsqu'il faut appliquer plusieurs formules successives pour l'obtention du résultat.

Pour s'informer sur les risques, la consultation de la fiche de déclaration environnementale et sanitaire (FDES) est la première étape à franchir.

La deuxième étape étant la consultation de la notice technique du fabricant complétée par des essais *in situ* avec, si possible, le contrôle d'un laboratoire ou à défaut, le conseil d'un « sachant » de façon à pouvoir évaluer l'impact de la mise en œuvre du produit sur le matériau à nettoyer ou à décaper.

1.1. Nature et qualité d'un bon décapant

Pour être bon, un produit de décapage doit répondre à plusieurs critères :

- il ne doit pas faire fondre ou disloquer les revêtements à éliminer mais les décoller ;
- il doit agir comme un surfactant, c'est-à-dire désolidariser la liaison entre la peinture à décoller et son support ;
- il ne doit pas nécessiter de rinçage afin que le produit de décapage ne puisse pénétrer dans le cœur du matériau ;
- il doit être ininflammable ;
- il ne doit pas surpolluer les déchets (vitrification à 1 400 °C).

OBSERVATIONS

- Privilégier les produits les moins volatils qui travaillent à sec.
- Choisir le mode d'application le moins émissif, par exemple un décapant chimique en gel à la brosse plutôt que liquide utilisé en aérosol.

1.2. Les trois familles de décapants

La composition des décapants est différente suivant la nature des matériaux à décaper. Par exemple, un décapant sur un support en fer peut sans problème comporter de la paraffine, alors qu'un décapant sur une maçonnerie ne doit pas en contenir. Les produits sont souvent à base de solvants puissants (éther de cellulose, chlorure de méthylène), ajoutés à la cire et la paraffine, qui sont tous toxiques et polluants (le recyclage est obligatoire).

ATTENTION

Les prix des décapants peuvent varier du simple au triple. Mais le coût global ne se limite pas au prix du décapant. Par exemple, le prix des décapants sans dichlorométhane est en moyenne deux à trois fois supérieur au prix d'un décapant ancienne génération, mais si l'on intègre dans le prix l'absence de rinçage, de protections lourdes (EPI), de gestion des déchets, le coût global devient sensiblement inférieur à celui de la mise en œuvre d'un produit ancienne génération.

Solvants

Les solvants qui font fondre le matériau à décaper comportent le risque d'une pénétration des produits ainsi décomposés dans les pores du matériau lorsque le produit n'est pas totalement neutralisé. Ce qui implique un jour ou l'autre un réveil possible du produit endormi dans la masse sous l'action des eaux de ruissellement chargées de pollution (pluies acides et grasses). Ce rabotage chimique se traduit par des efflorescences et la destruction du parement dont le matériau constitutif peut devenir pulvérulent. En outre, ce sont des produits très inflammables (point de combustion inférieur à 20 °C). Leur usage semble peu adapté aux chantiers de ravalement où le processus de neutralisation est toujours difficile à contrôler.

Plastifiants

L'action décapante est basée sur la replastification des films secs. C'est une action lente. Une fois le film replastifié, il est gratté. Ces décapants sont réservés aux métaux plus qu'à la façade, car les plastifiants absorbés par les fonds peuvent réagir sur la peinture à venir. Par exemple, la mise en œuvre du processus de réticulation peut être entravée (la peinture finale reste poisseuse), la couleur risque d'être modifiée, ou bien encore cette opération amène des décollements. L'action des plastifiants est bien plus à redouter que celle de la paraffine.

Décapants biologiques

Les décapants bio doivent avoir les mêmes caractéristiques que les produits nettoyants bio (voir chapitre 5 « Techniques de nettoyage et produits »). Ils sont conçus pour la façade et élaborés pour répondre à la demande de la chaîne écologique complète. Ces produits ne demandent pas de neutralisation. Leur fabrication se fait à partir de produits propres. L'utilisation se fait à sec, sans plastifiant, sans chlore, sans paraffine.

Ils sont présentés sous forme de gels applicables au rouleau ou au pulvérisateur. L'action s'effectue au niveau de l'accrochage du subjectile à décaper avec le fond, que le décapant cisaille, en quelque sorte. Il pénètre par capillarité l'épaisseur du film sec et va chercher sa liaison avec le support pour la couper. Le film se détache comme une étoffe et peut être stocké dans des containers, pour être ensuite emmené au lieu de décharge qui délivre un BSDD.

Ils agissent en quelques heures. La phase finale ne comprend pas de rinçage, donc pas de consommation d'eau (hormis une faible pression pour les éliminer) ni de risque de pénétration dans les pores, de pollution de l'environnement ou d'agression de la végétation. Il n'est pas nécessaire non plus d'avoir une protection particulière pour les hommes, ni de formation spécifique, car la mise en œuvre est simple. Le décapant biologique permet de décaper toutes les peintures. Du fait de son pH neutre, il est sans danger pour les environnants : aluminium, vitrages, PVC, peintures végétations.

ATTENTION

Il faut lire attentivement le mode d'emploi de ces produits novateurs dont l'application ne doit pas toujours être suivie d'un rinçage à l'eau, mais d'un brossage à sec. Ce qui est écrit dans le DTU 42.1 P1-1 § 7.2.1.5 n'est pas toujours adapté aux nouveaux produits.

1.3. Composants à risque

Paraffine

Pour les décapages de façade, Il est important de s'assurer que le décapant ne comporte pas de paraffine. Si après rinçage il subsiste des traces de paraffine sur le support, elles remontent dans le nouveau revêtement par capillarité et le ramollissent, de sorte que des particules de poussière se collent dessus et provoquent des salissures noires en forme de peigne.

Chlore

Beaucoup de décapants proposés sur le marché sont fabriqués à base de chlore, qui a la propriété de faire gonfler les revêtements organiques, ce qui facilite ensuite leur enlèvement. Mais le chlore dégage des **vapeurs toxicologiques et écotoxicologiques**. Il faut donc éviter sa présence.

Dichlorométhane

De nombreux décapants comportent du dichlorométhane (DCM), qui constitue un risque majeur pour les ouvriers qui doivent l'employer dans des lieux mal ou peu aérés (les étages inférieurs des courettes d'immeuble, par exemple).

Les décapants de peinture contenant du dichlorométhane à une concentration égale ou supérieure à 0,1 % en poids ne doivent plus être utilisés par les professionnels depuis le 6 juin 2012.

Les décapants chimiques sans DCM sont aussi efficaces que les anciens produits [(1)].

ATTENTION

Les produits alternatifs au dichlorométhane ont une action plus lente et ne sont pas forcément dénués d'effets toxiques : esters dibasiques, diméthylsufoxyde, N-méthylpyrrolidone, etc.
Ne pas utiliser les décapants contenant de l'acide fluorhydrique.

1. Étude de l'Institut national de recherche et d'études de la finition (IREF) effectuée dans le cadre du programme recherche et développement métiers (PRDM) mis en œuvre en 2011 à la demande du Syndicat français des joints et façades (SFJF) et de l'Union professionnelle des métiers de la finition (UPPF) pour la Fédération française du bâtiment.

1.4. Classement

L'identification de dangers permet de classer[2] les décapants en trois catégories : A, B et C. (voir le tableau 1 récapitulatif des caractéristiques et des exigences par catégorie).

Tableau 1 : Comment choisir son décapant (source IREF)

	Catégorie C	Catégorie B	Catégorie A
Danger de la préparation (selon REACH)	R10 (sans picto) ou R11 inflammables	Xn nocif ou Xi irritant et/ou composants avec valeurs limites d'exposition	Aucun
Point éclair	Entre 0 et 55 °C	Supérieur à 55 °C	Supérieur à 55 °C
Accès au chantier	Interdit au public et aux personnes non autorisées et autres corps d'état du chantier	Pas de restrictions particulières au décapant	Pas de restrictions particulières au décapant
Précautions particulières (manipulation, stockage)	Toutes les précautions concernant les produits inflammables et pouvant se charger électrostatiquement (voir FDES)	Toutes les précautions concernant les produits nocifs ou irritants (voir FDES)	Précautions d'usage (voir FDES)
Protection des ouvriers	Appareils respiratoires autonomes (cartouche type A) + gants, lunettes + protections particulières produits inflammables (voir FDES)	Appareils respiratoires autonomes (cartouche type A) + gants, lunettes	Gants + lunettes
Suivi médical particulier au décapant	Oui (valeurs limites d'exposition individuelle à certains composants)	Oui (valeurs limites d'exposition individuelle à certains composants)	Non
Mode d'application	Brosse, rouleau Pas d'application mécanisée	Brosse, rouleau Application mécanisée	Brosse, rouleau Application mécanisée
Temps d'action [1]	Rapide (30 minutes à une heure sur revêtements épais)	En général, moyen à long (3 à 6 heures sur revêtements épais). Plus court sur film mince	En général, moyen à long (3 à 6 heures sur revêtements épais). Plus court sur film mince
Rinçage	En général, obligatoire	Dépend des produits	En général, facultatif

1. Attention mise à jour avec la nouvelle réglementation REACH en cours (Étude FFB 2011).

1.5. Fiche technique

La fiche technique indique :

- Les revêtements que le produit peut décaper.
- Le mode d'application manuel, à la brosse, au rouleau, ou éventuellement mécanisé.
- L'agressivité possible auprès des matériaux contigus. Le PVC et les plastiques sont attaqués par de nombreux décapants. Mais attention aussi à l'aluminium et au PMMA (Altuglas®, Plexiglas®, Perspex®, Setacryl®).
- Le temps d'action rapide ou lent.
- Le temps ouvert, c'est-à-dire la durée pendant laquelle le produit peut être éliminé facilement.
- La nécessité ou non de rinçage :
  - certains décapants doivent être obligatoirement rincés à l'eau froide ou chaude,
  - certains décapants doivent être rincés en fonction de l'avis du fabricant et du type de support à traiter,
  - certains décapants qui ne nécessitent aucun rinçage et présentent un moindre risque pour les façades.

1.6. La fiche de déclaration environnementale et sanitaire (FDES) et les décapants

La fiche de déclaration environnementale et sanitaire (FDES) indique les dangers éventuels d'une préparation décapante. Les principaux dangers sont classés par risque, chacun défini comme étant [3] :

- **inflammable** : R10 pas de pictogramme. Point éclair compris entre 21 et 55 °C ;
- **facilement inflammable** : R11 + pictogramme. Point éclair compris entre 0 et 21 °C ;
- **nocif** : Xn + pictogramme ;
- **irritant** : Xi + pictogramme.

Pour trouver les informations voulues dans une fiche de déclaration environnementale et sanitaire, il suffit d'aller vers l'une ou l'autre des seize rubriques (voir chapitre 2, paragr. 9.1). La rubrique 9 (propriétés physiques et chimiques), par exemple, définit en particulier le point éclair.

2. Classement édité par Club alliance peinture et réalisé avec le concours de l'IREF - Mise à jour avec la nouvelle réglementation REACH en cours.

3. Mise à jour du classement avec la nouvelle réglementation REACH en cours.

ATTENTION

Certains produits n'ont pas de pictogramme de danger mais contiennent des substances dangereuses selon REACH.

Toutes ces informations doivent être complétées par les conseils expérimentés du fabricant ou de son représentant.

Les fiches sont disponibles :

- auprès du distributeur ;
- sur le site du fabricant ou de l'importateur ou du représentant exclusif ;
- sur Internet : il suffit de taper le nom du produit + fiche de déclaration environnementale et sanitaire (par exemple : eau de Javel + fiche de déclaration environnementale et sanitaire).

2. Décapage chimique et environnement

De nombreux produits chimiques sont proposés sur le marché, mais lorsque la démarche environnementale est prise en compte, le choix s'amenuise. Peu de produits sont fabriqués avec des bases pures et ont été ciblés spécifiquement pour la façade.

Par ailleurs, la problématique est prise entre deux feux puisque les produits qui ne nuisent ni à l'homme, ni à l'environnement, ni au bâti sont les produits écologiques. Or, plus un produit est écologique moins il est agressif. Son action nécessitera sans doute plusieurs passes.

Si les solvants de récupération utilisés sont sales, ils véhiculent dans les pores du matériau de façade la composante des déchets d'origine, ce qui entraîne des réactions sur le futur subjectile appliqué après le décapage. La notion d'enjeu industriel entre ici en ligne de compte, puisqu'un produit fabriqué à partir de solvants neufs revient beaucoup plus cher qu'un produit de même nature fabriqué à partir de solvants sales de récupération, donc gratuits.

3. Décapage thermique

La technique la plus courante utilise des chalumeaux alimentés au gaz propane à basse température de 60 à 80 °C au maximum. Cette technique ne nécessite pas de rinçage. C'est la méthode la plus directe. Elle est très efficace pour décaper des films secs du type RPE (revêtement de plastique épais). Mais bien que les températures employées restent basses, la chaleur produite peut faire éclater le parement. C'est en particulier le cas du béton, qui doit alors faire l'objet, en fin de décapage, de réparations complémentaires non prévues. La question se pose de savoir s'il est vraiment sain de surchauffer une surface à l'origine sans défaut et saine, ce qui risque d'y introduire des microfissurations et des éclatements, et de produire par récurrence des modifications dans la structure même de la peau.

L'application de la technique thermique demande également beaucoup de prudence à l'approche des menuiseries et des éléments secondaires (garde-corps, volets, grilles d'aération, etc.), lorsqu'ils sont en bois ou en PVC. De même, la plus grande prudence est recommandée sur les façades à pan de bois caché, car l'accumulation calorifique dans la masse du bois de charpente peut entraîner un processus de consumation larvé, générateur d'incendie.

4. Décapage sous pression

Cette technique est effectuée à très haute pression (1 500 bars) ou à haute pression et haute température (450 bars et 110 °C). Elle revient en usage, après avoir été abandonnée dans les années 1980. Elle est beaucoup plus rapide que la méthode chimique, mais entraîne presque obligatoirement un ragréage complet des parements.

Le rêve d'un décapage sans produit, simplement à l'eau pure, est compréhensible. Toutefois, une forte pression sur des fonds peu stables, par exemple des bétons ayant subi à la construction une charge importante de ragréage, ou encore sur des surfaces construites en tout-venant par assemblage de matériaux disparates de récupération, peut produire une désagrégation du mur et lui faire perdre une partie de sa cohérence.

L'autre contrainte est liée au fait qu'il est difficile de gérer la projection produite par les buses de sortie de l'eau sous pression, qui sont rotatives. Le risque est d'arroser sérieusement l'environnement si des protections adéquates ne sont pas prévues, et ces protections sont très difficiles à mettre en place.

5. Chiffons et éponges

5.1. Chiffons

Issues de la technologie *melt blown*(4), des gammes de chiffons absorbants en microfibres de polypropylène répondent aux exigences des utilisateurs du bâtiment :

- ils absorbent immédiatement par capillarité jusqu'à neuf fois leur propre poids grâce à leur calandrage, ils ne peluchent pas en surface, résistent à la déchirure, ont une durée de vie accrue et retiennent les liquides absorbés ;
- ils résistent aux solvants et aux acides, contrairement aux chiffons textiles traditionnels (en coton, par exemple), ils sont actifs sur un large éventail de produits (hydrocarbures et dérivés, huiles de coupe, peintures, liquide de frein, liquide de refroidissement, encres, etc.) ;
- leur excellent rapport volume/poids/pouvoir absorbant dans cette catégorie de produits permet une importante réduction du coût de destruction des déchets. Ces chiffons bénéficient d'emballages pratiques prêts à l'emploi ;
- ils sont utilisables dans de nombreux domaines : maintenance, nettoyage, finition, ébavurage ou préparation de surfaces, peinture, métaux, etc.

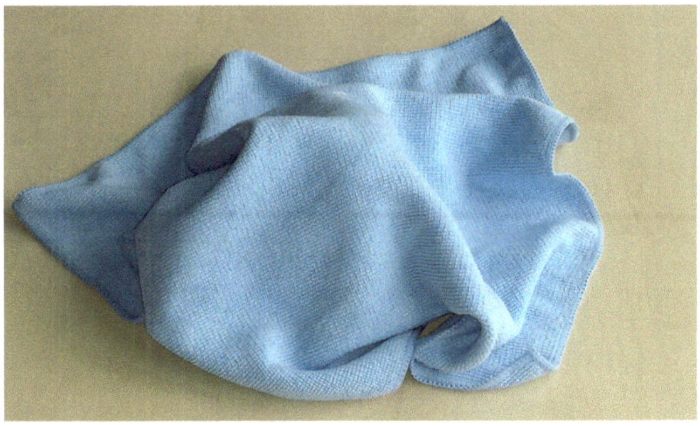

Figure 1 : Chiffon en microfibres

5.2. Éponges

Toutes les éponges ne sont pas les mêmes. À chaque tâche son éponge. Les différentes couleurs permettent de se souvenir quelle éponge utiliser.

Figure 2 : Chaque couleur correspond à une dureté différente. La blanche qui est la plus douce est utilisée pour les finitions sans risque de rayage des surfaces fragiles

4. Technologie de base pour produire des microfibres.

Chapitre 7 : **Matériaux**

1. Pierre

Les façades en pierre aujourd'hui éligibles au nettoyage ont déjà subi, au cours des ravalements successifs, plusieurs cycles d'abrasion exagérée (sablage, puis gommage) qui ont éradiqué le calcin ($CaCO_3$), protecteur naturel, pour le remplacer dans les milieux urbains par un sulfin ($CaSO_4$, $2H_2O$). En se formant, le sulfin laisse une croûte noirâtre mêlée de suies plus dures que la pierre qui peut se décoller sous l'action de méthodes de nettoyage trop agressives. Le décollement laisse alors apparaître des sels accumulés sous forme d'efflorescences.

Lorsqu'une façade en pierre présente des pathologies douteuses de ce type, une analyse des sels solubles permet de qualifier et de quantifier la nature des sels en présence pour définir le procédé de nettoyage le mieux adapté. Ce préambule posé, la mise en place d'un projet de nettoyage et le nettoyage de la pierre ne dérogent pas aux règles classiques.

1.1. Origine de la pierre

Le bon ravaleur doit se préoccuper des origines de la pierre à traiter, sa pathologie étant répertoriée. En général, les pierres sont d'extraction locale et, en l'absence de renseignements, il n'y a pas de meilleur endroit pour observer leur encrassement que le cimetière du lieu.

À Paris, la pierre de Saint-Maximin a été utilisée massivement à partir du XVIIe siècle. C'est un calcaire blanc jaunâtre à grain fin, d'emploi différent sur les façades selon la dureté de la roche : liais très dur pour les seuils, les soubassements et les corniches, roche dure pour le bandeau des balcons, roche ferme pour des utilisations particulières et roche demi-ferme pour les parements courants.

Suivant le banc d'extraction, certaines pierres sont coquillées, d'autres non. La pierre de construction est en général peu coquillée.

1.2. Nettoyage

Le nettoyage de la pierre donne lieu à une créativité technique foisonnante. Il n'y a pas de bonnes ou de mauvaises techniques. Le choix de l'une d'entre elles est lié au diagnostic spécifique du parement à traiter et de son environnement. Mais, quelle que soit la pierre à nettoyer, il est essentiel de toujours garder à l'esprit que sa surface est fragile et que les éléments chimiques du produit de nettoyage peuvent se répandre dans la masse par les pores de son épiderme.

Il faut prendre en compte l'ensemble des matériaux constitutifs de la façade concernée (la pierre, l'enduit, le carrelage, les métaux non ferreux, ferreux, le bois, etc.) pour définir les objectifs et les limites de l'opération. Tous les nettoyages ont donc les mêmes contraintes :

- le parement d'origine doit réapparaître par élimination des salissures sans être altéré ;
- les matériaux d'une même façade ayant des caractéristiques physiques différentes (pierre dure ou pierre tendre) requièrent des procédés de nettoyage différents (il n'en sera pas de même pour les parements, les moulures ou les sculptures) ;
- chaque type d'encrassement fait appel à une approche de nettoyage différente (encrassement/micro-organismes) ;
- le bénéfice d'une technique de nettoyage s'arrête là où la destruction du matériau commence.

Quelle que soit la technique utilisée, elle implique la mise en œuvre d'un projet de protection des surfaces non soumises au nettoyage : fenêtres, garde-corps, vitrages, bois, etc.

1.3. Tendance

La réponse à ces impératifs permet de dégager la tendance actuelle en matière de nettoyage de façade : doux et à géométrie variable.

L'expérience de ces dernières années a montré que, pour réussir un nettoyage de façade en pierre dans les règles, il faut presque toujours faire appel à plusieurs techniques sur une même façade.

Le projet peut être aménagé en fonction de difficultés rencontrées sur le site. Par exemple, en utilisant des techniques complémentaires sur des encrassements rebelles ou pour décaper une partie peinte découverte une fois l'échafaudage en place.

1.4. Méthodologie du projet de nettoyage de la pierre

La complexité du projet de nettoyage est souvent sous-estimée. L'étude du projet oblige à valider toutes les étapes suivantes :

- analyse du site et de la destination des locaux (habités, non habités) ;
- analyse du parement et des matériaux composant le mur, définition de leur pathologie, diagnostic des techniques et des produits employés dans les ravalements antérieurs ;
- diagnostic de l'origine principale de l'encrassement (pollution, origine biologique ou anthropique), importance et nature des sels solubles à éliminer, essais de nettoyage dans des zones peu visibles pour comprendre la réaction des matériaux ;
- choix de la méthode de nettoyage et définition des modalités de son application (pression, à froid, voie sèche, voie humide, etc.) ;
- composition de salissures et leur teneur en produits nocifs (silicates, carbonates, matières organiques, sels solubles, graisses, suie, plomb, amiante) ;
- élaboration du projet de décontamination et d'éradication des salissures d'origine biologique ;
- étude des incompatibilités possibles entre les produits de nettoyage et les produits de réparation et/ou de protection qui vont se succéder dans la mise en œuvre du projet ;
- étude de la nature du traitement préventif des points vulnérables, des joints, des fissures infiltrantes (voir chapitre 5, tableau 2) ;
- étude des incompatibilités de la technique de nettoyage avec les matériaux limitrophes (sable/vitres, acides/aluminium, humidité/fer, éléments chimiques/peintures, réaction du PVC, etc.) ;
- étude de l'utilisation éventuelle des moyens dédiés (échafaudages, nacelles, etc.) ;
- étude de la protection, pendant la période de nettoyage, des surfaces non soumises au nettoyage, de l'environnement (bâchage, filet, etc.), des locaux intérieurs (occultation des baies, traitement des joints de bâti), des matériaux en contact avec le parement et susceptibles d'être attaqués par le procédé de nettoyage ;
- le processus de récupération des déchets et la gestion du chantier.

Figure 1 : Nettoyage bio de décors pierre

1.5. Critères du choix des techniques

Dans l'absolu, il n'existe pas de bonnes et de mauvaises méthodes de nettoyage de la pierre, seulement des techniques inadaptées :

- au support : l'emploi d'une technique trop abrasive sur un matériau tendre, par exemple ;
- à son éta : un parement ruiné par un sablage effectué lors d'un ravalement antérieur ;
- au type de salissures : l'humidification d'un support envahi par des micro-organismes, par exemple ;
- à la volonté du maître d'oeuvre (qui doit privilégier le respect du matériau et ne pas rechercher un aspect clinquant au détriment du support).

Le choix de la méthode découle des éléments suivants :

Coût

Suivant les techniques, le coût au mètre carré peut varier du simple au double, et il diffère dans une même technique selon la nature et la qualité des produits. Par exemple, le prix au poids de la fine, pour un microfinage, est très variable suivant la qualité du produit et son mode de fabrication (verre de récupération, filière directe produisant de la poudre, fines de récupération, etc.). De même, les authentiques nettoyeurs bio sont d'un prix à l'achat nettement supérieur aux produits lambda inopérants ou nocifs. Le budget du maître d'ouvrage est donc un critère qui influence le choix de la technique.

Nature, type et destination de l'immeuble

Selon qu'il s'agit d'une habitation, d'un immeuble tertiaire, industriel, commercial, privé, public, etc., le mode de traitement est différent. Par exemple, une façade d'immeuble d'habitation ne sera pas nettoyée par ruissellement sans un certain risque de destruction de décors, lié à la pénétration de l'eau à l'intérieur.

Figure 2 : Exemple d'immeuble d'habitation nettoyé

Figure 3 : Détail d'immeuble d'habitation nettoyé

Nature et état du parement

Il convient de distinguer ce qui relève de l'encrassement, du vieillissement ou des désordres structurels de fond. Le nettoyage règle en principe les problèmes d'encrassement, mais, lorsqu'il est mal contrôlé, il peut amplifier les autres phénomènes en jouant le rôle d'accélérateur et amorcer la destruction du parement. L'utilisation de mauvais produits chimiques mal neutralisés peut aboutir à un rabotage chimique plus grave que le mécanique.

Bien entendu, le choix de la méthode de nettoyage est lié aux caractéristiques des matériaux qui composent la façade, notamment leur dureté, leur porosité et leur porométrie.

Nature de l'encrassement

Le choix technique n'est pas le même si la façade est encrassée en majorité par la pollution ou plutôt infestée par des éléments d'origine biologique (algues, mousses, champignons, etc.). La question est de déterminer si le traitement contre les salissures biologiques doit être appliqué avant ou après le nettoyage général. C'est un point sur lequel il faut insister, car, dans de nombreux cas, le traitement anticryptogamique n'appelle pas d'autre traitement complémentaire (voir figure 5).

Climatologie

Il faut éviter, par exemple, l'utilisation de l'eau froide (gel) ou chaude (choc thermique) pendant les périodes très froides. Les deux phénomènes peuvent faire éclater la pierre.

Énergies disponibles

Eau, air comprimé, électricité, solaire, gaz, etc. sont des données énergétiques à prendre en compte.

Accès du matériel

Toutes les machines et toutes les catégories d'échafaudages ne passent pas partout.

Réglementation

Le PLU local (ou le POS) peut édicter dans son article 11 l'interdiction de certaines techniques, comme le chemin de fer ou le sablage, et des préférences quant aux techniques à employer pour le nettoyage des façades (voir chapitre 2 « Nettoyage, décapage : un projet global », § 4.1).

Environnement et gestion des déchets

La technique n'est pas la même si l'évacuation se fait par les égouts ou par enlèvement vers une décharge. À ce jour, les choses n'ont pas beaucoup évolué en France. La plupart des techniques de nettoyage génèrent *in situ* des résidus plus ou moins polluants ou plus ou moins nuisibles en milieu urbain, sans que ces problèmes soient encore bien pris en compte par les applicateurs, et ce, malgré les réglementations européennes.

1.6. Techniques

Pour une vue d'ensemble des techniques de nettoyage, quel que soit le matériau concerné, la pierre comprise, se référer au chapitre 5 « Techniques de nettoyage et produits ».

Les techniques et les produits (les deux sont souvent étroitement liés) qui intéressent plus particulièrement ou exclusivement la pierre sont les suivantes :

Nettoyants bio

Nettoyants qui dissolvent la saleté et sont éliminés à sec ou rincés à l'eau chaude ou froide. Ils sont aisés d'utilisation, moins efficaces que les nettoyants chimiques mais plus écologiques. Ils peuvent aussi laisser des traces dans le parement mais n'attaquent pas la pierre. Ce sont en fait des nettoyants bio chimiques à pH neutre (autour de 7) qui prennent le contre-pied des techniques agressives comme les poudres abrasives ou l'eau sous forte pression. Ils sont très indiqués pour les salissures légères.

Cryogénie

La projection par air comprimé de particules de glace carbonique (- 70 °C) sur les surfaces à nettoyer va briser la couche de salissure sous l'effet conjugué du froid, de la force de projection et de transformation instantanée de la glace en gaz.

Compresses et cataplasmes

Très écologique, la technique consiste à désincruster la saleté en appliquant un gel à base d'argiles et de pulpe végétale. La couche, posée épaisse comme un masque, est grattée une fois sèche, le parement rincé à l'eau et brossé pour un rendu final.

Convient aux pierres peu capillaires, aux pierres calcaires et s'utilise pour le dessalement des pierres en œuvre.

Laser

Idéal pour les pierres patrimoniales puisqu'il n'agresse que la salissure minérale. Cette croûte noire, visible sur de nombreux bâtiments, absorbe le rayonnement laser (à l'inverse de la pierre, plus claire, qui le repousse). Sous l'action de la chaleur, la croûte se désintègre après fragmentation. Les avantages du laser sont nombreux : grande précision de la cible à nettoyer, maîtrise de l'outil à l'instant T, maîtrise de l'épaisseur à nettoyer, pas de prise sur le matériau de surface, pas d'agression chimique ou abrasive.

Il est contraint à l'avis des Monuments historiques et reste encore limité aux petites surfaces (statuaire, modénature, etc.).

Biominéralisation

Un mélange de bactéries et de solution nutritive en phase aqueuse (le bouillon bactérien) est pulvérisé plusieurs jours durant à la surface de la pierre. Les bactéries déposées et nourries avec la solution vont proliférer et s'agglutiner jusqu'à former un voile de carbonate de calcium, le biocalcin. La technique utilise la capacité naturelle de ces bactéries à fabriquer du calcaire. Le biocalcin constitue un épiderme naturel et protecteur qui, à la vue, finit par se confondre avec la pierre.

Eau

L'eau s'utilise de diverses manières :

- en ruissellement : les salissures sont brossées après avoir été ramollies à l'eau pendant plusieurs jours par ruissellement. La brosse doit être adaptée à la dureté de la pierre. La méthode est douce mais le risque d'infiltrations d'eau existe ;
- en nébulisation ou brumisation : comme pour le ruissellement mais l'humidité est moindre ;
- sous pression : eau chaude ou eau froide. La force de l'eau envoyée (environ 100 bars) va décoller la couche d'encrassement. Les brosses, parfois branchées directement aux lances, viennent souvent en renfort. La pression, le débit et la distance étant modulables, la technique est d'une assez grande souplesse pour s'adapter, par exemple, à des parements fragiles ou à des supports très encrassés. Elle est non abrasive mais il faut surveiller les infiltrations possibles. Les adjuvants sont déconseillés.

Sablage

- Sablage à sec : les sablages actuels sont des sablages « légers » avec des pressions faibles et une granulométrie du produit limitant l'agression de la pierre. La technique est rapide et efficace mais, mal maîtrisée, peut réduire les aspérités et les détails d'une modénature fine. Elle est également dangereuse pour l'opérateur.
- Sablage hydropneumatique : le mélange projeté à basse pression est de sable et d'eau, le premier usant la surface des matériaux, la seconde entraînant les salissures après détrempe. Convient aux surfaces très encrassées mais pas aux moulures ni aux arêtes vives.

Microfinage, gommage, aérogommage ou hydrogommage

Autre forme de projection à basse pression, cette fois-ci d'un mélange d'air et de microgranulats, avec ou sans eau. La poudre abrasive est choisie en fonction de sa dureté : 0,09 à 250 microns pour la pierre dure, 80 à 130 microns pour la pierre tendre, à partir de 3 pour la statuaire, etc. Les pores colmatés par la poudre sont désemboués après un rinçage de la façade à l'eau claire.

Autres techniques et procédés

Le latex, les poudres abrasives, le brossage à sec, le ponçage au disque, le rabotage au chemin de fer, la retaille.

1.7. Reminéralisation

La pierre une fois nettoyée ou décapée peut laisser apparaître un état de dégradation important. Le processus de reminéralisation, qui permet de redonner une cohérence à la structure de la pierre en mauvais état, doit être abordé avec prudence. Car il ne faut jamais reminéraliser une pierre en bon état. Cette technique ne s'adresse qu'aux pierres qui ont subi une forte altération et dont l'intégrité est menacée (désagrégation sableuse, desquamation importante, etc.).

La minéralisation ou consolidation est une opération qui vise à restituer à la partie altérée d'un matériau une cohésion identique à celle de sa partie non altérée. Suivant la nature des produits utilisés et les dénominations commerciales, la consolidation est également appelée minéralisation, induration, fluatation, silicatation, fluosilicatisation, durcisseur, etc. Le cœur d'un matériau vu au microscope peut être comparé au mur en moellon dont la cohérence et la cohésion entre les éléments constitutifs est assurée par le joint. À l'échelle microscopique, le lien des éléments constitutifs d'un matériau suivant sa nature peut être de la silice, du calcium, ou autre. L'attaque des pluies acides, en détruisant ce lien, libère ces éléments (calcite, silice, minéraux, etc.) qui s'échappent. Désagrégation sableuse, desquamation, décollement en plaque, surfaces pulvérulentes, etc., sont les manifestations apparentes de ce processus.

Les consolidants sont des produits qui peuvent être injectés au cœur d'un matériau pour reconstituer ce lien disparu. Ce sont des liquides d'imprégnation destinés à la consolidation par minéralisation des supports tels que pierres calcaires et siliceuses, brique, béton, enduits minéraux, etc. Ces produits liquides s'appliquent au pulvérisateur, au pinceau (à refus), au rouleau, en utilisant la technique du ruissellement, par application de compresse et de cataplasmes, par imprégnation sous vide.

Contrairement à l'hydrofugation, les consolidants peuvent être appliqués partiellement sur des zones malades ou même sur un seul élément en mauvaise santé (une seule pierre par exemple). L'application partielle d'un consolidant ne s'oppose pas à l'application d'un hydrofuge. Dans le cas exceptionnel d'une application étendue à l'ensemble de la façade, l'hydrofugation n'est pas nécessaire, car la minéralisation constitue alors une alternative efficace à l'hydrofugation classique.

En effet, la minéralisation diminue la porosité du support et sa disposition naturelle à absorber l'eau. Le rétrécissement partiel des pores des matériaux traités induit un effet hydrofuge.

1.8. Taches sur les pierres attachées

Des taches visibles aux points d'attache des pierres agrafées de l'ancienne génération ont pour origine la migration des acides aminés contenus dans les mastics de calage aujourd'hui prohibés.

Des gels nettoyants neutres permettent d'éliminer ces taches en les complexant. Le traitement doit être suivi impérativement par une hydrofugation. L'action du nettoyage ne peut être pérenne que si l'émetteur est tari, ce qui peut prendre une dizaine d'années.

Paru en novembre 2014, le DTU 55.2 « Revêtements muraux attachés en pierre mince » révisé est désormais conforme aux canons normatifs européens.

1.9. Décapage de la pierre peinte

Historique

Les silicates et les peintures silicatées (type Silexor) ont été massivement appliqués sur les façades en pierre à la fin du XIXe et au début du XXe siècle. Ces peintures contiennent du silicate de potassium qui se combine avec le calcaire pour former une croûte cristalline dure comme du verre. La pratique du décapage de la peinture sur les façades en pierre, à la mode depuis un demi-siècle, donne assez de recul pour faire le point sur sa mise en œuvre. Au départ, l'idée visait à nettoyer les pores encrassés par la peinture pour rétablir la respiration du matériau et à essayer de retrouver le parement pierre dans son aspect d'origine. L'expérience a montré que, sur les façades en pierre peintes, on trouve la plupart du temps deux générations de peinture : des peintures anciennes appliquées sur du silicate de potassium utilisé pour fixer les fonds, et des peintures modernes dérivées du pétrole, chacune faisant appel à des méthodes de décapage différentes. Le silicate peut être seul présent, ou avoir été recouvert d'une ou plusieurs couches de peinture organique à base pétrolière.

Ce type de cas réclame une étude en amont très minutieuse. Les pierres privées de leur respiration naturelle génèrent des pathologies plus ou moins graves dans les premiers millimètres immédiatement sous la couche de silicate. S'attaquer à ces peintures sans détruire le sulfin (et/ou calcin) et sans abîmer la pierre est pratiquement impossible. De nombreuses façades s'étant retrouvées avec des pathologies irrémédiables à la suite de ces décapages, il est aujourd'hui interdit de décaper ces silicates.

Silicates : la limite du décapage

La mise en œuvre du décapage de la peinture sur une façade en pierre peut se résumer ainsi : le décapage de peinture pétrolière est réalisé jusqu'au silicate, l'opération est stoppée lorsqu'il est atteint. L'efficacité du traitement peut être améliorée dans les parties ouvragées ou très encrassées, modénatures, nez de balcon, consoles, etc., en alternant des passes de microfinage à très faible pression et des passes de décapant chimique.

- Si le silicate est encore bien adhérent, il est préférable de le considérer comme un sulfin protecteur, de ne pas y toucher et de le recouvrir d'une patine à la chaux après décapage des couches de peinture organique.
- Si le silicate n'est plus adhérent, ou boursouflé, avec des zones sableuses et marneuses, il faut procéder à son éradication. Dans ce cas, la meilleure technique est la retaille (voir chapitre 5 « Techniques de nettoyage et produits, § 5.4) ou le ponçage mécanique.
- Les peintures pétrolières (organiques) peuvent s'éliminer sans problème avec un décapant biologique neutre.

OBSERVATION

L'un des grands avantages de certains produits bio est qu'ils peuvent agir sans eau pour le décapage. Un balayage à sec suffit à éliminer le résultat de l'opération en fin d'action.

Statuaire, décors et modénatures fragilisés

Il faut prévoir un traitement spécifique pour le statuaire, les décors et les modénatures fragiles. La reconstitution des parties sculptées et des décors fait appel à des techniques spécialisées. Mais, lorsque les décors sont trop fragilisés, il faut faire appel à des techniques de consolidation des existants avant le nettoyage (consolider, par exemple, au silicate d'éthyle injecté à la seringue).

1.10. Fresques

Les restaurateurs de fresques sont face à un dilemme. Les croûtes minérales sont chimiquement identiques à l'objet d'art dont il faut l'en débarrasser. Toute substance qui attaque l'une attaque l'autre. C'est pourquoi l'habileté technique dans l'utilisation des produits est capitale : dans le processus de nettoyage des fresques, les sels de carbonate et de sulfate sont éradiqués d'une surface qui comporte elle-même du carbonate. Les vernis à l'huile oxydés sont retirés de peintures à l'huile elles-mêmes oxydées. Les vernis à la résine sont extirpés de peintures dont la composition comporte le même vernis, etc.

Là encore, la conduite du restaurateur doit être guidée par les deux grands principes de réversibilité des actions effectuées et d'intervention minimale. Mais il doit aussi conserver à l'esprit que la matière à enlever est semblable à celle qu'il veut conserver. Le contrôle des moyens utilisés est donc primordial.

Sur ces supports fragiles, même l'eau pure, dans certaines circonstances, peut se révéler dangereuse. Les produits de base fréquemment utilisés pour nettoyer les fresques sont le savon à la résine ou le solvant AB 57, qui restreignent la pénétration en surface de l'œuvre. Utilisé avec compétence, ce solvant, mis au point par les restaurateurs Laura et Paolo Mora au début des années 1970, s'est montré efficace et sans danger sur les fresques. Les notices de concentration doivent être suivies à la lettre. L'habileté de l'opérateur et la façon d'appliquer le produit sont aussi importantes que la composition chimique de ce mélange.

La formule de base de l'AB 57 comporte plusieurs composants : eau + bicarbonate d'ammonium + bicarbonate de soude + EDTA (sel disodique) + sel quaternaire d'ammonium (biocide) + CMC (carboxyméthylcellulose appelé également « *cellulose gum* »). Lorsque les supports sont gras, on y ajoute parfois de l'ammoniaque et ou de la TEA (triéthanolamine ou trolamine : base faible).

OBSERVATION

La technique du savon à la résine ou du solvant AB 57 est réservée à l'utilisation en intérieur : halls d'entrée, cages d'escalier, etc.

1.11. Cas particulier des peintures au plomb

Le retrait de peintures au plomb est aléatoire car, à l'exception des supports métalliques, le plomb contenu dans la peinture ne peut être totalement éradiqué puisqu'il pénètre dans les pores du matériau (pierre, bois, plâtre, etc.)

Le processus est coûteux, aléatoire, destructeur, et les déchets sont dangereux et lourds à gérer.

Il est donc préférable d'avoir recours à un encapsulage de ces peintures.

Toutefois, si la situation l'exige, il existe dans le commerce des produits qui retirent la peinture au plomb.

1.12. Cas particulier des peintures amiantées

Le décret n° 2011-629 du 3 juin 2011 impose aux maîtres d'ouvrage et aux maîtres d'œuvre de faire la preuve que les peintures présentes sur les façades des bâtiments (et à l'intérieur) ne contiennent pas d'amiante.

Les décapants chimiques bio sont susceptibles de retirer les revêtements amiantés à la condition expresse qu'il s'agisse de revêtements organiques.

2. Stuc

2.1. Généralités

Le stuc, une poudre de pierre, est utilisé en recouvrement des plafonds et des murs, aussi bien à l'intérieur qu'à l'extérieur.

C'est un mélange de chaux aérienne éteinte et de « charges », celles-ci pouvant être du sable, de la poudre de marbre ou encore de la poudre de brique. On peut y incorporer des liants comme les colles animales ou végétales, et, éventuellement, des armatures de filasse pour les décors en relief.

Le principe est une succession de couches ayant une charge de plus en plus fine.

Il existe plusieurs sortes de stucs : stucs marbre, stucs pierre, stuc romain, stuc Marmorino, stuc de Mantoue, stuc en deux couches ou au fer chaud.

C'est un matériau fragile que l'on trouve parfois en façade, mais plus régulièrement dans les cages d'escalier et les halls des immeubles haussmanniens.

2.2. Nettoyage

À l'extérieur

Pour ces façades fragiles, qui doivent être caressées et ne subir ni abrasion ni chocs, le nettoyage par gel bio, par cryogénie ou par cataplasme est particulièrement indiqué.

À l'intérieur

La gomme

Une société en France nettoie le stuc depuis 1930 avec une sorte de gomme à sec.

Le procédé est très efficace, assez lent, mais exempt de pollution.

Le peeling

Le peeling de façade par voie sèche est bien adapté au stuc. Cette technique est actuellement utilisée dans la restauration de patrimoine et la décontamination après incendie. Elle est spécialement adaptée pour des travaux de réfection intérieurs. Particulièrement spectaculaire, elle consiste à dissoudre de manière sèche la poussière, les produits de pollution, les salissures en dépôt, puis à les entraîner dans une peau à base de latex permettant ainsi un nettoyage minutieux en douceur sans utilisation d'eau.

Ce procédé de nettoyage est purement mécanique et peut être employé partout sans risque de réaction chimique.

C'est une méthode douce mais onéreuse qui est réservée principalement aux bâtiments sensibles ou classés, à tout ce qui est ornementé ou encore aux surfaces très délicates.

OBSERVATION

- La température ambiante d'application doit être au minimum de + 10 °C.
- Le produit reste en place jusqu'à séchage complet. Il se forme alors un film brunâtre qui est retiré ensuite manuellement.
- Le temps de séchage dépend des conditions climatiques : jusqu'à sept jours en intérieur.

3. Brique

3.1. Nettoyage

La plupart des techniques décrites pour la pierre sont applicables à la brique, en particulier les gels biologiques, tout indiqués sur ces façades lisses qui ne comportent la plupart du temps que peu de modénatures.

Pour les cas très localisés d'encrassements rebelles, la brique résiste très bien aux acides chlorhydrique et fluorhydrique. Mais leur application est difficilement gérable au niveau de l'environnement.

La solution la plus simple est le nettoyage à l'eau pure sous haute pression, mais trop de pression peut détruire le parement.

ATTENTION

Dans la plupart des façades de briques, les corniches et les bandeaux sont en pierre ou en béton. Prendre en compte ces matériaux implique une approche globale du projet de nettoyage qui commande le choix de la ou des techniques.

3.2. Efflorescences

Les efflorescences sont des taches blanchâtres improprement appelées « salpêtre ». Elles se manifestent parfois après le séchage de l'ouvrage où dans des milieux très pollués.

Ce sont des sels contenus dans la maçonnerie qui, dissous par l'eau de la gâchée ou l'eau de pluie, viennent se cristalliser en surface lorsque cette eau s'évapore. C'est un phénomène passager qui disparaît en général après un simple lavage naturel à l'eau.

Toutefois, certains sels ayant une origine autre peuvent se révéler plus tenaces. Les origines les plus courantes sont :

Le sulfate de chaux

Le sulfate de chaux est adhérent à la brique et soluble dans l'eau, il peut être éliminé par lavage à l'eau acidulée.

Le carbonate de chaux

Le carbonate de chaux est peu adhérent à la brique et n'est pas soluble dans l'eau. Il peut être éliminé par brossage à sec, parfois complété d'un lavage à l'eau acidulée. Tout traitement à l'eau acidulée doit être suivi d'un rinçage.

La solution à 10 % d'acide chlorhydrique n'est pas dangereuse pour les mains, cependant le port des gants en caoutchouc est recommandé. Les projections peuvent être dangereuses pour les yeux. Le port de lunettes est obligatoire.

Il arrive qu'après leur élimination, les efflorescences se réveillent sous l'action de l'eau de pluie, venant dissoudre les sels restants dans la maçonnerie. Il faut alors recommencer le traitement. En cas de récidive, on peut après nettoyage appliquer au rouleau ou au pulvérisateur un traitement de façade du type hydrofuge qui empêche l'eau de pénétrer dans le matériau. Il faut alors consulter un fabricant et suivre scrupuleusement le mode d'emploi du produit préconisé.

3.3. Encrassement

Les salissures physiques générées par la pollution atmosphérique et celles d'origine biologique peuvent être traitées conjointement par la nouvelle génération des produits bio (voir chapitre 5 « Techniques de nettoyages et produits », § 1.1).

3.4. Décapage

La question du décapage de la brique se pose dans deux cas :

- elle a été enduite et, en général, une brique qui a été enduite est une brique de mauvaise qualité. Il est illusoire de vouloir la rendre apparente ;
- elle a été peinte à l'aide d'un silicate ou d'une peinture pétrolière.

Si l'on est en présence d'un silicate, ce dernier faisant corps avec le matériau ne peut être retiré sans dommage pour le matériau. Il faut donc repeindre.

Si l'on est en présence d'une peinture moderne à base de pétrole, le décapage avec un produit bio permet de révéler la teinte de la brique d'origine qui a été indûment peinte et de nettoyer les pores du matériau. Mais il faudra de toute façon unifier la teinte du parement par un badigeon général.

Figure 4 : Décapage de briques peintes

3.5. Taches de bistre

Les taches de bistre sont brunes et apparaissent en façade des conduits de cheminée en service ou en désuétude. Le bistre a pour origine les goudrons véhiculés par la vapeur d'eau des fumées. Si le conduit n'est pas utilisé, la formation de ces taches peut provenir de la pluie qui rentre dans le conduit[(1)], ou d'un phénomène de condensation interne au conduit. Si le conduit est utilisé, l'apparition des taches de bistre est liée à la condensation intérieure ayant pour origine le système de chauffage.

Il existe des peintures spéciales qui empêchent le bistre de réapparaître.

4. Brique silico-calcaire

Les briques silico-calcaires sont des briques de fabrication artificielle qui ont été utilisées à partir de 1880 jusqu'en 1940, en particulier dans les cours des immeubles haussmanniens et les HBM (ancêtres des HLM). Cette brique artificielle, à base de chaux et de sable siliceux fin, est obtenue par cuisson en autoclave.

4.1. Nettoyage

C'est un matériau délicat pour le ravalement, car il est protégé par une sorte de peau dure, mais fragile. Si la peau est attaquée par la pollution ou par un nettoyage trop agressif, la brique se vide de son sable. C'est un produit sur lequel il faut éviter toute forme de nettoyage agressif, sablage ou microfinage, et préférer les désincrustants bio, la cryogénie ou le cataplasme (voir chapitre 5 « Techniques de nettoyage et produits »).

> **ATTENTION**
> Les bases attaquent la silice.

Figure 5 : Nettoyage d'un parement en brique silico-calcaire

4.2. Décapage

Les briques silico-calcaires sont de couleur beige, rosée ou grise, un peu ternes et souvent tristes. Elles ont donc souvent été peintes.

Le décapage ne doit pas détruire la peau fragile des briques silico-calcaires. Il faut donc, lorsque c'est possible, employer des produits qui coupent la liaison du feuil de peinture sans détruire cette peau.

1. Dans ce cas, il suffit de coiffer la souche de cheminée d'un chapeau.

5. Béton

Il n'y a pas un béton, mais une infinité de compositions, chacune réalisée dans un but précis et pour un besoin précis. Les façades en béton sont souvent recouvertes d'un enduit, d'un crépi ou d'une peinture, mais elles peuvent très bien avoir été livrées apparentes.

Plus que tout autre matériau, le béton armé qui comporte des fers à l'intérieur doit être nettoyé avec des précautions. Il faut donc, si possible, utiliser des méthodes qui envoient le moins d'eau possible au cœur du matériau et des agents bio qui éradiquent l'encrassement sans attaquer la peau.

5.1. Nettoyage

Plusieurs procédés permettent de nettoyer le béton : la vapeur d'eau détache les impuretés sans humidification excessive du parement. L'eau sous pression, chaude ou froide, projetée en jet plat, mouille peu le béton et agit rapidement. Elle peut être additionnée de détergent à très faible dose, uniquement si cela est indispensable.

Calculée en fonction de l'encrassement, l'application de produits bio adaptés mange la crasse sans pénétrer et risquer d'attaquer les fers.

À éviter, l'hydrogommage ou le sablage humide ou à sec, qui risquent d'attaquer la peau protectrice des fers. Surtout s'ils sont trop près de la surface.

5.2. Nettoyage chimique

Le béton se nettoie également avec des composés acides fluorés. Destinée aux bétons bruts ouvrageux et aux encrassements rebelles, la technique est réservée aux spécialistes.

Le nettoyage s'effectue en général au bifluorure d'ammonium ou à l'acide fluorhydrique, ce second produit étant plus réactif que le premier. Les produits acides facilitent l'élimination de l'encrassement par une réaction physico-chimique de surface qui réduit l'adhérence de la saleté. Le temps de réaction varie généralement entre 30 et 60 minutes au maximum. Les surfaces traitées sont rincées à l'eau sous pression ou à la vapeur saturée afin de favoriser le décollement des salissures et leur évacuation. Le support doit être humidifié à refus pour éviter que le produit de nettoyage ne pénètre trop profondément dans le support.

Cette technique est particulièrement adaptée aux bétons architectoniques de teinte claire présentant des granulats apparents mais déconseillée sur les bétons lisses ou polis et les surfaces en béton coloré ou de teinte sombre (risque d'efflorescences visibles).

Les menuiseries et les vitrages doivent être protégés.

5.3. Nébulisation

Lorsque l'on a tout essayé, la nébulisation, qui consiste à installer une rampe d'arrosage programmée en tête de l'élément à nettoyer, est efficace. Le principe est celui de la détrempe par à-coups de la crasse. Même si l'eau est pure et contrôlée, elle finit par pénétrer le matériau.

La technique est réservée aux ouvrages d'art isolés, piles de ponts très encrassées, par exemple. Elle est impraticable en milieu habité.

5.4. Inhibiteurs de corrosion

Lorsqu'un béton est profondément carbonaté (pH proche de 9) à proximité d'armatures, il est utile de mettre en œuvre un traitement susceptible de ralentir, voire de stopper, le processus de corrosion.

Le nettoyage d'une façade en béton peut alors être complété par l'application d'un produit protecteur : un inhibiteur de corrosion adapté.

Mise en œuvre

L'application d'un inhibiteur de corrosion se fait par pulvérisation en plusieurs passes (forme liquide) sur la surface du béton ou en application directe sur la surface (forme gélifiée) ou sur l'acier.

La technique est incompatible avec les éléments déjà traités par hydrofuge.

Efficacité, contrôle et durée

L'efficacité est dépendante de la nature du produit et de la quantité disponible au niveau des aciers (dosage de l'inhibiteur). Le contrôle se fait par mesure de potentiels ou de courants de corrosion. Certains inhibiteurs minéraux interagissent avec le béton : des efflorescences peuvent apparaître et doivent être nettoyées.

Les limites de l'application sont liées à des teneurs en chlorures trop élevées.

5.5. Décapage

La problématique consiste à éviter que des produits nocifs pénètrent dans la structure du béton avec le risque de la détruire. Il faut donc privilégier l'action des produits bio qui coupent la liaison de la peinture avec le parement sans pénétrer dans le matériau et s'éliminent à sec par brossage.

Le DTU 42.1 « Revêtements d'imperméabilité à base de polymères » indique, notamment, où et quand se posent le problème du décapage et celui de la marche à suivre si l'opération est inscrite dans le cadre des obligations prévues par ce document.

6. Carrelage, céramique, mosaïque

6.1. État des lieux

Il est rare que ces façades autolavables soient à nettoyer. En revanche, beaucoup de ces façades présentent des vices cachés, des problèmes de décollement. Une fois sur l'échafaudage, des surfaces sonnent creux, des manques dans les joints apparaissent, etc. Quelle que soit leur date de construction, nombreuses sont les façades en carrelage qui sont sous filet. La prudence est donc de mise avant d'accepter la responsabilité d'effectuer un simple nettoyage.

6.2. Nettoyage

Sauf prescriptions spéciales du fabricant, un nettoyage à l'eau clair peut donner un résultat satisfaisant pour le nettoyage des carrelages et des mosaïques en œuvre. Toutefois, pour raviver une surface en milieu urbain, il faut utiliser un produit qui à la fois dégraisse et éradique la calcite, qui est une sorte de tartre déposé par le temps.

Après un diagnostic soigné, l'idéal est de mettre au point avec un formulateur de produit une application spécialement adaptée au site.

Figure 6 : Mosaïque nettoyée avec un produit bio

6.3. Décontamination

Après le rinçage de finition, un produit anticryptogamique préventif et curatif doit être appliqué selon la méthodologie du fabricant sur l'ensemble de la surface au pulvérisateur (ne plus faire de rinçage de la façade après son application). Par « curatif », on entend susceptible de tuer les racines des micro-organismes.

6.4. Décapage thermique du carrelage

Lorsque les observations faites sur place et les essais montrent que le carrelage n'est plus adhérent sur la majorité de la surface, y compris sur des réparations récentes, conserver une partie du carrelage présente les risques :

- d'entraîner des frais supplémentaires durant le chantier, les surfaces susceptibles d'être conservées étant aléatoires et incontrôlables ;
- de ne pas pouvoir juger de l'état du béton caché par les surfaces de carrelage conservées ;
- compte tenu de l'état de dégradation du carrelage, de provoquer des décollements après l'application d'un produit d'imperméabilité ou d'une peinture anticarbonation.

Les techniques sont :

- le décapage mécanique, par piochage au moyen de marteaux-piqueurs électroportatifs équipés de larges ciseaux ;
- le décapage thermique : pour ne pas dégrader le support du carrelage et le béton par une élévation excessive de température, il est impératif que la technique agisse par dilatation instantanée du carrelage avec l'application d'une température élevée de 1 500 °C et 2 000 °C.

Le gaz de combustion est du tétrène, mélange de gaz combustibles liquéfiés composés avec de l'oxygène.

Le système de chauffe de très haute puissance localisé est en général un appareil du type Flamoxal fourni par Air Liquide. La surface ne monte pas en température. La technique est silencieuse. Le rendement peut être de plusieurs dizaines de mètres carrés à l'heure.

Mise en œuvre

Le procédé ne peut être mis en œuvre que par une personne habilitée par Air Liquide, dont il est prouvé qu'elle possède la maîtrise de la technique et qui peut faire état des assurances requises pour ce travail.

Afin d'assurer le rendement journalier, les bouteilles doivent être livrées en kit de plusieurs unités d'un poids global, avec les cadres, d'environ 800 kg. Dans certains lieux, pour des raisons de sécurité, les kits de bouteilles sont stockés sur le chantier, dans des cages grillagées fermant à clé, dont l'emplacement est désigné par le maître d'ouvrage.

Compte tenu du rendement de la méthode thermique, l'entrepreneur doit veiller à ne pas dépasser la charge utile indiquée sur les plateaux d'échafaudage et procéder à l'élimination des masses de carrelages déposées chaque fois que nécessaire.

Essais avant un décapage thermique

Quelle que soit la méthode choisie, mécanique ou thermique, des essais doivent être pratiqués et une analyse du support décapé est nécessaire, à effectuer si possible par un bureau spécialisé dans la façade, pour procéder à des examens et des essais *in situ*. La mise en œuvre d'une telle proposition peut ainsi être validée techniquement par rapport au processus général de ravalement. La vérification doit porter sur :

- l'aspect des zones reprises à titre d'essai, sur les surfaces décapées, avec l'enduit prévu pour la réparation des parements : il faut contrôler l'absence de faïençage, l'absence de microfissuration, l'absence de pulvérulence du matériau, l'aspect uni et homogène, etc. ;
- des valeurs d'essais d'adhérence à la traction, exprimée en MPa et en kg/cm^2 ;
- des essais d'arrachement pour vérifier si l'adhérence résiduelle de l'ancien mortier-colle est également correcte (en MPa).

L'ensemble de ces observations est consigné dans un rapport qui doit être annexé au cahier des charges.

7. Enduit de façade

L'enduit est constitué de sable, de granulats et de liants. L'enduit sur la façade, taloché, projeté, gratté, ribbé ou lissé, donne une esthétique à la façade et lui offre une garantie d'imperméabilité.

Figure 7 : Enduit non adhérent à décaper

7.1. Nettoyage

Avant le nettoyage, une expertise précise doit être faite sur la bonne tenue de l'enduit.

Les nettoyeurs à haute pression ou l'hydrogommage (voir chapitre 5 « Techniques de nettoyage et produits ») ne sont pas conseillés car ils peuvent décoller et/ou décolorer l'enduit.

Le nettoyant biodégradable, qui respecte l'environnement et les plantes, est particulièrement adapté pour les enduits à l'extérieur.

Les enduits à peau granuleuse sont particulièrement le siège de salissures organiques. Dans ce cas, la priorité doit être donnée à leur traitement. Après application d'un gel spécifique, un simple brossage à sec suffit ensuite pour obtenir un résultat sans autre forme de nettoyage.

7.2. Décontamination

Les produits bio qui tuent les racines et n'attaquent pas le matériau sont particulièrement adaptés pour la décontamination des surfaces à salissures organiques. Ils constituent notamment une excellente réponse à l'éradication des algues rouges.

7.3. Peinture

Lorsqu'une façade enduite, en bon état, est trop encrassée, la repeindre peut être une solution. Mais, de toute façon, il faut la nettoyer et la décontaminer avant de la mettre en peinture.

7.4. Crépi tyrolien

En milieu urbain, avec le temps et au fil des intempéries, le crépi tyrolien non entretenu peut devenir noir comme de l'encre. Sa grosse granulométrie attire et retient la pollution. Il est d'ailleurs recommandé de le nettoyer une fois par an pour le maintenir en bon état.

Au lieu d'utiliser de l'eau de Javel ou d'autres produits chimiques et polluants, ou encore un nettoyeur à haute pression et prendre le risque de désorganiser l'enduit, il existe aujourd'hui des produits totalement biologiques et naturels dont le résultat est généralement satisfaisant.

8. Bois

Comme d'autres types de façade, les façades en bois demandent un entretien spécifique.

Lorsqu'il n'est pas au naturel, le bois est en général peint, vernis ou protégé par une lasure. Ce ou ces systèmes de finition, pour être durables, doivent être normalement entretenus.

Figure 8 : L'état des bois en œuvre nécessite un diagnostic soigné

8.1. Nettoyage

La première étape du nettoyage d'une façade en bois est le dépoussiérage. Cette étape consiste à brosser l'ensemble des bois à nettoyer de façon à éviter que la poussière ne fasse office de buvard. De plus, ce dépoussiérage permet d'éliminer les toiles d'araignées, les corps étrangers ou les nids présents.

Dans certains cas, un sablage fin peut être utile avant le nettoyage et le traitement des bois.

L'utilisation de machines de nettoyage cryogénique permet de remettre en état le bois sans altérer sa patine. Pour un nettoyage plus profond (lasure, vernis, peinture, etc.), il suffit de changer la grille de fragmentation de glace carbonique. Cette technique génère peu de déchets, n'utilise pas d'abrasifs et pas de décapants chimiques.

8.2. Décapage

Le décapage du bois est une étape essentielle lorsque l'on souhaite changer de finition et que la précédente est trop foncée ou très abîmée. Elle permet de mettre le bois à nu. Il existe deux méthodes : le décapage chimique et le décapage thermique.

Figure 9 : Pour peindre un portail il faut d'abord décaper le vernis

Décapage chimique

Très efficace, la méthode ne dégrade pas le bois et ne modifie pas sa teinte. Les décapants chimiques se partagent entre ceux à base de solvants et ceux à base de soude ou de potassium. Les seconds sont plus lents à agir, mais permettent d'ôter plusieurs couches de peinture ou de vernis en une seule application.

> **ATTENTION**
> Les décapants peuvent noircir certains bois.

Les étapes à suivre :

- appliquer le décapant (souvent en gel) en couche épaisse ;
- laisser agir (entre 15 et 45 minutes) ;
- quand la peinture commence à boursoufler, la gratter avec un couteau de peintre ;
- ne terminer par un rinçage au jet d'eau que si le mode d'emploi du décapant le préconise ;
- poncer légèrement.

Certains décapants chimiques qui dégagent des polluants ne peuvent être utilisés que pour l'extérieur. La gamme des produits proposés va des plus traditionnels aux plus écologiques (décapant gel biodégradable multisupport). Certains décapants ne nécessitent pas de rinçage : une fois la peinture retirée du support, il suffit de brosser les résidus de produit qui ont séché.

Décapage thermique

Dans le cas du décapage thermique, c'est la chaleur qui ramollit la peinture. Une première technique consiste à utiliser un pistolet décapeur, la seconde à utiliser la flamme d'un chalumeau. Cette deuxième solution est surtout utilisée pour le métal :

- passer le décapeur sur la surface ;
- quand la peinture se décolle, gratter avec une spatule.

Pour une finition soignée, il est préférable de passer un coup de racloir ou de poncer.

ATTENTION

Veiller à ne pas roussir le bois et endommager les éléments voisins.

Figure 10 : Le bois demande un entretien spécifique

La méthode est efficace à condition que les couches de peinture à ôter ne soient pas trop épaisses. À la main ou à l'aide d'une ponceuse électrique, on commence par un papier de verre à gros-grain (type 80), remplacé petit à petit par des feuilles à grain plus fin.

Décapage industriel

Le décapage peut aussi être confié à des spécialistes qui le traitent en atelier. En fonction de la taille de l'objet, ils procèdent par immersion dans un bain solvant (pour les portes et volets, notamment) ou par microgommage (projection à basse pression d'un abrasif naturel).

9. Fer, fonte, acier

9.1. Nettoyage du métal avant peinture

Le traitement pour peindre du métal débute par une phase de nettoyage, avec grattage des parties mal adhérentes et décapage si ce niveau de finition est demandé par le client. En ravalement, on se contente de la version simple pour des raisons d'économie. Lorsqu'il s'agit de récupérer des charpentes intérieures, ou des ferronneries sophistiquées, le décapage est poussé. En effet, l'adhérence de la couche de fond ne peut être garantie que par une application sur une surface propre, exempte de calamine, de rouille ou de taches de graisse.

Pour cette phase de décapage, il existe deux techniques :

- le grenaillage qui consiste à projeter des billes d'acier. Le grenaillage se fait en atelier ;
- le sablage, qui utilise des particules minérales très abrasives, est une technique très efficace mais lourde. Parfois, une action à la brosse métallique rotative suffit pour décrapouiller la rouille et mettre le fer à nu. Le sablage se fait sur le chantier.

Figure 11 : Le décapage des fers anciens met en évidence le minium de plomb

9.2. Nettoyage du fer forgé

Le fer forgé resté en plein air est soumis aux agressions extérieures, en particulier la pluie, qui le font rouiller. La rouille peut être éliminée à la main : en premier lieu, un brossage va enlever les poussières et autres résidus venant de l'extérieur, comme des feuilles mortes. Il est suivi d'une application de crème à récurer qui a l'avantage d'enlever la saleté sans pour autant rayer le fer forgé. Si le fer forgé est très sale, on peut appliquer un mélange de savon, d'eau et d'ammoniaque (au maximum une cuillère à soupe par litre d'eau).

Les outils pour enlever la rouille à la main sont simples :

- la brosse métallique, outil classique qui a l'avantage de pouvoir passer partout ;
- la brosse à tige, montée sur une perceuse électrique, permet d'enlever la rouille rapidement et à moindre effort ;
- la toile émeri est idéale pour enlever la rouille des barreaux en fer forgé.

OBSERVATION

Si la surface en fer forgé est plane et étendue, il est possible d'utiliser une ponceuse ou une meuleuse pour retirer la rouille.

Il faut frotter énergiquement avec l'un ou l'autre des outils jusqu'à ce que la rouille parte. Puis, enlever la poussière et les résidus de rouille. Le fer forgé doit ensuite être poli à l'aide d'une pâte à polir et d'un disque à polir en coton ou en feutre.

OBSERVATION

Si le fer forgé est très rouillé, commencer par l'imbiber de pétrole pendant quelques heures avant d'enlever la rouille manuellement. En effet, le pétrole s'infiltre sous la rouille et permet de l'éliminer ensuite plus facilement.

Lorsqu'il s'agit d'enlever la rouille chimiquement, le traitement s'applique au pinceau ou à la bombe selon le produit utilisé. En général, l'antirouille est à base d'acide phosphorique, dont la propriété est de détruire la rouille. En agissant, il est possible qu'une mousse se forme. Une fois que le produit a agi, il se retire à la brosse ou avec du pétrole s'il y a trop de résidus.

Le fer forgé non peint rouille très vite et nécessite donc un traitement antirouille plus fréquent. De toutes les façons, il doit être entretenu régulièrement pour rester propre et conserver son aspect initial.

OBSERVATION

Une boisson gazeuse bien connue qui contient de l'acide phosphorique peut dépanner pour décaper la rouille, notamment les écrous bloqués.

9.3. Convertisseurs de rouille

Les convertisseurs de rouille sont des produits qui la transforment en profondeur par réaction chimique. Ils stoppent son développement et forment avec elle une couche protectrice durable et résistante à toute nouvelle corrosion.

Ils protègent le fer ou l'acier de deux façons :

- par conversion de la rouille en un corps autoprotecteur ;
- par formation d'un polymère qui forme une barrière contre l'environnement.

Ils n'attaquent pas les peintures et peuvent donc s'utiliser pour des retouches, après avoir gratté la partie friable non adhérente de l'ancien revêtement.

Faciles d'emploi, ils ne nécessitent aucune préparation et s'appliquent au pinceau sur la rouille simplement brossée et sèche.

9.4. Décapage

Nettoyage cryogénique

Le nettoyage par cryogénie consiste à projeter à grande vitesse à l'aide d'air comprimé (5 000 l/mN et 7,5 bars minimum) des pellets de glace (billes de glace carbonique à - 78 °C) sur les supports contaminés (voir chapitre 5 « Techniques de nettoyage et produits », § 1.2).

Aérogommage

L'aérogommage permet de décaper les surfaces métalliques, sans les altérer, par projection à basse pression d'un granulat 100 % naturel et biodégradable.

Ce procédé décape et restitue leur aspect d'origine aux surfaces traitées. L'aérogommage redonne aux surfaces leur aspect d'origine en éliminant peintures, tags, traces d'oxydation, graisses et pollutions diverses (voir chapitre 5 « Techniques de nettoyage et produits », § 3.3).

Grenaillage

Le nettoyage par grenaillage (voir chapitre 5 « Techniques de nettoyage et produits », § 3.4) est utilisé sur les pièces métalliques. Il a pour but de :

- décaper la peinture, supprimer la rouille, la calamine et autres impuretés pour obtenir une surface finie ou pour une préparation avant recouvrement de celle-ci par une couche de protection telle que peinture ou antirouille ;
- supprimer les bavures après usinage des surfaces ou après démoulage des pièces de fonderie.

9.5. Protection du fer après nettoyage

Protection du fer forgé : une fois les saletés et la rouille disparues, polir le fer forgé avec de la pâte à polir et un disque à polir en feutre ou en coton. Ne pas essayer de donner au fer forgé un aspect brillant, ce n'est pas son état naturel. Il existe dans le commerce des vernis de protection mat.

Protection du fer : la meilleure protection est celle obtenue par l'application au pinceau d'une peinture dite « riche en zinc ». En atelier on peut mettre en œuvre une protection électro-zinguée.

Préférer le pinceau à la bombe qui est moins efficace.

Figure 12 : Garde-corps nettoyé et peint

9.6. Volets métalliques

Dans les devis de ravalement, il est d'usage aujourd'hui de prévoir un poste intitulé « peinture des volets en atelier ». Les volets sont alors déposés de la façade et emmenés dans un atelier où ils subissent un décapage, avant d'être repeints. Ce type d'opération se fait soit par sablage à sec, soit par voie chimique. Préférer le décapage à sec, la chimie pouvant se réveiller ultérieurement et provoquer une attaque du métal.

ATTENTION

- La dépose des volets implique un système de repérage de leur localisation sur la façade afin qu'ils soient replacés sans difficulté.
- Attention au minium de plomb. Le travail sur d'anciens éléments métalliques traités au minium de plomb avec émission de poussières et de résidus pulvérulents constitue un danger : le plomb présent dans les peintures non dégradées ou en sous-couches profondes va se libérer en forte quantité lors de travaux. Les poussières de plomb pénètrent dans l'organisme par les voies digestives ; les poussières fines et les vapeurs de plomb dans les voies respiratoires. Le plomb contenu dans les peintures peut donc être à l'origine d'intoxication accidentelle de travailleurs ou d'habitants. Le mode opératoire mis en œuvre doit privilégier le démontage sans sciage ni meulage des éléments plombés.
  Le minium de plomb a été massivement appliqué comme anticorrosion jusqu'aux années 1970, mais il est encore, hélas, parfois utilisé. La date de construction n'est donc pas un critère suffisant pour garantir son absence.

10. Aluminium

L'aluminium s'installe sur les façades en prenant des apparences de plus en plus diverses. La tendance est d'ailleurs à l'imitation d'autres supports. Le bâtiment est devenu l'un des domaines privilégié de l'utilisation de l'aluminium. Il est aujourd'hui couramment utilisé sous forme de profilés, de produits plats ou moulés pour les menuiseries, les murs rideaux, les structures vitrées. La presque totalité des vérandas installées en France est en aluminium.

Les alliages utilisés pour les profilés doivent répondre à la teneur en alliage AA 6063 selon la norme NF EN 573-3 ou à la teneur en alliage AA 6060 du GLFA[2].

10.1. Traitement de surface

En extérieur, le traitement de surface est appliqué sur l'aluminium par anodisation ou par thermolaquage.

À défaut d'entretien suivi, les revêtements anodisés ou laqués subissent un vieillissement qui peut altérer progressivement leur qualité décorative et détruire la protection. Il est donc impératif d'éliminer régulièrement les salissures, et ce, **en utilisant des produits adaptés**.

Afin de garantir la qualité des produits et de sécuriser les prescripteurs et les utilisateurs, trois labels ont été créés, chacun pour une application architecturale particulière : Qualanod en 1974 pour l'anodisation, Qualicoat en 1986 pour le thermolaquage et Qualimarine pour les façades en milieu extrême, en front de mer, par exemple, ou dans les industries agressives.

2. Groupement des lamineurs et fileurs d'aluminium. Le GLFA est partenaire de la chaîne qualité aluminium définie en 1997.

10.2. Aluminium anodisé

L'anodisation est un procédé qui consiste à déposer sur l'aluminium brut de fonderie une fine couche d'alumine, oxyde d'aluminium (Al_2O_3) pour les protéger contre les agressions de l'environnement. L'aluminium au contact des pluies acides, chargées en sulfures, en nitrates et en calcium vieillit et se salit. Malgré sa couche de protection, il se corrode. Cette pollution se caractérise par des petits cratères pulvérulents blanchâtres, en particulier sur les arêtes des profilés et des tôles anodisées. De lisse et brillant, son aspect devient terne et irrégulier.

En grattant les petits cratères, un point de corrosion blanc apparaît, qui correspond à un trou ou va bientôt en faire un.

Diagnostic

Le premier pas consiste à déterminer le niveau de dégradation de l'anodisation à l'aide d'un permascope.

À titre de repère, la norme Afnor A 91450 définit la classe de l'aluminium en fonction de l'épaisseur de la couche de protection et selon l'utilisation.

Tableau 1 : Rapport entre la classe de l'aluminium, sa destination et son épaisseur

Classe	Destination	Épaisseur en micron
5	Intérieur léger	de 5 à 10
15	Intérieur résistant, portes, poteaux, passages, etc.	de 5 à 15
15	Extérieur léger, vitrines, barreaudages de garde-corps, etc.	de 15 à 20
20	Murs rideaux, fenêtres, mains courantes de garde-corps, etc.	20 et plus

La plupart des aluminiums employés en façade sont de classe 15 ou 20 (entre 15 et 20 microns).

Pour bien appréhender la problématique de nettoyage de l'aluminium anodisé et prendre conscience du risque que l'on prend en utilisant n'importe quel produit de nettoyage, Il faut revenir à son processus de fabrication.

À la sortie du four, le produit se présente comme une fonte d'aluminium poreuse dont les pores se sont encrassés au cours de la fabrication. Le dérochage consiste à tremper le métal dans un bain d'acide puissant (sulfurique) pour le décrasser et le débarrasser de toutes ses impuretés. À la sortie du dérochage, le métal présente une surface poreuse offrant plusieurs centaines de millions de pores au centimètre carré qui doit être traitée. L'aluminium destiné à l'utilisation du bâtiment en extérieur reçoit alors un traitement électrolytique.

Cette protection se fait en deux temps :

- la coloration est réalisée par un dépôt métallique au fond des pores. Ce sont en général des oxydes dans la gamme des bruns ou couleur aluminium naturel ;
- le colmatage final est réalisé par une hydratation qui referme les pores. L'hydratation se fait par trempage du métal dans un bain d'eau chimiquement pure à 98 %.

Sous l'action de cette hydratation à chaud, l'aluminium gonfle, les pores se resserrent et se bouchent en protégeant la coloration qu'ils renferment. Cette opération porte le nom de « boehmite » ($AL_2O_3 + H_2O$).

Dès lors, il est aisé de comprendre que toute la problématique du nettoyage de l'aluminium va résider dans le fait de ne pas rouvrir ces pores. Une anodisation altérée ne peut plus être reconstituée.

Le nettoyage de l'aluminium ne doit aboutir ni à un dérochage de la surface à traiter, ni à la destruction du colmatage. Il repose sur l'utilisation de produits alcalins de pH 7 chimiquement neutres par rapport à l'aluminium anodisé :

- si le pH est inférieur à 6, il y a dérochage : la couche de protection est entamée, l'aluminium change de classe, le produit risque de détruire les joints périphériques et d'attaquer les autres matériaux ;
- si le pH est supérieur à 7 (entre 7 et 9), il y a destruction du colmatage, changement de couleur. Les pores sont de nouveau ouverts et les pluies acides peuvent attaquer la surface.

Les phases d'une opération de nettoyage bien comprise comprennent le nettoyage, la protection et le contrôle.

Figure 13 : Détail d'une ossature de verrière aluminium avant nettoyage

Figure 14 : Ossature aluminium nettoyée avec des produits neutres

Nettoyage et rinçage

Le décrassage et l'avivage se font à l'aide d'un produit neutre (pH 7) mélangé à un abrasif léger fait de kaolin réduit en poudre qui ne raye pas. Le produit est appliqué à l'aide d'un tampon soit manuellement, soit à l'aide d'un disque électrique. Le tampon, à base de fibres non tissées et d'abrasifs légers, est choisi pour gratter sans rayer (par exemple éponge à dos blanc).

Le rinçage se fait à l'eau claire, en général à la raclette de laveur de carreaux, mais aussi au jet et, dans certains cas, au nettoyeur haute pression. Le contrôle de l'évacuation de l'eau de lavage, employée en quantité importante, pose un problème dont il faut tenir compte pour l'exécution du chantier, en calfeutrant si nécessaire et en protégeant les rez-de-chaussée, les pelouses, etc.

Protection

La protection est une opération corollaire du nettoyage qui ne peut en être séparée. Après avoir nettoyé un aluminium, il faut le protéger, et, pour le protéger, il faut d'abord le nettoyer.

La protection se fait à partir d'un vernis du genre polish, par exemple un méthacrylate en phase aqueuse, mais sans silicone (les protections siliconées attirent la poussière).

Le produit est appliqué sur la surface sèche à l'aide d'une peau de mouton. Le film retarde l'accrochage des poussières et l'apparition de la corrosion sans changer la couleur de l'aluminium. Aussi bien pour le nettoyage que la protection, aucun produit acide ne doit être employé (les acides font blanchir l'aluminium).

Le film de protection, qui a une durée de vie limitée, est d'environ 1 à 2 microns d'épaisseur. Sans ce film, l'aluminium perd lui-même de 1 à 2 microns d'épaisseur par an.

Contrôle

Le contrôle en fin de travail à l'aide du permascope permet au maître d'ouvrage de vérifier que la couche d'anodisation n'a pas été entamée par le nettoyage.

On trouve sur Internet des sociétés qui louent des permascopes ou qui se déplacent pour effectuer l'analyse.

Petites réparations liées au nettoyage

L'opération de nettoyage entraîne les petites réparations usuelles, changement de tôles, vérification des joints, réparations du châssis. Mais un aluminium usagé qui a été mal traité au départ (chimiquement, par exemple) ou qui a perdu son traitement d'anodisation (par un lavage à l'acide, par exemple) n'est pas réparable. Il faut alors refaire la façade.

Taches diverses

Taches blanches
Frotter délicatement l'aluminium avec un tampon de laine en évitant de rayer la surface. Pour un effet plus rapide, imbiber le tampon avec du jus de citron.

Taches noires
Frotter les taches avec une éponge mouillée d'eau savonneuse additionnée soit d'un peu de sel fin, soit de bicarbonate de soude.

Taches de calcaire
Frotter délicatement avec un linge mouillé d'une pâte composée de sel marin mélangé à du vinaigre chaud. Rincer et sécher. Autre solution : frotter avec du papier absorbant imbibé d'huile et laver.

Autres taches
Frotter les taches avec un linge imbibé d'un mélange fait de quelques gouttes d'huile de cuisine, de quelques gouttes de produit pour laver la vaisselle et de quelques gouttes de vinaigre blanc.

10.3. Aluminium thermolaqué

Le thermolaquage comprend une préparation de surface, une conversion chimique (chromatation ou phosphochromatation, en général), l'application de la laque (poudre polyester, en général) et la cuisson au four. L'épaisseur de la couche de laque est d'au moins 60 micromètres.

Cette couche est sensible à l'action de nombreux solvants (acétone et trichloréthylène, en particulier), mais résiste particulièrement bien aux produits acides ou alcalins courants, sauf à l'acide nitrique. Pour éviter de rayer ou d'endommager la couche de laque, l'usage d'un abrasif est fortement déconseillé.

Il existe un risque de corrosion filiforme des profilés thermolaqués en bordure de mer pour les produits qui n'ont pas le label Qualicoat Qualimarine.

10.4. Environnement réglementaire

L'ADAL (Association pour le développement de l'aluminium anodisé ou laqué, www.adal.asso.fr) a établi des procédures pour le nettoyage de l'aluminium.

Le travail sur l'aluminium fait également référence à la norme NF EN ISO 9445-1.

Les documents à collationner sont les fiches techniques des produits de protection et de nettoyage, les fiches de sécurité, les certificats de conformité aux labels de qualité ADAL.

11. Cuivre

Le cuivre est fabriqué à partir de minerai de cuivre (Cu). Il a une couleur rouge brun naturelle. Sa densité est de 8,9, son numéro atomique 29.

Comme beaucoup de matériaux purs, il a tendance à ternir avec le temps et à s'oxyder.

Le cuivre est parfois confondu à tort avec le laiton qui est un mélange de cuivre et de zinc et dont la couleur est jaune doré.

11.1. Nettoyage

Il existe de nombreux moyens de nettoyer le cuivre, le plus simple étant d'utiliser les produits du commerce destinés à cet effet.

11.2. Décapage

Le nettoyage du cuivre qui est principalement utilisé dans les façades en petits éléments, poignées, plaques, plinthes de protections, canalisations relève de l'entretien ménager de l'immeuble. On utilise en général des produits du commerce, mais dans les cas extrêmes d'encrassements persistants, on peut faire appel aux nombreux remèdes de « grand-mère » que l'on trouve dans les livres d'art ménager ou sur Internet. Pour décaper le cuivre fortement terni :

- une poignée de gros sel ;
- du vinaigre préalablement amené à ébullition ;
- une brosse à dents ;
- un chiffon de laine et de l'eau.

Mélanger la poignée de gros sel dans le vinaigre chaud et étaler le mélange sur les parties oxydées. Brosser énergiquement avec la brosse à dents et rincer abondamment à l'eau claire dès que le cuivre est à nu et essuyer avec le chiffon de laine un peu chaud.

ATTENTION

Le rinçage doit intervenir immédiatement après la mise à nu du cuivre afin d'éviter au mélange d'attaquer en profondeur le métal.

Pour décaper un cuivre faiblement terni ou un cuivre ciselé :

- même méthode avec un jus de citron à la place du vinaigre ;
- la technique est aussi efficace pour se débarrasser des taches de mouche.

Pour décaper un cuivre doré :

- n'utiliser que de l'eau savonneuse et une brosse douce ;
- rincer à l'eau claire, laisser sécher à l'air et frotter avec un chiffon de laine.

OBSERVATION

L'acide chlorhydrique n'attaque pas le cuivre.

11.3. Protection

La protection du cuivre se fait :

- soit avec des vernis vendus en aérosol qui donnent un aspect brillant ;
- soit avec une pâte à lustrer (cire concentrée transparente) appliquée au pinceau soie puis lustrée avec un tampon spécial lustrage qui, sans changer l'aspect du cuivre, le protège contre l'agressivité des agents d'oxydation contenus dans l'air.

12. Verre

12.1. Nettoyage

Le verre se nettoie de la façon la plus simple possible, de l'eau claire ou légèrement savonneuse, et une raclette ou du papier journal.

Pour aller plus vite sur un chantier en milieu pollué, mélanger dans un seau un peu de produit à vaisselle additionné d'un bouchon d'alcali pour dégraisser. Rincer à l'éponge et la raclette en caoutchouc.

> **ATTENTION**
>
> Sur le verre comme sur les méthacrylates, toute intervention ou débordement d'intervention sur un matériau voisin doit être rincée immédiatement. L'éradication des résidus de nettoyage trop secs sur le verre induit presque toujours un contentieux (rayures, par exemple).

12.2. Vitrages modernes

Les applications du verre sont multiples dans le bâtiment et les produits mis à disposition pour les nettoyer sont de plus en plus variés et nombreux. Les grandes familles de vitrage sont :

- les verres simples pour l'équipement des fenêtres ;
- les vitrages pour améliorer le confort thermique, renforcer l'isolation et le contrôle solaire ;
- les vitrages pour améliorer le confort acoustique ;
- les vitrages autonettoyants ;
- les vitrages décoratifs ;
- les vitrages pour la protection incendie ;
- les vitrages antivol ;
- les systèmes qui comprennent le vitrage et sa fixation pour les façades.

La technique VEC (verre extérieur collé ou *Structural Glazing*) permet d'obtenir un aspect de façade uni mettant en valeur les vitrages. Les composants verriers sont collés à l'aide de mastics qui agissent avant tout comme élément de transfert des contraintes de ces composants vers leur support.

12.3. Aspects du verre

Avant nettoyage, un constat contradictoire d'aspect est indispensable. Il s'agit de l'analyse des irrégularités susceptibles d'engendrer une gêne, d'altérer la vision et de provoquer des distorsions optiques. Ces irrégularités sont classées en deux types : les irrégularités de pâte et les irrégularités de surface.

Irrégularités de pâte

Ces irrégularités apparaissent lors de la fusion. Elles sont classées en trois types :

- les fils ou les ondes : l'irrégularité de la composition chimique peut se traduire par des différences d'indice de réfraction qui apparaissent sous ces formes ;
- les infondus : la dissolution incomplète du sable, la désagrégation des parois des cuves ou de la voûte du four, peuvent entraîner la présence de grains ou de blocs : ce sont des particules de verre dévitrifié.

Irrégularités de surface

La plupart du temps, les irrégularités de surface sont provoquées lors des manutentions ou des nettoyages.

Elles sont classées par les fabricants suivant leur origine, et leur importance, en utilisant un glossaire très élaboré : bassin, fil, martelage, onde, bouillon, bulle, écrasure, larme, pierre, grain, crasse, empreinte, moirage, peau d'orange, toile d'araignée, etc. Chaque terme correspond à une description très précise de l'irrégularité constatée.

Verres trempés

Le trempage thermique du verre crée des zones de contrainte différentes à l'intérieur du matériau qui produisent un effet de biréfringence dans le verre. Lorsque le verre trempé est observé en lumière polarisée, ces zones de contrainte apparaissent sous forme de plages colorées appelées fréquemment « peau de léopard » ou « fleur de trempe ».

Le verre doit être stocké de façon à éviter les dégradations dues à l'attaque chimique de l'eau.

12.4. Entretien

Tout vitrage fait l'objet de précautions particulières lors de son entretien. Les instructions du fabricant doivent être respectées pour maintenir la qualité optique et conserver toute la transparence d'un vitrage. Il est recommandé de le nettoyer régulièrement, la fréquence de nettoyage dépendant de la situation, de l'orientation, etc.

Exemple de procédure recommandée :

- arroser le vitrage à l'eau, avec un pulvérisateur ou au jet (sans haute pression) ;
- pour les traces rebelles, verser quelques gouttes de détergent (type liquide vaisselle ou ammoniac) dans l'eau. Mouiller la tache avec une éponge humide préalablement trempée dans ce mélange. Bien tamponner, puis frotter légèrement ;
- rincer abondamment avec de l'eau déminéralisée ;
- sécher le vitrage avec une raclette en caoutchouc propre et en bon état ou un chiffon doux.

OBSERVATION

Quel que soit le vitrage, l'eau utilisée pour son nettoyage ne doit pas être calcaire. Si l'eau est dure (calcaire), quelques traces blanches peuvent apparaître. Dans ce cas, rincer le vitrage avec une solution d'eau vinaigrée à 5 % (5 cl de vinaigre blanc pour 95 cl d'eau déminéralisée).

En cas de travaux à proximité des vitrages, protéger la surface avec une bâche en plastique propre pour éviter les souillures (peinture, vernis, mastic, produit de traitement du bois, colle, ciment, plâtre, mortier, etc.) et les projections de particules abrasives ou chaudes (étincelles de meulage, de soudure, etc.). En cas de projection de l'un de ces produits, nettoyer immédiatement la tache avec du white-spirit avant qu'elle ne sèche, en évitant de l'étaler sur le vitrage. Puis, appliquer la procédure de nettoyage recommandée pour éliminer les traces grasses éventuelles.

ATTENTION

Les instructions contenues dans le document d'entretien du fabricant doivent être portées à la connaissance de toute personne intervenant sur les vitrages.

12.5. Vitrages extérieurs collés (VEC)

Pour conserver entièrement leur aptitude à l'emploi durant la durée de vie escomptée, les vitrages extérieurs collés (VEC) doivent être correctement entretenus. Un lavage général avec des produits de nettoyage appropriés contribue à cet entretien. Le choix des produits se fait en se référant aux indications du responsable du système VEC, en considérant tous les aspects concernant les différents composants et en faisant appel aux essais décrits pour apprécier la compatibilité des produits de nettoyage avec le système VEC[3].

Par ailleurs, il est conseillé de procéder à une inspection annuelle des joints conformément à la note[4] d'informations techniques de l'Institut national du verre.

12.6. Verre autonettoyant

SGG Bioclean® est un verre autonettoyant composé d'un verre clair sur lequel est déposée une couche transparente d'un matériau minéral photocatalytique et hydrophile. Intégrée à la surface du verre, la couche présente une durée de vie élevée. Les propriétés mécaniques, thermiques et acoustiques de ce verre sont identiques à celles d'un verre classique.

Il est destiné aux applications extérieures pour l'habitat et les bâtiments non résidentiels, en construction neuve ou en rénovation :

- fenêtres, baies vitrées, vérandas, fenêtres de toit, garde-corps ;
- façades vitrées, serres et verrières, vitrines, mobilier urbain.

13. PMMA (Altuglas®, Plexiglas®, Perspex®, Setacryl®, polycarbonate transparent)

D'une façon générale, lorsque la nature de la matière plastique à nettoyer est inconnue, il est conseillé d'utiliser de l'eau savonneuse et surtout pas de solvant, d'alcool, de produit à vitres ou tout autre produit de nettoyage dont la composition est incertaine et non spécialisée.

ATTENTION

Il faut éviter le trichloréthylène, le benzol, les alcools forts et les solvants pour nettoyer les matières plastiques.

L'utilisation de l'eau savonneuse et d'un chiffon doux est la meilleure garantie pour préserver l'aspect et les qualités des matières plastiques, et plus particulièrement des matières comme le PMMA coulé ou extrudé, quelle que soit la marque (Altuglas®, Plexiglas®, Perspex®, Setacryl®, etc.).

13.1. Crazing

La livraison d'un ravalement peut être particulièrement compromise par un processus de *crazing* qui peut se développer sur le PMMA (Altuglas®, Plexiglas®, Perspex®, Setacryl®, etc.) des garde-corps en place, sans que l'origine puisse en être déterminée.

Les contraintes mécaniques appliquées lors de la transformation ou de la pose des plaques génèrent des tensions internes dans la matière. Celles-ci apparaissent visuellement après vaporisation d'une substance chimiquement active. Les microfissurations (*crazing*) une fois présentes sont irréversibles et continuent de se propager. Cette dégradation bien connue des fabricants altère l'aspect visuel des pièces et fragilise leur résistance mécanique. Certaines plaques sont encore plus sensibles que d'autres à ce phénomène. Jusqu'à présent, seule une solution longue et surtout coûteuse de vernissage permettrait en principe de protéger partiellement les plaques. En réalité, il faut remplacer les plaques.

---

3. Guide EOTA 002 (*European Organisation for Technical Approvals*).
4. Paragraphe 2 de la note d'informations techniques 03 « Procédures du collage » de l'INV (Institut national du verre).

Figure 15 : Manifestation du phénomène de crazing au cours d'un ravalement

La bonne attitude consiste donc à alerter le client avant le nettoyage et à refuser toute intervention sur les garde-corps, y compris le nettoyage de l'ossature en aluminium qui encadre les plaques si le problème n'est pas débattu et réglé en amont.

ATTENTION

Le phénomène de *crazing* peut remettre en cause la sécurité des garde-corps. Depuis mars 2010, la norme NF P01-012 précise que l'effort que doit pouvoir supporter un garde-corps en lieu privé est de 60 N/ml. Seul un PV d'essai délivré par un organisme de contrôle peut garantir cette conformité.

13.2. Nettoyage

Il existe un produit spécialement adapté au nettoyage de l'Altuglas® conseillé par le fabricant, l'Altuglas® cleaner, qui non seulement nettoie parfaitement la surface sans laisser de trace, mais laisse un film invisible antistatique qui permet de repousser dans le temps l'apparition des poussières. Il s'agit d'une émulsion d'huile silicone et de détergent cationique dans l'eau, chimiquement inerte vis-à-vis des PMMA (Altuglas®, Plexiglas®, Perspex®, Setacryl®). Le produit laisse un film protecteur à la surface de la matière et son caractère antistatique permet de diminuer la fréquence de nettoyage.

Deux autres produits permettent d'enlever les fines rayures sur les PMMA (Altuglas®, etc.) :

- le polish n° 1, à appliquer au coton en frottant dans un geste circulaire sur la rayure à enlever. L'opération est à répéter jusqu'à l'élimination complète de la rayure ;
- le polish n° 2 sera utilisé dans un deuxième temps pour redonner du brillant à la surface.

Si la rayure est plus importante, poncer à l'eau avec un papier de verre très fin pour finir avec un grain 400. Plus la surface sera poncée avec minutie, plus facile sera la finition avec le polish.

Pour des rayures plus profondes ou étendues sur une surface plus importante, utiliser un tampon à polir à fixer sur une perceuse sur lequel une pâte à polir est appliquée. Pour un résultat rapide et de qualité, le diamètre d'un bon tampon à polir est de 200 mm, sa vitesse de circonférence idéale et sa surface de contact avec la pièce à polir optimale.

Si les rayures sont plus importantes, poncer préalablement la surface avec un papier à l'eau très fin pour finir avec un grain 400 : plus la surface sera poncée avec minutie, plus facile sera le polissage.

14. Menuiseries PVC

Les menuiseries PVC nécessitent des soins pour être préservées de l'usure mais ont l'avantage de demander peu d'entretien mis à part quelques opérations de nettoyage ponctuelles.

Les fenêtres PVC peuvent être nettoyées à l'eau savonneuse ou avec les produits courants de nettoyage. Pour la lubrification des pièces métalliques, des produits sont vendus dans les commerces spécialisés.

Sur les chantiers, les produits de nettoyage de l'aluminium qui sont réputés quasi neutres, conviennent pour le PVC.

Le fabricant préconise toujours un produit pour le nettoyage (rubrique entretien de la notice de vente).

ATTENTION

Les produits détachants chlorés (eau de Javel, trichloréthylène, acétone, tétrachlorure, etc.), et ceux contenant des éléments abrasifs sont à proscrire.

L'entretien se fait :

- après les travaux : ôter le film de protection sur les profilés de menuiserie des portes et des fenêtres. Sous l'action du soleil, le film de protection devient rigide et peut être très difficile à enlever ;
- tous les mois : le nettoyage des menuiseries et des joints d'étanchéité des fenêtres peut se faire en même temps que celui des vitres à l'aide d'une éponge et d'eau savonneuse ;
- les seuils des portes-fenêtres doivent être dépoussiérés régulièrement car ils permettent de garantir l'étanchéité des menuiseries. Les évacuations des eaux percées dans le bas des menuiseries doivent être maintenues libres et propres. Pour vérifier leur bon fonctionnement, verser un mince filet d'eau dans la gorge d'évacuation ;
- une fois par an :
  - dépoussiérage en profondeur ;
  - lubrification des éléments métalliques tels que les crémones, les paumelles et les gonds de fenêtre. Ne pas utiliser de matière grasse acide ou résineuse ;
  - les grilles de ventilation : un simple dépoussiérage à l'aide d'un chiffon doux.

> **ATTENTION**
>
> Ne pas obstruer ou calfeutrer les grilles de ventilation, indispensables au renouvellement d'air dans les pièces pour éviter la condensation.

15. EFTE

L'éthylène tétrafluoroéthylène, ou plus précisément le polyéthylène-co-tétrafluoroéthylène plus couramment connu sous son abréviation ETFE, est un fluoropolymère thermoplastique. Ce matériau semi-cristallin, créé en 1970 par la firme DuPont de Nemours, est utilisé comme alternative au verre.

L'ETFE est aussi utilisé en architecture, notamment pour recouvrir des bâtiments. On trouve, par exemple, des coussins gonflables faits de lames de fluoropolymère résistantes pour la réalisation de verrières en toiture et façades de bâtiments.

L'EFTE est léger, transparent, stable et autoextinguible. Il résiste aux températures hautes et basses, aux UV et aux intempéries. Il est fixé par profilés en aluminium extrudé en périphérie et peut être peint.

15.1. Réparations

Le type de réparation à faire passe par une analyse de dommage. Dans le cas d'un trou ou d'une coupure de moins de 300 mm de longueur, une réparation par rustine en ETFE autocollante est possible (au-delà de cette taille, le coussin doit être remplacé). La surface du coussin doit être lisse (sans aucune boursouflure) et nettoyée avec un solvant MEK avant de poser la rustine.

15.2. Méthyléthylcétone (MEK)

Le méthyléthylcétone (MEK) est un solvant et un dégraisseur puissant, excellent pour dissoudre les résines et les adhésifs et pour enlever les vieux finis et les adhésifs de contact. Il est recommandé pour nettoyer les outils de réparation de la fibre de verre, pour diluer les résines de fibre de verre.

C'est aussi un solvant extrêmement volatil. Il est utilisé dans les ateliers et par les peintres professionnels pour diluer l'acrylique, le vernis-laque et la résine époxyde.

Il est conseillé de le manipuler et de l'entreposer avec précaution, car il est inflammable. Le MEK a une odeur modérée et, s'il est renversé, ses vapeurs peuvent être difficiles à détecter.

15.3. Entretien

Compte tenu des propriétés naturelles antiadhérentes du film, les coussins n'ont pas besoin de nettoyage sur leur côté extérieur. Ainsi, la maintenance d'un coussin consiste uniquement en interventions par les équipes spécialisées du fabricant dans les cas de dommage accidentel.

À chaque projet livré, le dossier d'ouvrage exécuté comprend une notice d'emploi pour les coussins. Le nettoyage est fait avec de l'eau et les chiffons microfibres selon la notice jointe. Un contrat de maintenance bi-annuelle avec le fabricant est préconisé.

Chapitre 8 : ITE et systèmes rapportés

1. Système ITE (isolation thermique extérieure)

Les ITE (isolation thermique extérieure) sont des systèmes composites appliqués sur une façade pour améliorer l'isolation thermique. Par définition, ils sont donc constitués par un assemblage de matériaux d'origine différente qui répondent tous à un processus de nettoyage spécifique. Il faut donc, pour chacun des composants, se référer au dossier de l'Avis Technique ainsi qu'à la documentation et au dossier technique édités par le fabricant, d'autant plus qu'un produit de nettoyage efficace sur l'un des composants doit être compatible avec les autres matériaux :

- nature de l'ossature : bois métal et autres ;
- nature de l'isolant : polystyrène, laine de roche, chanvre et autre ;
- nature des chevilles ;
- nature des colles ;
- nature de l'enduit ;
- nature de la peau extérieure naturelle ou synthétique.

Qu'il s'agisse de nettoyer, de décaper ou de mettre en œuvre une ITE, il faut toujours au préalable décontaminer le support sans quoi le projet n'est pas complet et est voué à l'échec.

1.1. Exemple de préconisation pour le nettoyage de l'Ardal

Par exemple, pour redonner du lustre à une surface Ardal, le fabricant préconise un travail à l'éponge, à la brosse nylon douce, avec une éponge à gratter, à la raclette à vitre. Il précise de proscrire le jet d'eau, avec ou sans pression, pour éviter un afflux d'eau sur l'ossature en bois et, en cas d'encrassement et de souillures rebelles et de traces de pollution grasse, il conseille de nettoyer à l'acétone avec un chiffon blanc non synthétique mou, du papier d'essuyage insoluble dans l'acétone.

1.2. Carrelages en façade et produits composites

Lavage à l'eau claire ou utilisation du produit de nettoyage spécifique préconisé par le fabricant.

ATTENTION

ITE et béton. Attention à la salubrité des parois en béton destinées à recevoir une isolation thermique par l'extérieur (ITE) sans aucun traitement préalable.

Ces façades doivent :
- être décapées ;
- recevoir un traitement antibactérien et anticryptogamique ;
- faire l'objet d'une analyse de la carbonation et d'un traitement pas inhibiteur de corrosion si nécessaire.

2. ETICS[1]

L'isolation thermique d'un bâtiment par l'extérieur (ETICS) est complexe. Entre l'isolant appliqué sur la paroi et la finition (revêtement plastique épais ou semi-épais) s'intercalent successivement l'armature, les couches d'enduits intermédiaires et l'impression. Cette dernière ne doit surtout pas être négligée quand vient le moment de l'entretien ou de la rénovation. En effet, le lavage suivi d'une application de peinture, qui conviendrait pour une façade classique, risquerait dans ce cas d'aggraver le dommage, de révéler une malfaçon ou de créer une tension pouvant aboutir en très peu de temps à un décollement, voire à la destruction, du système.

2.1. Règles professionnelles

Pour prévenir les risques de dommage, lors de l'entretien et de la rénovation des ETICS, des règles professionnelles ont été fixées par une commission de spécialistes, réunissant maîtres d'œuvre, fabricants et bureaux de contrôle autour de l'UPPF-FFB (Union professionnelle peinture et finitions) et du SFJF-FFB (Syndicat français des joints et façades). Les règles professionnelles ont été publiées par la Fédération française du bâtiment (FFB) en décembre 2004.

Leur domaine d'application est clairement défini : elles visent « les procédés comportant un isolant de type polystyrène expansé ou laine minérale, collés et/ou fixés mécaniquement, recouverts d'un système enduit mince (épaisseur inférieure à 10 mm) constitué d'une couche de base armée et d'un revêtement à base de liant organique (émulsion vinylique ou acrylique généralement) ou de liant silicaté ».

2.2. Diagnostic indispensable

Le point majeur de ces règles est la prescription d'une étude préalable avant toute opération d'entretien ou de rénovation, et cela dès le premier mètre carré à traiter. L'étude est à la charge du maître d'ouvrage et doit être effectuée par un organisme qualifié, expert ou bureau de contrôle, et devient une pièce contractuelle du marché d'entretien ou de rénovation.

Cette étude a pour but d'identifier le système ETICS qui a été appliqué, de s'assurer qu'il a été mis en œuvre en respectant les prescriptions de l'Avis Technique, et de caractériser les désordres observés pour définir une solution adaptée. Ces dommages sont répertoriés en quatre types, classés de I à IV (voir tableau 1). Les désordres autres ou plus importants qui peuvent être constatés, tel un décollement partiel de l'isolant, conduiront le maître d'ouvrage à solliciter les entreprises habilitées à réaliser des travaux de rénovation plus lourds, du type pelage, dépose ou mise en œuvre d'un bardage.

1. ETICS (External Thermal Insulation ComPOSite System) formulation européenne adoptée en France.

Clarifiant le rôle de chacun, l'étude préalable met le maître d'ouvrage à l'abri d'un défaut et protège l'entreprise, dont le devoir de conseil se trouve transféré à l'organisme qualifié.

Tableau 1 : Types de désordres de systèmes ETICS et solutions correspondantes

Recensement des désordres lors du diagnostic	Type d'étude	Solution à retenir
Désordres esthétiques TYPE I (encrassement)	Annexe B1 des règles/TD	K1 Film mince
TYPE II (encrassement, faïençage)		K2 Film semi-épais
Désordres mécaniques TYPE III (encrassement, faïençage, microfissuration localisée sauf aux joints de plaque)	Annexes B1 + B2 des règles	K3 Film semi-épais ou épais
Type IV (encrassement, faïençage, microfissuration non généralisée au droit des joints de plaque)		K4 Film épais
Nota : Reconnaissance préalable à l'entretien des ETICS : Annexes B1 Analyse des existants – Annexe B2 : Reconnaissance détaillée.		

3. Stores bannes (toile)

Lorsque la toile d'un store extérieur est devenue grisâtre et couverte de taches noires par endroits, il faut la nettoyer et en profiter pour la protéger afin de retarder son encrassement.

3.1. Quelques règles

- Le plus souvent la toile utilisée pour la confection du store est imperméable. Mais pour éviter l'apparition de moisissures, il faut la replier en cas de fortes pluies.
- Ne pas chercher à dépoussiérer un store quand il est humide, le dépoussiérage s'effectue à sec pour éviter l'apparition de traînées sales.
- Ne pas replier, ni rentrer, un store encore humide.
- Une fois par an, lubrifier les axes du mécanisme avec le produit conseillé par le fabricant ou le vendeur.

3.2. Nettoyage

Pour nettoyer un store, il faut :

- dépoussiérer le store à l'aspirateur ;
- nettoyer la toile à l'eau tiède additionnée d'un peu de liquide vaisselle ;
- si le store est très encrassé, passer sur toute sa surface un balai-brosse mouillé d'une solution composée d'eau chaude et de cristaux de soude (1 litre d'eau chaude pour une tasse de cristaux). Rincer au jet d'eau ;
- ou nettoyer la toile avec une brosse imbibée d'eau savonneuse additionnée d'ammoniaque. Compter quelques gouttes de liquide vaisselle et un verre à moutarde d'ammoniaque pour un litre d'eau. Si la toile est très tachée, forcer sur l'ammoniaque ou les cristaux de soude.

Pour ne pas créer d'auréoles, il faut nettoyer entièrement les stores en insistant sur les taches. Rincer au jet d'eau. Laisser sécher.

ATTENTION

Si l'ammoniaque est le produit efficace pour le nettoyage des tissus sales et moisis, ce produit est à manier avec précaution : il ne faut pas respirer les vapeurs du produit, opérer dans une pièce très aérée ou la fenêtre ouverte et avec les mains protégées par des gants.

3.3. Réimperméabilisation

Si après usage et nettoyages répétés le store n'est plus imperméable, il peut être réimperméabilisé à l'aide :

- soit d'une solution d'alun : dans un bac porter à ébullition 250 g d'alun pour 10 litres d'eau. Laisser refroidir. Faire tremper le store dans cette solution ou le badigeonner à l'aide d'un pinceau. Laisser sécher ;
- soit d'un silicate de potasse : saupoudrer le store sur son envers avec du silicate de potasse (il existe aussi dans le commerce des antitaches efficaces) ;
- soit à l'aide d'un produit spécifique : la méthode la plus pratique et la plus efficace pour imperméabiliser un store et le protéger de la saleté est de vaporiser un produit spécifique (ce produit se trouve dans les grandes surfaces de bricolage).

ATTENTION

En cas d'ingestion d'un solvant ou d'un détachant :
identifier le produit et appeler le centre antipoison (www.centres-antipoison.net) ;
si elle est inconsciente, allonger la personne sur le côté afin d'éviter qu'elle ne s'étouffe si elle vomit ;
ne jamais faire vomir quelqu'un qui a bu un produit (eau de Javel, par exemple) ni lui donner à boire de l'eau ou du lait.

Chapitre 9 : Nettoyage des taches les plus courantes

1. Généralités

Les souillures peuvent provenir de l'usage de l'objet : les boiseries de porte ou les poignées métalliques sont salies par le contact répété de la main, les parements sont souillés par la pollution, etc.

Cette problématique se pose rarement sur les façades. Toutefois, il arrive que sur un ravalement à faire ou fraîchement livré, des taches ponctuelles se présentent qui sont complètement étrangères au processus de nettoyage général élaboré pour la façade, peinture, goudron, rouille, œuf, encre, sang, etc. Mis à part les taches de blanc d'œuf séchées qui laissent sur la façade une trace noire en forme d'éclatement impossible à enlever, il existe quelques remèdes de « bonne femme » plus ou moins efficaces qui permettent au minimum de diminuer l'aspect disgracieux d'une tache accidentelle.

1.1. Familles de produits

Il est possible, suivant la nature de la tache à enlever, de la gratter, la dissoudre, l'émulsionner, l'absorber ou la détruire par transformation chimique.

Les produits de nettoyage se regroupent par famille, chacune ayant une action spécifique :

- les dissolvants : eau tiède, si possible distillée ou la plus pure possible ;
- les dissolvants volatils : benzine, essence de térébenthine, tétrachlorure de carbone, éther, sulfure de carbone. Ils dissolvent les corps gras, la cire, la paraffine, la résine, la peinture fraîche, le cambouis, les goudrons.

> **ATTENTION**
>
> Certains de ces produits sont très inflammables. Se reporter à la FDES (fiches de déclaration environnementale et sanitaire).

- les émulsifs : savon, saponines, solutions de carbonate de soude (lessives), fiel, ammoniaque. Ils enlèvent les taches de corps gras de résine et atténuent celles de goudron de cire et de paraffine ;
- les absorbants : corps pulvérulent d'origine végétale, fécule, amidon, farine ou minérale, terre à foulon, talc, plâtre. Ils absorbent les graisses. Leur action est facilitée par l'utilisation d'un fer à repasser ou par le mélange en pâte avec du dissolvant des corps gras (benzine) ;
- les réactifs : tantôt oxydants comme l'eau oxygénée, le perborate de soude, l'eau de Javel, le chlorure de chaux, tantôt réducteurs, comme le gaz sulfureux, parfois neutralisants ;
- les basiques : ils s'utilisent contre les taches acides (traitement des efflorescences à l'esprit-de-sel, par exemple).

1.2. Principes généraux

- Agir le plus rapidement possible :
  - une tache fraîche peut en général être très facilement enlevée ;
  - une tache ancienne a tendance à s'étaler et à migrer dans les pores du matériau. Elle sera plus difficile à traiter. Certaines taches trop anciennes deviennent pratiquement impossibles à éradiquer. Dans ce cas, l'entrepreneur est obligé de procéder à un maquillage ou à une ablation.
- Se rappeler que certains produits employés pour le nettoyage des taches sont pires que le mal et peuvent entraîner une destruction du matériau de support (notamment pour les graffitis).
- Toujours commencer par essayer de réduire le phénomène en grattant légèrement avec un couteau ou un cutter et en rinçant à l'eau froide ou chaude.
- Ne jamais frotter une tache avant l'enlèvement car c'est prendre le risque de l'étaler.
- La tamponner doucement avec un chiffon recouvrant l'extrémité du doigt. À chaque passage, le linge en contact avec la tache doit être parfaitement propre.
- Il ne suffit pas d'enlever une tache, il faut que le produit détachant utilisé soit totalement éliminé à la fin de l'opération sinon le risque est de remplacer une tache par une autre ou par un trou. Par exemple, l'acide oxalique employé pour enlever les taches d'encre ou la rouille altère le support à la longue si un rinçage énergique ne l'élimine pas dès qu'il a agi. Il en est de même pour l'eau de Javel et de nombreux produits.
- Pour éviter le cerne induit par l'excès de produit de nettoyage, verser d'abord le produit autour de la tache avant de la traiter. À la fin, appliquer une feuille de papier ou de tissu absorbant (buvard, feutre ou chiffon spécialisé, par exemple).

2. Graffitis

Voir chapitre 3 « Façades et salissures », paragr. 6.

3. Autres taches

3.1. Algues, champignons, mousses

Pour préserver une façade ou la traiter, n'utiliser que des défoliants bio qui éradiquent les racines.

3.2. Asphalte et bitume

- Refroidir le produit avec de la glace jusqu'à ce qu'il devienne cassant.
- L'écailler alors avec un couteau de peintre ou autre outil adéquat.
- Frotter la surface avec une poudre abrasive.
- Rincer à grande eau.

3.3. Chewing-gum

- Refroidir le produit avec de la glace jusqu'à ce qu'il devienne cassant.
- L'écailler ensuite avec un couteau de peintre ou autre outil similaire.

3.4. Crayon

- Gommer les traces de crayon.
- S'il reste des traces en surface, laver à l'alcool à brûler pur.
- S'il y a eu pénétration, appliquer un cataplasme fait de talc ou de craie en poudre avec de l'alcool à brûler.

3.5. Efflorescences

Les efflorescences sont des formations salines. Elles apparaissent lorsque :

- la cristallisation de sels minéraux contenus dans les matériaux (pierre ou mortier de joint) est amenée à la surface du parement par migration de l'eau de pluie. Ce type d'efflorescence disparaît progressivement au fur et à mesure de l'élimination des sels minéraux, elles sont assez rapidement lavées par la pluie ;
- la cristallisation de sels minéraux est provoquée par la combinaison de la potasse et de la soude contenue dans un produit de ravalement alcalin. Il faut simplement brosser, il n'existe pas de remède curatif.

3.6. Encre

L'enlèvement de ce type de tache n'est pas garanti du fait de la diversité des colorants qui entrent dans la composition des encres (voir chapitre 3 « Façades et salissures », § 6). Cependant, on peut essayer la méthode suivante : la plupart des taches d'encre sur une paroi ou un mur peint peuvent disparaître en utilisant une éponge imbibée de cristaux de soude dilués dans l'eau chaude.

3.7. Goudron de bois ou de fumée

Sur taches superficielles :

- frotter avec une poudre abrasive ;
- passer ensuite un chiffon imbibé d'eau de Javel ;
- rincer.

Sur taches plus profondes :

- étendre une pâte composée de kieselgurh et benzol ;
- laisser sécher, brosser ;
- décolorer la tache à l'eau de Javel ;
- rincer abondamment ;
- pour accélérer l'élimination des taches provoquées par le goudron de bois, les frotter d'abord avec une solution de glycérine diluée dans l'eau.

3.8. Graisse

- Gratter la graisse.
- Émulsifier la tache restante avec de l'eau savonneuse additionnée de phosphate trisodique (en droguerie sur commande).
- Rincer ensuite.

Ou bien : appliquer un cataplasme au trichloréthylène recouvert d'une feuille de plastique ou d'aluminium pour limiter l'évaporation.

3.9. Mastic

- Enlever l'épaisseur de mastic au couteau de peintre ou avec un outil similaire.
- Frotter les traces restantes à l'alcool à brûler.

3.10. Mortier

- Décoller le dépôt de mortier avec un couteau de peintre ou avec un outil similaire, nettoyer la surface souillée.
- Frotter ensuite avec une solution d'un volume d'acide chlorhydrique pour 10 volumes d'eau (esprit-de-sel).
- Limiter le temps de contact de la solution sur la pierre, rincer abondamment.

3.11. Peinture

Chaque type de peinture requiert en fonction de sa nature un agent détachant particulier. Il faut donc se renseigner auprès du fournisseur.

D'une manière générale, les réactifs nettoyants sont : le benzène (en droguerie) pour les peintures glycérophtaliques et vinyliques, l'alcool méthylique pour les peintures à l'huile et l'eau pour les peintures acryliques.

3.12. Rouille

Quelle que soit l'importance de la tache de rouille, il faut commencer par en éliminer l'origine puis utiliser un antirouille commercial composé d'acide fluorhydrique et oxalique. À défaut d'antirouille commercial, il est possible de procéder comme suit :

Sur les taches superficielles :

- brosser avec de l'acide phosphorique dilué. Commencer à forte dilution (beaucoup plus d'eau que d'acide) et tester les dosages jusqu'à obtenir un résultat satisfaisant. Toujours garder à la main un tuyau d'arrosage pour pouvoir rincer si la peinture commence à être attaquée ;
- brosser, rincer abondamment à l'eau claire, si nécessaire répéter le traitement ;
- ne pas oublier de porter des lunettes et des gants de protection, et d'agir avec prudence et circonspection.

Sur les taches en profondeur qui ont souvent pour origine des pyrites contenues dans les agrégats utilisés pour la fabrication du béton, il faut piocher, éliminer les pyrites et réparer.

3.13. Salpêtre (en cave)

Le salpêtre est le résidu du développement de bactéries qui se nourrissent de l'ammoniaque provenant des eaux du sol et du carbonate de calcium contenu dans le mur.

Un autre type de bactéries utilise le soufre réduit dont le résidu est le sulfate de calcium qui, en gonflant, provoque des lésions en plaques.

Pour qu'il y ait formation de salpêtre sur un mur, il faut que les cinq conditions suivantes soient remplies :

- une partie du mur est à l'air libre, l'autre est au contact du sol ;
- le sol contient des matières organiques nitreuses ;
- le sol est humide ;
- les matériaux constituant le mur sont poreux ;
- il y a une présence de bactéries dans le sol ou sur le parement du mur.

Le processus de formation du salpêtre est étroitement lié à la migration de l'eau du sol vers le parement libre du mur. Lorsque le processus est amorcé, il se continue indéfiniment, car les matières nitreuses à partir desquelles il se forme existent dans le sol en quantité importante et sont facilement renouvelables par circulation d'eau.

La présence de salpêtre prouve que la construction du mur n'a pas été faite correctement.

Pour lutter contre, il suffit d'intervenir sur une ou plusieurs des cinq conditions nécessaires à sa formation.

Il faut parfois agir en divers points :

- enlever les matières organiques en contact avec les fondations, dans le sol avoisinant les fondations ;
- poser une feuille de matière plastique étanche, ou un enduit bitumeux, le long de la fondation avant de remplir avec un remblai ne contenant pas de matières organiques ;
- canaliser les eaux d'écoulement ;
- drainer au niveau des fondations ;
- daller le sol en bordure des murs ;
- dans le mur : scier le mur à la base et introduire une barrière étanche horizontale ou réaliser une coupure capillaire par injection de résines ;
- sur le parement du mur : appliquer une solution désinfectante (sulfate de cuivre, sulfate de zinc, bichlorure de mercure) ou un produit antisalpêtre ;
- détruire les bactéries par la flamme.

3.14. Urine

Pour les taches d'urine récentes : il faut nettoyer à l'eau additionnée de détergent.

Pour les taches anciennes :

- nettoyer à l'eau de Javel pure ;
- laisser agir 5 minutes ;
- rincer abondamment à l'eau claire ;

Annexe 1 : **Sigles**

ABF : architecte des bâtiments de France

ADAL : Association pour le développement de l'aluminium anodisé ou laqué

AVAP : aire de valorisation de l'architecture et du patrimoine

BSDD : bordereau de suivi des déchets dangereux

CRMH : conservation régionale des monuments historiques

DACT : déclaration attestant l'achèvement et la conformité des travaux

DCM : dichlorométhane

DD : déchets dangereux

DDT : direction départementale des territoires

DP : déclaration préalable

DRAC : direction régionale des affaires culturelles

EFTE : polyéthylène-co-tétrafluoréthylène

ETICS : isolation thermique d'un bâtiment par l'extérieur

FDES : Fiches de déclaration environnementale et sanitaire

FFB : Fédération française du bâtiment

GLFA : Groupement des lamineurs et fileurs d'aluminium

HBM : habitation à bon marché

IREF : Institut national de recherche et d'études de la finition

ISMH : inscrit à l'inventaire supplémentaire des monuments historiques

ITR : isolation par l'extérieur

MEB : microscopie électronique à balayage

MEK : méthyléthylcétone

PLU : plan local d'urbanisme.

POS : plan d'occupation des sols

PRDM : programme recherche et développement métiers

PMMA : polyméthacrylate de méthyle

PSMV : plan de sauvegarde et de mise en valeur

REACH : règlement sur l'enregistrement, l'évaluation, l'autorisation et les restrictions des substances chimiques

RPE : revêtement de plastique épais

SFJF : Syndicat français des joints et façades

STAP : service territorial de l'architecture et du patrimoine

TEA : triéthanolamine ou trolamine

UPPF : Union professionnelle des métiers de la finition

VEC : vitrages extérieurs collés

ZPPAUP : zone de protection du patrimoine architectural, urbain et paysager

Annexe 2 : **Des laboratoires au chevet de la façade**

Laboratoires		Spécialisation	Coordonnées
BPE ingénierie	Barcelona Super Computing Center-Centro Nacional de Super Computacion	Études et diagnostics monuments historiques, bâtiments, ouvrages d'arts	03 88 69 66 45 stephane.logel@bpe-ing.com
BSC	Centre d'étude bâtiments et travaux publics	Simulations thermiques et dynamiques Essais en soufflerie, CFD (acronyme anglais pour mécanique des fluides numériques)	(+34) 93 413 77 16 info@bsc.es
CEBTP-GINGER	Centre régional d'innovation et de transfert de technologie	Pathologie maçonneries, monuments historiques	01 30 85 24 00 info@cebtp.fr
CRITT M.D.T.S.	Centre Technique du Bois et de l'Ameublement	Spécialisé dans les matériaux, dépôts et traitements de surface	03 24 37 89 89 critt-mdts@critt-mdts.com
CTBA	ERM (Etudes-Recherches-Matériaux), société totalement indépendante (SARL)	Bois, structures et traitements xylophages, etc.	01 40 19 49 19 courrier@ctba.fr
CTMNC	Centre technique de matériaux naturels de construction	Pathologie thermique et construction en pierre	01 44 37 50 00 ctmnc-roc@ctmnc.fr
ERM	Institut européen de l'environnement de Bordeaux	Argiles, pierre, monuments historiques, ressources naturelles, expertises industrielles, impacts environnementaux, études hydrogéologiques	05 49 46 18 11 erm@erm-poitiers.fr
IEEB	Institut national de recherche et d'études de la finition	Environnement et développement durable	05 56 01 84 00 info@ieeb.fr
IREF	Laboratoire d'étude des matériaux	Études préalables ITECS et DTU 42.1, diagnostics peinture et finitions, ITE, résines de sol	01 42 07 77 77 iref.conseil@wanadoo.fr
LEM	Laboratoire d'étude et de recherche sur les matériaux	Analyses essais et inspections chimiques	03 88 91 19 11 http ://www.lemlabo.com
LERM	Assistance chantier	Béton et pierre, tous matériaux	04 90 18 30 30 contact@lerm.fr
LICEF	Laboratoire d'analyse sur les matériaux en œuvre	Analyses *in situ* Formulation de produits Suivi de chantier	04 78 31 17 17 licef@wanadoo.fr
LRMH	Bureau d'études et de conseils pour le bâtiment et les travaux publics	Matériaux constitutifs de la façade, altérations	01 60 05 01 45 lrmh@culture.fr
RINCENT BTP	Barcelona Super Computing Center-Centro Nacional de Super Computacion	Spécialisé dans le contrôle des ouvrages d'art, du bâtiment et des travaux publics	01 60 87 21 25 jean-jacques.rincent@ rincentbtp.fr

PARTIE 3

RAVALEMENT

Chapitre 1 : **Définition du ravalement**

1. Le ravalement

Il ne s'agit plus seulement de la remise en propreté et en bon fonctionnement d'une façade et de ses accessoires apparents, mais également de travaux embarqués destinés à l'amélioration de son isolation thermique.
Les différentes phases d'un ravalement traditionnel par finition de type revêtement sont les suivantes :

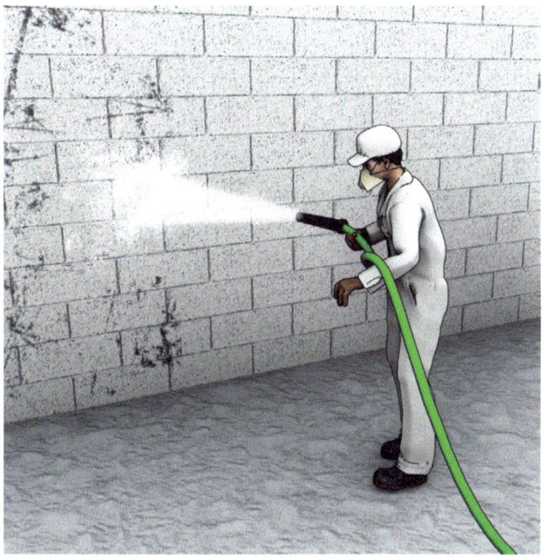

Figure 1 : Nettoyer/décaper

Figure 2 : Réparer

Figure 3 : Protéger/embellir

2. Les nouvelles contraintes du projet de ravalement

La mise en œuvre du ravalement moderne est devenue aussi complexe que celui d'une fusée.

Figure 4 : Contraintes à respecter

Chaque étage constitue en soi un projet spécifique qui fait appel à des techniques différentes.

Pour que la fusée puisse décoller, il faut que chaque étage soit terminé et compatible avec les autres.

L'encapsulage de la façade par une ITE ne pourra être mise en œuvre que si les projets des deux premiers étages sont bien exécutés avec les bons produits, en particulier le projet de décontamination.

3. Isolation thermique obligatoire

Quels sont les travaux embarqués dans le cadre d'un ravalement de façade ? Le concept désigne des travaux d'isolation que les propriétaires sont désormais obligés de mettre en œuvre conformément à la loi relative à la transition énergétique pour la croissance verte (LTECV) qui rend obligatoire depuis le 1er janvier 2017 l'isolation thermique des bâtiments qui font l'objet d'importants travaux de rénovation.

Par travaux importants, la loi vise le bâtiment qui subit un ravalement de façade comportant la réfection ou le remplacement de l'enduit, l'installation d'un nouveau parement sur au moins 50 % de la façade.

Le décret concernant les travaux d'isolation en cas de travaux importants sur un bâtiment qui a été publié au Journal Officiel le 31 mai 2016 dispose que :

« Si le ravalement porte sur des parois de locaux chauffés donnant sur l'extérieur, le maître d'ouvrage devra réaliser des travaux d'isolation thermique conformes aux prescriptions définies pour les parois concernées en application de l'article R. 131-28 ».

Il existe de nombreuses dérogations à ces travaux d'isolation dits « travaux embarqués ». La liste complète des dérogations est énoncée dans le décret consultable en ligne sur le site des consultations publiques du ministère de l'Environnement. : www.consultations-publiques.fr.

OBSERVATION

- Les nombreuses dérogations apportées au texte initial, déjà relativement complexe, peuvent amener l'incompréhension des personnes concernées par cette obligation d'isolation thermique. En effet, certaines exclusions sont difficiles à interpréter.
- La publication de ce texte induit également le risque de voir se développer des propositions peu scrupuleuses de prix pour travaux de ravalement assortis d'une isolation thermique par l'extérieur (ITE) "légalement obligatoire".

4. Isolation thermique par l'extérieur : où se renseigner ?

Les lois, les décrets, les textes réglementaires, les subventions etc. concernant l'isolation thermique sont en constante évolution. Pour s'y retrouver dans ce labyrinthe, mieux vaut se rapprocher au préalable des organismes compétents. Tous ces organismes sont présents sur l'ensemble du territoire. Leurs coordonnées sont consultables en mairie. On peut citer les organismes suivants :

■ Adil

L'Association départementale d'information sur le logement (Adil) est une association régie par la loi du 1er juillet 1901, dont le réseau La mission de l'Adil est d'apporter gratuitement une information au public sur toutes les questions juridiques, fiscales et financières liées à l'immobilier. La mise en place d'une Adil est laissée à l'appréciation des collectivités locales.

■ Anah

L'Agence nationale pour l'amélioration de l'habitat créée en 1970, a pour objet d'apporter une aide financière sous forme de subvention aux propriétaires, copropriétaires, bailleurs ou locataires réalisant des travaux d'amélioration ou d'économie d'énergie.

■ Ademe

L'Agence de l'environnement et de la maîtrise de l'énergie est un établissement public à caractère industriel et commercial, l'Agence met à la disposition des entreprises, des collectivités locales, des pouvoirs publics et du grand public ses capacités d'expertise et de conseil.

Chapitre 2 : **Conditions administratives d'exécution**

1. Le ravalement : une obligation légale

Articles L. 132-1 à L. 132-5 du Code de la construction et de l'habitation

Ces articles définissent les obligations faites aux propriétaires d'immeubles en matière de maintien en bon état de propreté des bâtiments, et donc de ravalement, au moins une fois tous les dix ans sur injonction faite au propriétaire par l'autorité municipale.

Les communes peuvent choisir le mode autoritaire ou incitatif. Lorsqu'il est prescrit, le ravalement relève d'un arrêté municipal.

L'arrêté de ravalement précise le périmètre communal concerné, la nature et l'étendue des travaux prescrits, le délai imparti aux propriétaires pour les exécuter. Il rappelle enfin les obligations légales et réglementaires ainsi que les voies de contraintes dont l'administration dispose.

Comment et où s'informer ?

- À la mairie, l'entrepreneur peut consulter le chapitre du PLU (plan local d'urbanisme) ou du POS (plan d'occupation du sol) consacré au ravalement, et obtenir les formulaires pour la demande d'autorisation administrative avec leur mode d'emploi.
- À la DDT (direction départementale des territoires), un responsable attirera son attention sur les règles à respecter.
- Au CAUE, (Conseil d'architecture, d'urbanisme et de l'environnement) généralement situé au sein de la mairie, il sera reçu par l'architecte conseil, qui lui remettra une brochure sur le style régional et le conseillera utilement sur les moyens de le mettre en œuvre.
- Si le projet est dans un périmètre protégé, pour rencontrer l'architecte des Bâtiments de France, il faut prendre rendez-vous au service territorial de l'Architecture et du Patrimoine (STAP). Celui-ci guidera l'élaboration du projet de ravalement dans le sens souhaité pour la conservation du patrimoine. Cette démarche peut éviter pour la suite un refus d'autorisation administrative pour non-adéquation du caractère du projet avec le site.

2. À qui incombe le ravalement ?

2.1. Code de la construction et Code civil

L'obligation légale de ravalement, tirée du Code de la construction et de l'habitation (articles L. 132-1 à L. 132-5), s'impose au propriétaire de l'immeuble assujetti. C'est lui qui reçoit de la collectivité locale l'injonction d'y procéder, à moins que le bail n'en ait explicitement et expressément disposé autrement.

Cette obligation découle aussi clairement de la lecture des articles 605, 606, 1754 et 1755 du Code civil.

Que dit le Code civil ?

D'après les articles 605 et 606 du Code civil :

- le ravalement est en principe à la charge du propriétaire ;
- le propriétaire assure le clos et le couvert.

L'article 1755 du Code civil dispose que : « aucune des réparations réputées locatives n'est à la charge des locataires, quand elles ne sont occasionnées que par vétusté ou par force majeure ».

2.2. La notion de logement décent

Loi n° 2000-1208 du 13 décembre 2000 (*JO* n° 289 du 14 décembre 2000), décret 2002-120 du 30 janvier 2002 (*JO* n° 26 du 31 janvier 2002)

Plus récemment, les caractéristiques du logement décent ont été définies dans le cadre de la loi n° 2000-1208 du 13 décembre 2000, relative à la solidarité et au renouvellement urbains, dite loi SRU, et complétée par le décret 2002-120 du 30 janvier 2002.

Que dit la loi SRU ?

Un logement dit décent doit satisfaire à certaines conditions au regard de la sécurité physique et de la santé des locataires :

- assurer le clos et le couvert. Le gros œuvre doit être en bon état d'entretien et de solidité et protéger les locaux contre les eaux de ruissellement et les remontées d'eau. Les menuiseries extérieures et la couverture avec ses raccords et accessoires doivent assurer la protection contre les infiltrations d'eau dans l'habitation ;
- les dispositifs de retenue des personnes, dans le logement et ses accès, tels que garde-corps des fenêtres, escaliers, loggias et balcons doivent être dans un état conforme à leur usage ;

- la nature et l'état de conservation et d'entretien des matériaux de construction, des canalisations et des revêtements du logement ne doivent pas présenter de risques manifestes pour la santé et la sécurité physique des locataires ;
- les dispositifs d'ouverture et de ventilation doivent permettre un renouvellement de l'air adapté aux besoins d'une occupation normale du logement et au fonctionnement des équipements.

Depuis 2018, un logement doit aussi répondre à un critère de performance énergétique, minimale, être doté d'une étanchéité à l'air suffisante, et doit également avoir une aération permanente correcte, pour être considéré comme décent.

ATTENTION

Les règlements sanitaires départementaux peuvent prévoir des normes plus strictes.

Parties communes et parties privatives

Loi n° 65-557 du 10 juillet 1965 (*JO* du 11 juillet 1965), décret d'application 67-223 du 17 mars 1967

ATTENTION

Dans les immeubles en copropriété, pour établir son devis, l'entrepreneur doit tenir compte du fait que certaines parties sont communes et d'autres privatives. Certains gestionnaires de biens, syndics, gérants, exigent des devis personnalisés des travaux à effectuer sur les parties privatives pour chaque copropriétaire.

En général, sont communs : le gros œuvre, les zingueries et descentes pluviales, ainsi que le portail de l'immeuble.

En général, sont privatifs : les menuiseries des fenêtres et les volets.

Pour les garde-corps, demander à consulter le règlement de copropriété. Les usages sont variables.

OBSERVATION

La plupart du temps, les locaux commerciaux au rez-de-chaussée, dont la devanture commerciale est une partie privative (et définie comme telle au règlement de copropriété), ne sont pas compris dans l'obligation de ravalement. Ainsi en est-il également des zincs qui couvrent les devantures.

3. Ravalement et règlement d'urbanisme

3.1. La protection des monuments historiques

Loi du 31 décembre 1913

La loi du 31 décembre 1913 a institué l'établissement de listes nationales des immeubles « classés » ou « inscrits » et pour chacun de ces immeubles, un périmètre de protection. Depuis 2005 la notion d'ISMH (inscrit à l'inventaire supplémentaire des monuments historiques) a disparu.

Le ravalement d'une façade située dans le périmètre formé par un cercle de 500 m de rayon autour du bâtiment protégé est assujetti à un avis de l'architecte des Bâtiments de France.

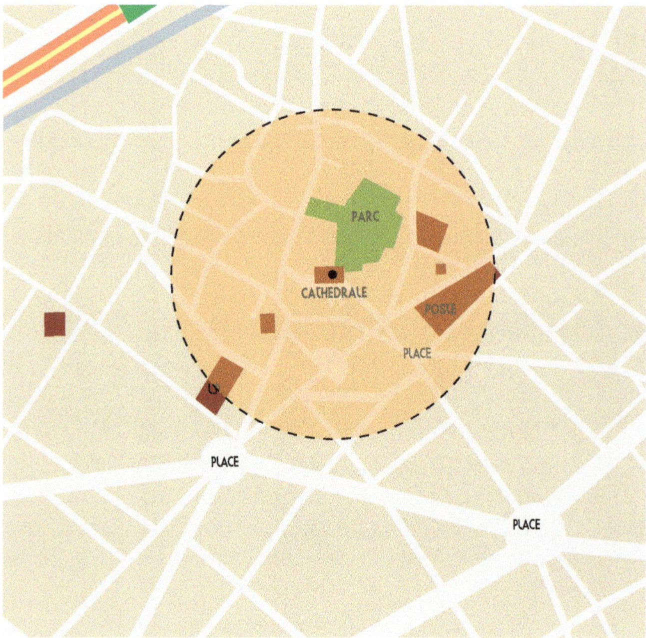

Figure 1 : Patrimoine historique et périmètre de protection

3.2. Les AVAP

Les AVAP (Aires de mise en valeur d'architecture et du patrimoine) créées par la loi de juillet 2010 (Grenelle de l'environnement 2) remplacent progressivement les ZPPAUP (Zones de protection du patrimoine architectural urbain et paysagé).

Loi 83-8 du 7 janvier 1983

Dans ces zones, créées par la loi 83-8 du 7 janvier 1983, des études d'environnement et de mise en valeur spécifiques aux abords des monuments historiques et sites classés sont réalisées.

3.3. Le PSMV (Plan de sauvegarde et de mise en valeur)

Certains quartiers peuvent être assujettis à un PSMV composé d'un plan et d'un règlement dont l'un des 13 articles vise le ravalement de façade. À Paris, le Marais et le 7e arrondissement sont soumis à un PSMV.

Le choix du ravalement dans les AVAP et les PSMV ne peut se faire sans une consultation préalable (avant le dépôt de la demande administrative) auprès de l'architecte des Bâtiments de France.

3.4. La protection des sites

Loi du 2 mai 1930 (*JO* du 4 mai 1930), article 4 codifié à l'article L. 341-1 du Code de l'environnement

La loi du 2 mai 1930 a prescrit dans son article 4, « sites inscrits », la création dans chaque département d'une liste des « monuments naturels et des sites dont la conservation ou la préservation présente, au point de vue artistique, historique, scientifique, légendaire ou pittoresque, un intérêt général ».

Il y a obligation pour les propriétaires d'immeubles sis à l'intérieur de ces « sites inscrits » de déclarer, quatre mois à l'avance, les travaux, autres que ceux d'entretien « normal », à effectuer sur les constructions. Pour le ravalement, la demande de permis de construire ou la déclaration de travaux exemptés de permis de construire, prévue par le décret du 14 mars 1986, tiennent lieu de déclaration.

3.5. Les sites classés

Décret n° 88-1124 du 15 décembre 1988 (*JO* du 17 décembre 1988)

Pour les sites classés, tous les travaux (autres que ceux d'entretien courant) ne peuvent être exécutés qu'après autorisation expresse du ministre ou dans certains cas du préfet (décret n° 88-1124 du 15 décembre 1988 portant déconcentration de la délivrance des autorisations).

Où se renseigner ?

Au Service territorial de l'Architecture et du Patrimoine (STAP) auprès de l'architecte des Bâtiments de France (ABF). Ce service possède la liste de tous les sites inscrits et des immeubles classés ou inscrits.

Où trouver l'adresse du STAP local ? À la mairie.

3.6. Le Code de l'urbanisme et le ravalement

Le ravalement d'une façade dans une commune est lié aux règles définies pour chaque zone du PLU.

La loi n° 2000-1208 du 13 décembre 2000, relative à la solidarité et au renouvellement urbain (SRU) a mis en place un nouvel instrument de planification le plan local de l'urbanisme (PLU). Il remplace l'ancien, le POS (plan d'occupation des sols) et s'applique à l'ensemble du territoire communal.

Le plan local de l'urbanisme (PLU)

Article 11 du PLU

Ce document vise à réguler l'usage du droit des sols et à fixer la règle du jeu de l'aménagement de l'espace. Dans le règlement, associé à chaque périmètre défini par le plan général de zonage, le PLU, inclut un article 11 qui conforte le contrôle de la ville en matière d'esthétique.

Dans cet article sont incluses les règles à respecter pour le ravalement des façades. Il peut formuler des interdits sur les techniques à employer, imposer l'emploi de matériaux et de teintes, voire de techniques, pour conserver l'unité d'un ensemble bâti, ou le caractère régional, traditionnel d'une zone.

Exemple extrait du PLU de Paris, zone UG, article 11.1.1. Constructions existantes : « Ravalement : La mise en peinture ou la remise en peinture de la pierre de taille est interdite. L'emploi de mortier de ciment gris, y compris sur les corps de souches de cheminées, est proscrit. »

3.7. Protection patrimoniale

ATTENTION

Une façade à ravaler peut faire l'objet d'une protection par la commune.

Le PLU peut désigner des façades, en précisant leur degré de sensibilité, et établir une liste des protections patrimoniales par arrondissement, par rue, ou par façade.

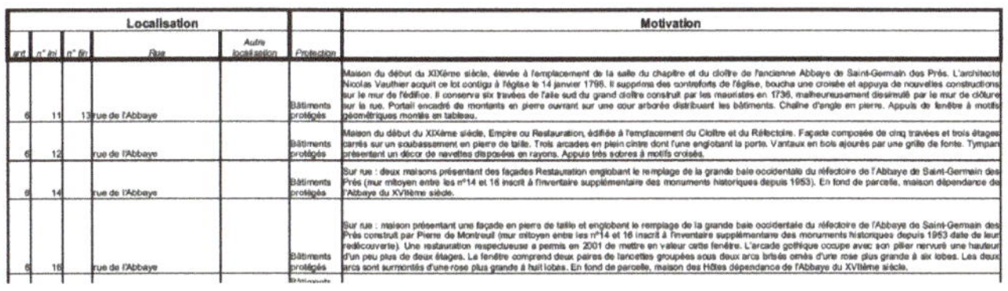

Localisation						Motivation
art	n° ini	n° fin	Rue	Autre localisation	Protection	
6	11	13	rue de l'Abbaye		Bâtiments protégés	Maison du début du XIXème siècle, élevée à l'emplacement de la salle du chapitre et du cloître de l'ancienne Abbaye de Saint-Germain des Prés. L'architecte Nicolas Vauthier acquit ce lot contigu à l'église le 14 janvier 1798. Il supprima des contreforts de l'église, boucha une croisée et appuya de nouvelles constructions sur le mur de l'édifice. Il conserva six travées de l'aile sud du grand cloître construit par les mauristes en 1736, malheureusement dissimulé par le mur de clôture sur la rue. Portail encadré de montants en pierre ouvrant sur une cour arborée distribuant les bâtiments. Chaîne d'angle en pierre. Appuis de fenêtre à motifs géométriques montés en tableau.
6	12		rue de l'Abbaye		Bâtiments protégés	Maison du début du XIXème siècle, Empire ou Restauration, édifiée à l'emplacement du Cloître et du Réfectoire. Façade composée de cinq travées et trois étages carrés sur un soubassement en pierre de taille. Trois arcades en plein cintre dont l'une englobant la porte. Vantaux en bois ajourés par une grille de fonte. Tympan présentant un décor de navettes disposées en rayons. Appuis très sobres à motifs croisés.
6	14		rue de l'Abbaye		Bâtiments protégés	Sur rue : deux maisons présentant des façades Restauration englobant le remplage de la grande baie occidentale du réfectoire de l'Abbaye de Saint-Germain des Prés (mur mitoyen entre les n°14 et 16 inscrit à l'inventaire supplémentaire des monuments historiques depuis 1953). En fond de parcelle, maison dépendance de l'Abbaye du XVIIème siècle.
6	16		rue de l'Abbaye		Bâtiments protégés	Sur rue : maison présentant une façade en pierre de taille et englobant le remplage de la grande baie occidentale du réfectoire de l'Abbaye de Saint-Germain des Prés construit par Pierre de Montreuil (mur mitoyen entre les n°14 et 16 inscrit à l'inventaire supplémentaire des monuments historiques depuis 1953 date de leur redécouverte). Une restauration respectueuse a permis en 2001 de mettre en valeur cette fenêtre. L'arcade gothique occupe avec son pilier nervuré une hauteur d'un peu plus de deux étages. La fenêtre comprend deux paires de lancettes groupées sous deux arcs brisés ornés d'une rose plus grande à six lobes. Les deux arcs sont surmontés d'une rose plus grande à huit lobes. En fond de parcelle, maison des Hôtes dépendance de l'Abbaye du XVIIème siècle.

Figure 2 : Exemple de règles édictées par le PLU

Avant de déposer un dossier de ravalement, il est vivement conseillé de consulter en mairie pour :

- prendre connaissance des règles édictées par le PLU ;
- vérifier que la façade faisant l'objet de la demande n'est pas identifiée au PLU.

Où se renseigner ?

À la mairie, au service d'urbanisme de la commune. Demander à consulter le PLU (s'il n'existe pas encore, consulter le POS).

Dans ces règlements, il faut consulter l'article 11 de la zone concernée et l'annexe qui établit les listes des protections patrimoniales.

4. Procédure administrative

Décret n° 2014-253 du 27 février 2014 relatif à certaines corrections à apporter au régime des autorisations d'urbanisme

Contrairement à ce qui était applicable depuis le 1er octobre 2007, depuis le 1er avril 2014, les travaux de ravalement, jusqu'alors soumis à déclaration préalable, sont dispensés de toute formalité sauf dans les secteurs protégés (ZPPAUP, site inscrit ou classé, champs de visibilité d'un monument historique...). Ce décret maintient toutefois la déclaration préalable pour les travaux ayant pour effet de modifier l'aspect extérieur d'un bâtiment existant (modification du revêtement extérieur, des couleurs de la façade, etc.). Les communes qui le souhaitent peuvent décider de soumettre, par délibération motivée du conseil municipal, les travaux de ravalement à autorisation.

4.1. Les nouveautés du permis de construire et de la déclaration préalable

Le décret n° 2007-18 du 5 janvier 2007 pris pour l'application de l'ordonnance n° 2005-1527 du 8 décembre 2005 relative au permis de construire et aux autorisations d'urbanisme a modifié les procédures.

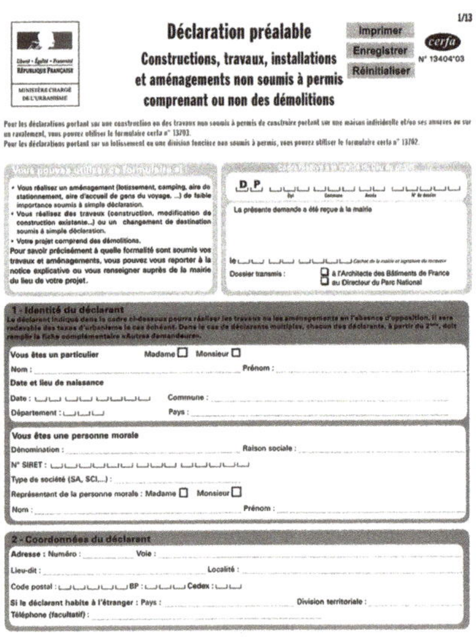
1/13

Liberté · Égalité · Fraternité
RÉPUBLIQUE FRANÇAISE
MINISTÈRE CHARGÉ DE L'URBANISME

Déclaration préalable

Constructions, travaux, installations et aménagements non soumis à permis comprenant ou non des démolitions

Imprimer
Enregistrer
Réinitialiser

cerfa
N° 13404*03

Pour les déclarations portant sur une construction ou des travaux non soumis à permis de construire portant sur une maison individuelle et/ou ses annexes ou sur un ravalement, vous pouvez utiliser le formulaire cerfa n° 13703.
Pour les déclarations portant sur un lotissement ou une division foncière non soumis à permis, vous pouvez utiliser le formulaire cerfa n° 13702.

- Vous réalisez un aménagement (lotissement, camping, aire de stationnement, aire d'accueil de gens du voyage, ...) de faible importance soumis à simple déclaration.
- Vous réalisez des travaux (construction, modification de construction existante...) ou un changement de destination soumis à simple déclaration.
- Votre projet comprend des démolitions.

Pour savoir précisément à quelle formalité sont soumis vos travaux et aménagements, vous pouvez vous reporter à la notice explicative ou vous renseigner auprès de la mairie du lieu de votre projet.

D P

La présente demande a été reçue à la mairie

le

Dossier transmis : ☐ à l'Architecte des Bâtiments de France ☐ au Directeur du Parc National

1 - Identité du déclarant

Le déclarant indiqué dans le cadre ci-dessous pourra réaliser les travaux ou les aménagements en l'absence d'opposition. Il sera redevable des taxes d'urbanisme le cas échéant. Dans le cas de déclarants multiples, chacun des déclarants, à partir du 2ème, doit remplir la fiche complémentaire «Autres demandeurs».

Vous êtes un particulier Madame ☐ Monsieur ☐
Nom : Prénom :
Date et lieu de naissance
Date : Commune :
Département : Pays :

Vous êtes une personne morale
Dénomination : Raison sociale :
N° SIRET :
Type de société (SA, SCI,...) :
Représentant de la personne morale : Madame ☐ Monsieur ☐
Nom : Prénom :

2 - Coordonnées du déclarant

Adresse : Numéro : Voie :
Lieu-dit : Localité :
Code postal : BP : Cedex :
Si le déclarant habite à l'étranger : Pays : Division territoriale :
Téléphone (facultatif) :

Figure 3 : Formulaire de déclaration préalable

L'administré ayant fait l'objet d'une injonction de ravalement par la ville, ou simplement désireux, pour convenance personnelle, de procéder au ravalement de son immeuble, est tenu à des formalités administratives variables suivant les contraintes légales ou réglementaires qui pèsent sur son immeuble :

- si la façade est classée, le dossier se traite avec la DRAC (Direction régionale des affaires culturelles) par l'intermédiaire de l'ABF mais une DP (déclaration préalable) doit être déposée en mairie ;
- si la façade est inscrite à l'Inventaire, les travaux sont soumis à une demande de permis de construire, article R*. 421-16 (décret n° 2007-18, du 5 janvier 2007, article 9).

Hormis ces deux cas particuliers, la procédure applicable est celle de la DP. L'imprimé CERFA n° 13404*07 (Déclaration préalable) est téléchargeable sur le site www.service-public.fr.

> **ATTENTION**
>
> Certaines grandes villes, comme Paris, ont créé un imprimé spécifique pour la déclaration des travaux de ravalement. Cet imprimé vient compléter la déclaration préalable Cerfa n° 13404, et doit être déposé conjointement avec celle-ci.

4.2. Les délais d'instruction sont garantis

Le délai d'instruction du dossier est de un mois.

Si le pétitionnaire ne reçoit pas de courrier de l'administration dans ce délai, il bénéficie automatiquement d'une décision de non-opposition aux travaux de ravalement.

(Lorsque les travaux de ravalement sont soumis à la consultation de l'architecte des Bâtiments de France, le délai légal est porté à deux mois).

Dans le mois qui suit le dépôt du dossier, l'administration peut écrire :

- soit pour avertir qu'un autre délai est applicable, lorsque le Code de l'urbanisme l'a prévu pour permettre les consultations nécessaires (si le projet nécessite la consultation d'autres services) ;
- soit pour indiquer qu'il manque une ou plusieurs pièces au dossier.

Une telle lettre reçue avant la fin du mois qui suit le dépôt de la déclaration remplace le récépissé de dépôt.

> **OBSERVATION**
>
> L'administration a l'obligation de réclamer toutes les pièces manquantes en une seule fois avant la fin du mois suivant le dépôt du dossier. Le demandeur a alors trois mois pour les envoyer.

4.3. Réponse de l'administration

À défaut de notification d'une décision dans le délai d'instruction, le silence de l'administration équivaut à un accord :

- pour une déclaration préalable, c'est la décision de non-opposition ;
- pour un permis de construire, c'est un permis tacite.

Si l'autorité administrative (la plupart du temps le maire) statue, de façon expresse (non tacite), elle prend une décision soit :

- de non-opposition éventuellement assortie de prescriptions obligatoires ;
- d'opposition qui doit dans ce cas être motivée.

Tacites ou expresses, les décisions peuvent faire l'objet de recours devant la juridiction administrative.

4.4. Visa de l'architecte des Bâtiments de France

Dans les secteurs classés, lorsque l'architecte des Bâtiments de France est consulté, le maire doit inclure sa réponse dans la décision municipale qui se présente sous la forme d'un avis simple ou d'un avis conforme. Avis simple et avis conforme diffèrent sur deux points :

- avis simple : le maire n'est pas lié à l'avis de l'architecte des Bâtiments de France. Il peut passer outre et engage alors sa responsabilité ;
- avis conforme : le maire qui délivre l'autorisation est lié à l'avis de l'architecte des Bâtiments de France. Il ne peut s'y opposer qu'en engageant une procédure complexe auprès du préfet de région.

4.5. Début des travaux en cas d'accord tacite

Un mois après le dépôt de sa déclaration, le demandeur qui n'a rien reçu peut commencer les travaux, à condition :

- de faire une déclaration d'ouverture de chantier à la mairie en 3 exemplaires au moyen du formulaire Cerfa n° 13407*03 ;
- d'afficher sur le terrain le récépissé sur lequel la mairie a mis son cachet pour attester la date de dépôt ;
- d'installer sur le terrain, pendant toute la durée du chantier, un panneau visible de la voie publique décrivant le projet.

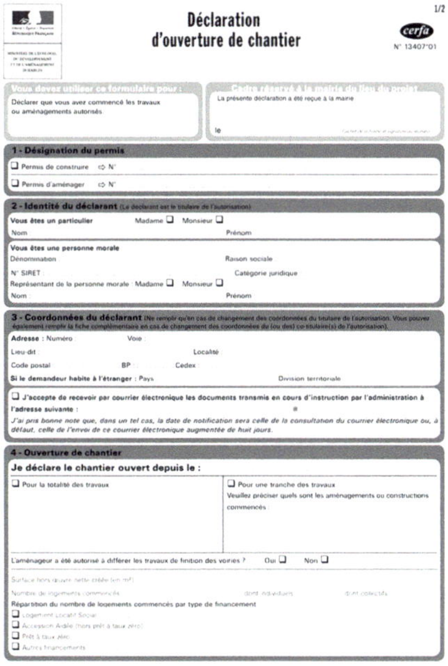
Déclaration d'ouverture de chantier
1/2
cerfa
N° 13407*01
1 - Désignation du permis
2 - Identité du déclarant
3 - Coordonnées du déclarant
4 - Ouverture de chantier
Je déclare le chantier ouvert depuis le :

Figure 4 : Formulaire de déclaration d'ouverture de chantier

L'affichage du permis ou de la déclaration préalable doit être effectué dans les conditions prévues par les articles R. 424-15 à R. 424-20 et R. 600-2 du Code de l'urbanisme.

Le panneau doit être de format rectangulaire aux dimensions supérieures à 80 cm.

Où trouver le modèle de panneau ?

Ils sont en vente dans la plupart des magasins de matériaux.

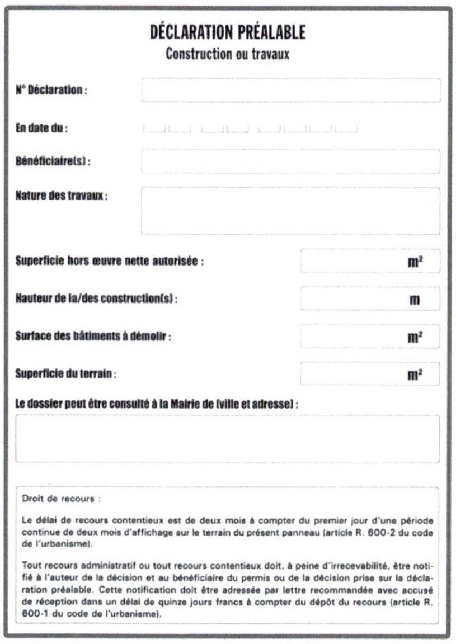
DÉCLARATION PRÉALABLE
Construction ou travaux

N° Déclaration :
En date du :
Bénéficiaire(s) :
Nature des travaux :
Superficie hors œuvre nette autorisée : m²
Hauteur de la/des construction(s) : m
Surface des bâtiments à démolir : m²
Superficie du terrain : m²
Le dossier peut être consulté à la Mairie de (ville et adresse) :

Droit de recours :

Le délai de recours contentieux est de deux mois à compter du premier jour d'une période continue de deux mois d'affichage sur le terrain du présent panneau (article R. 600-2 du code de l'urbanisme).

Tout recours administratif ou tout recours contentieux doit, à peine d'irrecevabilité, être notifié à l'auteur de la décision et au bénéficiaire du permis ou de la décision prise sur la déclaration préalable. Cette notification doit être adressée par lettre recommandée avec accusé de réception dans un délai de quinze jours francs à compter du dépôt du recours (article R. 600-1 du code de l'urbanisme).

Figure 5 : Modèle de panneau de déclaration préalable d'ouverture de chantier

OBSERVATION

La Déclaration d'ouverture de chantier (DROC ou DOC) est une démarche obligatoire pour les titulaires d'un permis de construire (PC) Par contre, dans le cas d'une déclaration préalable (DP), la Déclaration d'ouverture (DROC ou DOC) n'est pas obligatoire, sauf en cas d'accord tacite.

4.6. Délais de recours

Le délai de recours ne commence qu'à compter de la date d'affichage de la décision sur la façade de l'immeuble en cause.

ATTENTION

La décision de non-opposition n'est définitive qu'en l'absence de recours. Dans le délai de deux mois à compter de son affichage sur le terrain, sa légalité peut être contestée par un tiers devant le tribunal administratif. Dans ce cas, l'auteur du recours est tenu d'informer le demandeur au plus tard quinze jours après le dépôt du recours.

Où trouver les textes

Sur le site Légifrance, recherchez les articles R. 424-15 à 20 du Code de l'urbanisme.

4.7. Durée de validité

Les travaux doivent impérativement être commencés dans un délai de deux ans suivant l'obtention de l'autorisation.

Les travaux, une fois commencés, ne doivent pas être interrompus pendant plus d'un an. Ils peuvent être échelonnés à condition que chaque interruption soit inférieure à un an et que les travaux exécutés d'une année sur l'autre soient suffisamment importants et significatifs.

Si ces délais ne sont pas respectés, l'autorisation n'est, en principe, plus valable. Toutefois, elle peut être prolongée pour une durée d'un an, sur demande écrite avant échéance des deux ans.

4.8. Comment constituer le dossier de demande ?

Pour que le dossier soit complet, le formulaire doit être soigneusement rempli. Le dossier comporte un bordereau de remise de pièces. Le numéro de chaque pièce figurant dans le bordereau de remise doit être reporté sur la pièce correspondante.

Pour les demandes de ravalement, les pièces à joindre au dossier sont :

- le plan de situation (plan de l'arrondissement) ;
- le plan de masse (plan de cadastre – www.cadastre.gouv.fr – ou plan parcellaire) ;
- le devis de l'entrepreneur avec un échantillon des couleurs en référence RAL ;
- une photographie en couleur des façades concernées.

Si des pièces sont oubliées ou si les informations nécessaires à l'examen de la demande ne sont pas présentes, l'instruction du dossier ne pourra pas débuter.

Une notice explicative détaillée est disponible sur le site du ministère chargé de l'urbanisme (http://www.urbanisme.equipement.gouv.fr/).

ATTENTION

Le dossier sera examiné sur la foi des déclarations et des documents fournis. En cas de fausse déclaration, le pétitionnaire s'expose à une annulation de la décision et à des sanctions pénales.

Où trouver les nouveaux formulaires ?

Les formulaires sont téléchargeables sur le site www.service-public.fr, sur le site de certaines communes et sur les sites des DDT (directions départementales des territoires) (se renseigner à la mairie ou à la DDT).

On peut remplir les formulaires en ligne sur Internet.

Combien d'exemplaires faut-il fournir ?

Pour les demandes de permis (façade inscrite à l'inventaire), quatre exemplaires de la demande et du dossier qui l'accompagne doivent être fournis.

Pour la déclaration préalable, il faut deux exemplaires de la demande et du dossier qui l'accompagne.

ATTENTION

- Des exemplaires supplémentaires sont parfois nécessaires, si les travaux ou aménagements sont situés dans un secteur protégé (monument historique, site, réserve naturelle, parc national...).
- Certaines pièces sont demandées en nombre plus important parce qu'elles seront envoyées à d'autres services pour consultation et avis.

Où déposer la demande ou la déclaration ?

La demande ou la déclaration doit être adressée par pli recommandé, avec demande d'avis de réception, ou déposée contre récépissé à la mairie de la commune où se situe l'immeuble.

Ce récépissé ne vaut que pour preuve du dépôt de la demande, la notification de délai intervient par lettre recommandée avec accusé de réception dans le mois qui suit le dépôt de la demande.

OBSERVATION

Pour être sûr qu'aucune pièce ne manque, il est conseillé de déposer le dossier en mairie contre récépissé du dépôt de la déclaration.

Récépissé de depôt d'une déclaration préalable

Figure 6 : Formulaire de récépissé de dépôt d'une déclaration préalable

Qui peut déposer une demande ?

- le propriétaire du terrain ou le mandataire du ou des propriétaires ;
- toute personne, comme l'entrepreneur ou l'architecte, munit de l'autorisation de ou des propriétaires. Pour un immeuble en gérance, le contrat de gestion est demandé. Pour un immeuble en copropriété, le compte-rendu intégral de l'assemblée générale qui a voté les travaux est demandé ;
- le co-indivisaire d'un immeuble en indivision ou son mandataire.

4.9. La déclaration attestant l'achèvement et la conformité des travaux (Cerfa n° 13408*01)

Dans la nouvelle procédure, lors du dépôt de la demande, de nombreux éléments deviennent déclaratifs, pour lesquels le service instructeur n'a pas à assurer de vérification préalable. À l'achèvement des travaux, le dépôt de la Daact (déclaration attestant l'achèvement et la conformité des travaux), déclaration sur l'honneur à la mairie attestant que les travaux sont conformes au dossier et, le cas échéant, aux prescriptions formulées dans la décision de non-opposition est important, car il fait courir les délais de visite de récolement.

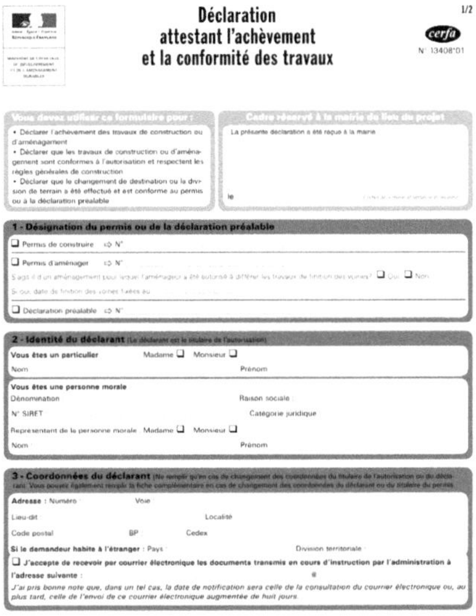
Déclaration attestant l'achèvement et la conformité des travaux

1/2

cerfa N° 13408*01

Vous devez utiliser ce formulaire pour :
- Déclarer l'achèvement des travaux de construction ou d'aménagement
- Déclarer que les travaux de construction ou d'aménagement sont conformes à l'autorisation et respectent les règles générales de construction
- Déclarer que le changement de destination ou la division de terrain a été effectué et est conforme au permis ou à la déclaration préalable

Cadre réservé à la mairie du lieu du projet

La présente déclaration a été reçue à la mairie

le

1 - Désignation du permis ou de la déclaration préalable

☐ Permis de construire ⇨ N°

☐ Permis d'aménager ⇨ N°

S'agit-il d'un aménagement pour lequel l'aménageur a été autorisé à différer les travaux de finition des voiries? ☐ Oui ☐ Non

Si oui, date de finition des voiries fixées au

☐ Déclaration préalable ⇨ N°

2 - Identité du déclarant (Le déclarant est le titulaire de l'autorisation)

Vous êtes un particulier Madame ☐ Monsieur ☐

Nom Prénom

Vous êtes une personne morale

Dénomination Raison sociale

N° SIRET Catégorie juridique

Représentant de la personne morale : Madame ☐ Monsieur ☐

Nom Prénom

3 - Coordonnées du déclarant

Adresse : Numéro Voie

Lieu-dit Localité

Code postal BP Cedex

Si le demandeur habite à l'étranger : Pays Division territoriale

☐ **J'accepte de recevoir par courrier électronique les documents transmis en cours d'instruction par l'administration à l'adresse suivante :** @

J'ai pris bonne note que, dans un tel cas, la date de notification sera celle de la consultation du courrier électronique ou, au plus tard, celle de l'envoi de ce courrier électronique augmentée de huit jours.

Figure 7 : Formulaire de déclaration attestant l'achèvement et la conformité des travaux

L. 462-2 R. 462-6 du Code de l'urbanisme

À compter de la date de réception en mairie de la déclaration d'achèvement, l'autorité compétente dispose d'un délai de trois mois pour contester la conformité des travaux au permis ou à la déclaration, ou de cinq mois en cas de récolement obligatoire. Passé ce délai, elle sera réputée n'avoir pas contesté la conformité des travaux.

R. 462-10

Lorsque aucune décision n'est intervenue dans le délai, une attestation certifiant que la conformité des travaux avec le permis ou la déclaration n'a pas été contestée est délivrée, sous quinzaine, par l'autorité compétente, au bénéficiaire du permis, sur simple requête de celui-ci.

À l'expiration d'un délai d'un an à partir de l'achèvement des travaux, aucune action en justice visant à obtenir l'annulation du permis de construire ou de la déclaration préalable ne peut être intentée.

La date prise en compte est celle de la réception, par la mairie, de la déclaration attestant l'achèvement et la conformité des travaux (Daact).

4.10. Comment s'informer sur les procédures ?

- sur www.service-public.fr ;
- sur les sites des DDT ;
- par téléphone auprès de « Allô service public » (39 39).

5. Autres obligations

5.1. Diagnostics avant travaux : que dit la loi ?

La réalisation de travaux de ravalement sur tout type de bien immobilier doit être encadrée par des diagnostics avant travaux obligatoires : amiante, plomb, termites.

Seul un diagnostiqueur détenteur d'une certification et indépendant des entreprises de ravalement ou de démolition, du maître d'ouvrage ou du maître d'œuvre est habilité à effectuer les diagnostics avant travaux. C'est le maître d'ouvrage ou le propriétaire qui a la responsabilité d'effectuer la demande.

Diagnostic amiante avant travaux (DAAT)

Il est obligatoire de réaliser ces opérations pour toute façade dont la date du permis de construire est antérieure au 1er juillet 1997.

La réglementation amiante dans le Code du Travail s'organise par l'entrée en application, de l'arrêté du 16 juillet 2019 se référant au repérage de l'amiante avant certaines opérations réalisées dans les immeubles bâtis. La prévention du risque amiante constitue une préoccupation majeure pour la protection des professionnels du bâtiment qui sont amenés à travailler sur des chantiers de ravalement.

Dans ce cadre, il est obligatoire de réaliser un Diagnostic Avant Travaux (DAAT) avant que le chantier ne soit lancé.

Par désamiantage, on entend toute opération visant au retrait ou à l'encapsulage (confinement) de MCA (Matériaux contenant de l'amiante). Les entreprises susceptibles de pouvoir intervenir sur des matériaux concernant de l'amiante doivent être certifiées sous sous-section 4 (SS4) ou sous-section 3 (SS3) suivant le travail à faire.

Les travaux classés en sous-section 4 (SS4)

Ces travaux concernent les interventions les plus risquées en matière d'émissions de fibres d'amiante en raison de la friabilité des MCA ou de la nécessité de procéder à des découpes ou des percements de MCA.

Les travaux classés en sous-section 3 (SS3)

La sous-section 3 concerne les activités d'encapsulage et de retrait d'amiante.

Les travaux d'encapsulage, consistent à recouvrir des MCA en répondant aux 3 conditions suivantes : étanchéité, durabilité et solidité (exemple de ragréage par chape béton, ou avec certaines résines).

Constat du risque d'exposition au plomb (CREP)

Le constat du risque d'exposition au plomb (CREP) est obligatoire lorsque le bien a été construit avant le 1er janvier 1949.

Ce diagnostic plomb est obligatoire depuis le 27 avril 2006 pour les ventes, et obligatoire depuis le 12 août 2008 pour les locations.

La recherche de plomb dans les peintures anciennes porte sur tous les matériaux aussi bien à l'intérieur qu'à l'extérieur de la construction.

En cas de présence de matériaux recouverts de plomb, le diagnostic initial doit être complété par une mesure d'empoussièrement après retrait des matériaux contaminés avant de pouvoir procéder aux travaux de ravalement.

Diagnostic termites

Le diagnostic termites avant travaux est obligatoire si le bien immobilier est situé dans une commune déclarée en zone d'infestation par les termites selon un arrêté préfectoral.

En ce cas, le propriétaire, le maître d'ouvrage et le maître d'œuvre sont tenus de signaler en mairie la présence éventuelle de termites sous peine d'amende, et de procéder à la destruction immédiate des matériaux infestés.

OBSERVATION

Il est conseillé au maître d'ouvrage ou au propriétaire qui désire faire ravaler sa façade, de faire effectuer les diagnostics avant travaux suffisamment tôt pour que le maître d'œuvre et l'entrepreneur puissent prendre toutes les dispositions face aux risques avant le début programmé des travaux.

5.2. Les autorisations de voirie

Afin d'effectuer des travaux sur la voie publique ou d'occuper temporairement le domaine public routier, il est nécessaire d'obtenir une autorisation auprès du gestionnaire de la voirie. Cette autorisation est généralement donnée par la commune. La permission de voirie est une autorisation d'occupation temporaire du domaine public (AOT). Sa délivrance est soumise à des règles précises de plus en plus complexes.

Sauf exception, les travaux de ravalement utilisent des échafaudages qui, pour les façades sur rue, empiètent provisoirement sur le domaine public de voirie et nécessitent à ce titre des autorisations, généralement assorties de la perception de droits de voirie.

Dès réception de l'autorisation de ravalement, l'entrepreneur doit consulter impérativement les services de voirie de la commune ou de l'arrondissement.

ATTENTION

Les délais s'additionnent : pour pouvoir déposer un dossier, il faut être détenteur de la déclaration préalable (DP) ou du permis de construire (PC). Or les délais de réponse de l'administration de la voirie sont parfois plus longs que le délai d'obtention d'une DP simple qui est, en pratique, de l'ordre de 1 ou 2 mois suivant les communes.

Dans certaines villes, les taxes de voirie peuvent être élevées, d'où la nécessité de bien préciser, avant l'ouverture du chantier, l'identité du redevable des droits de voirie.

Les autorisations d'occupation temporaire du domaine public sont accordées pour des délais dont le dépassement nécessite une demande de prolongation et le paiement complémentaire de droits de voirie.

Figure 8 : Cantonnement perché sur l'échafaudage

Compte tenu de la complexité grandissante pour l'obtention des autorisations de voirie, de l'augmentation des taxes d'occupation de la voie publique et de l'encombrement de villes, la solution qui consiste à percher les cantonnements sur l'échafaudage de ravalement se généralise.

Comment se renseigner ?

Les procédures sont souvent spécifiques et complexes et il faut se renseigner préalablement auprès du service instructeur de la déclaration (ou du permis de construire).

> **ATTENTION**
>
> Lors de l'implantation de l'échafaudage, il faut penser à préserver l'accessibilité des plaques d'accès sur le trottoir des concessionnaires : gaz, électricité, téléphone, accès aux égouts, etc.
> Un gestionnaire de réseau (eau, gaz, électricité, Télécom, etc.) ou un service de la ville qui procède au désamiantage de la voirie, ayant des travaux prévus et programmés peut faire interdire temporairement (procédure de consigne) la mise en place d'un échafaudage ou l'implantation d'un cantonnement pour difficultés d'accès. Se renseigner auprès des services municipaux (voirie) pour éviter le retard d'un début de chantier.

5.3. Mission de coordination SPS sur les opérations de bâtiment et de génie civil

Loi n° 93-1418 du 31 décembre 1993

Lorsque les travaux de ravalement ne sont pas réalisés par une seule entreprise, la loi impose la présence d'un coordonnateur SPS (Sécurité et protection de la santé).

Dans ce cas, l'entrepreneur de ravalement doit impérativement informer officiellement son client (le maître d'ouvrage) de l'obligation d'engager un coordonnateur SPS :

« Nous vous informons du fait que sur ce chantier, mon entreprise étant conduite à travailler en coactivité avec d'autres entreprises, la présence d'un coordonnateur de sécurité est légalement nécessaire compte tenu des nouvelles dispositions de sécurité et de protection de la santé, dispositions issues de la loi n° 93-1418 du 31 décembre 1993, transposition de la directive européenne n° 92-57 du 24 juin 1992 ».

> **OBSERVATION**
>
> L'opération de ravalement, qui implique en général la présence sur le chantier de plusieurs corps de métier (échafaudeur, ravaleur, serrurier, étancheurs, etc.) est la plupart du temps assujettie à une mission SPS. En effet, il est rare qu'une entreprise de ravalement puisse faire face à ces demandes spécialisées sans faire appel à des sous-traitants.

6. Ravalement et propriété

6.1. Mitoyenneté

Les murs séparant les propriétés sont toujours présumés mitoyens, sauf titre de propriété contraire ou marques évidentes de non-mitoyenneté.

En principe, chaque propriétaire a donc à sa charge exclusive l'obligation de ravaler « sa » face du mur mitoyen (articles 653 et suivants du Code civil).

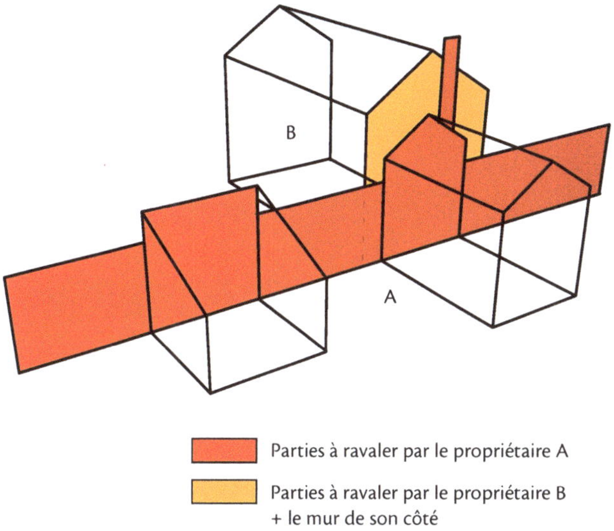

Figure 9 : Ravalement d'un mur mitoyen

Le recrépissage du mur mitoyen et le rejointoiement des moellons ou des assises de pierre qui peuvent participer à sa consolidation ou à sa réparation peuvent être considérés comme des travaux normaux d'entretien du mur mitoyen et être supportés à frais communs par ses copropriétaires.

> **OBSERVATION**
>
> Confronté à un problème d'imputation de dépense d'entretien sur un ouvrage établi en limite séparative (ou à proximité), il faut examiner la situation, se référer aux principes, enfin, et surtout, se reporter aux titres de propriété qui peuvent contenir des règles et stipulations particulières.

6.2. Mitoyenneté partielle

Article 653 du Code civil

Un mur peut n'être que partiellement mitoyen (article 653 du Code civil).

Dans ce cas, la dépense à frais communs ne vaut que pour la seule partie mitoyenne.

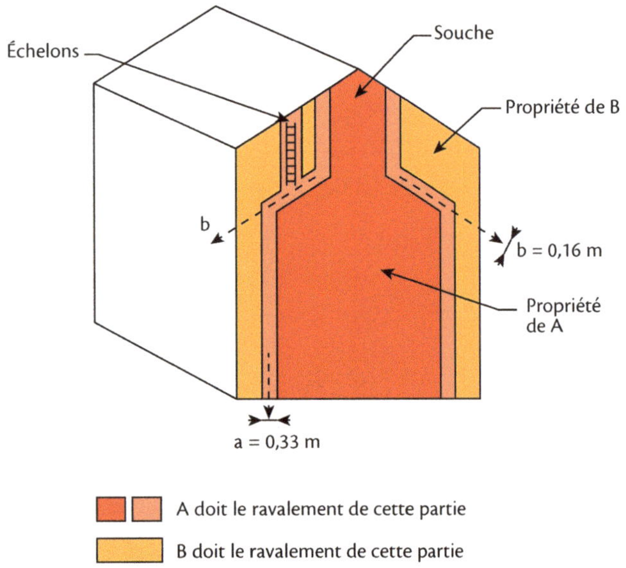

Figure 10 : Exemple de mitoyenneté partielle

6.3. Le « tour d'échelle » pour les travaux

Si une façade ou un pignon qui donne sur la propriété voisine doit être ravalé, l'autorisation du voisin est nécessaire.

Si les relations sont bonnes, le voisin autorisera le propriétaire à pénétrer chez lui pour que l'entreprise puisse exécuter les travaux.

Si un ravalement doit être exécuté et que le voisin n'autorise pas l'accès à la façade par sa propriété, la seule solution sera de faire appel au juge (tribunal de grande instance en référé).

Si la preuve est faite que les travaux sont nécessaires et urgents et que, pour les réaliser, il faut passer sur la propriété du voisin, le juge accordera l'autorisation demandée.

Dans tous les cas, que l'autorisation soit spontanée ou que ce soit le juge qui l'ordonne, le voisin a droit à la réparation des dommages résultant de la réalisation des travaux.

Pour éviter un conflit, il est vivement recommandé de faire dresser un constat par huissier avant et après les travaux. Les frais seront à la charge de celui qui les entreprend.

Chapitre 3 : **Les principaux matériaux de façade**

1. Le béton armé

DTU 21

Il s'agit d'une combinaison de graviers, de sable, de ciment et d'eau, comportant une armature en acier.

On distingue :

- les bétons à revêtir bruts de décoffrage ;
- les bétons à parements décoratifs finis : architectoniques, lavés, grattés, brossés, grésés, rainurés, cannelés...

Ces derniers peuvent néanmoins, sous certaines conditions, être revêtus.

> **ATTENTION**
>
> Sur le plan chimique, le béton est un matériau à réaction alcaline. Il ne faut donc pas utiliser de produits qui réagissent avec les alcalins (produits à base d'huile, alkydes...).

2. Les maçonneries revêtues

2.1. Les enduits à base de liants hydrauliques

NF DTU 20.1 et NF DTU 26.1

Ce sont des mélanges de constituants primaires : ciment, chaux hydrauliques artificielles, chaux hydrauliques naturelles, chaux aériennes, mixtes (mortiers bâtards), traditionnels à mélanger sur chantier avec du sable, ou prédosés industriellement (enduits monocouches).

> **ATTENTION**
>
> Sur le plan chimique, ces enduits montrent une réaction alcaline.

2.2. Les enduits à base de plâtre

NF DTU 26.1 (paragraphe 12.3)

C'est un mélange de plâtre gros, sable et chaux aérienne, selon les proportions du paragraphe 12.3 du NF DTU 26.1 (P 15-201), soit :

- trois volumes de plâtre gros ;
- deux volumes de sable sec ;
- un volume de chaux aérienne ;
- deux volumes et demi d'eau de gâchage.

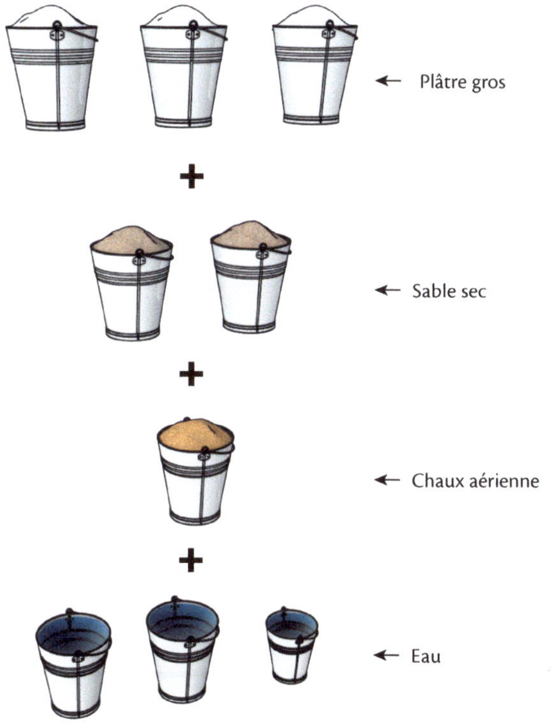

Figure 1 : Constituants primaires des enduits à base de plâtre

> **ATTENTION**
>
> Ce type d'enduit est le seul à base de plâtre à être adapté à un usage extérieur ; les enduits de plâtre pur, ou à base plâtre ordinaire (plâtre fin de construction)/chaux ne sont pas visés par le NF DTU 26.1.

3. Les éléments scellés ou collés

Ces éléments, carreaux de pâte de verre, carreaux de grès cérame ont différentes dimensions, les plus courantes étant de 2 x 2, 5 x 5 cm ou 7,5 x 7,5 cm.

4. Les briques de parement pleines et les briques silico-calcaires

Normes NF P 13-304

Elles sont obtenues par cuisson de l'argile.

Les blocs sont montés au mortier bâtard ou au mortier de chaux, jointoyés en montant, ou rejointoyés après mise en œuvre des briques.

5. La pierre

Il existe de nombreuses variétés de pierres ; elles sont montées par blocs, et jointoyées à l'aide de mortiers à base de chaux, de ciment ou de plâtre.

La pierre taillée ne devrait pas être revêtue.

Il est parfois nécessaire de recouvrir une pierre par une peinture (en cas de défauts d'aspect, par exemple).

Quand les pierres sont pulvérulentes (desquamation), elles peuvent être régénérées par un minéralisant aussi appelé consolidant.

En fin de ravalement on peut retarder l'encrassement d'un parement pierre par l'application d'un hydrofuge.

ATTENTION

Les joints contenant du plâtre sont incompatibles avec l'application d'un hydrofuge.

6. Les subjectiles revêtus

Les différents matériaux présentés ci-avant peuvent avoir déjà reçu une ou plusieurs opérations de recouvrement par des revêtements de différents types :

- hydrofuges : pour les bétons, les briques et pierres ;
- peintures à film mince, objets du NF DTU 59.1 ;
- revêtements semi-épais, objets du NF DTU 59.1 ;
- revêtements de peinture épais, objets du NF DTU 59.1 ;
- revêtements d'imperméabilité de façade à base de polymères, objets du NF DTU 42.1.

7. Les systèmes d'isolation thermique par l'extérieur (entretien ou rénovation)

OBSERVATION

Le présent guide ne traite pas de la pose des systèmes neufs, mais uniquement de l'entretien ou de la rénovation de systèmes en place. Ces systèmes sont donc traités ici comme des subjectiles à ravaler.

Les systèmes d'isolation thermique par l'extérieur constituent de véritables solutions de ravalement des constructions traditionnelles.

Ils représentent notamment une alternative intéressante au traitement des façades qui montrent des pathologies multiples et avancées.

Ainsi, le surcoût que génère la pose d'un système d'isolation thermique extérieure peut être largement compensé par les avantages apportés : procédé neuf, esthétique rattrapée, amélioration du confort intérieur et de la consommation d'énergie...

Ce surcoût se révèle parfois limité, du fait de la quasi-absence de traitement préparatoire de la maçonnerie existante.

Les systèmes les plus économiques et les plus répandus sont ceux que l'on définit comme « enduits minces sur isolant ».

Il s'agit de systèmes utilisant un isolant (souvent du type polystyrène expansé) fixé sur la paroi, par collage (en neuf uniquement), par calage /chevillage ou par profilés.

L'isolant est recouvert d'une couche de base (à base de liant hydraulique adjuvanté ou organique) dans laquelle est marouflée une armature en fibres de verre.

La finition est assurée par un revêtement organique type impression + RPE (revêtement de peinture épais) ou par un revêtement RME (revêtement minéral épais).

On trouve également des enduits hydrauliques épais sur isolant.

Ces systèmes font l'objet de procédures d'Avis techniques et de Documents Techniques d'Application du CSTB.

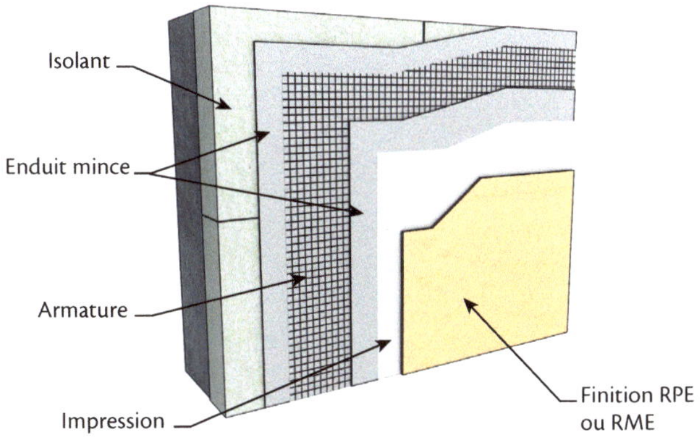

Figure 2 : Système d'enduit mince sur isolant

Lorsque les ETICS montrent des signes de vieillissement esthétiques, ou des défauts techniques limités, ils peuvent faire l'objet d'une entretien ou d'une rénovation par revêtement organique, selon les prescriptions des Règles professionnelles pour l'entretien et la rénovation de systèmes d'isolation thermique extérieure « ETICS ».

D'autres systèmes d'isolation thermique existent : bardage, vêtage, vêture, etc. qui constituent un habillage posé mécaniquement sur la paroi.

Chapitre 4 : **Les revêtements de façade**

1. Famille de revêtements

La norme NF EN 1062-1 définit des familles de revêtements de façade à partir des principales fonctions assurées par les systèmes mis en œuvre.

Tableau 1 : Fonctions des systèmes de classe D

Fonction décorative (D)
Systèmes D1 : Hydrofuges de surface Lasures à béton
Systèmes D2 : Peintures à film mince
Systèmes D3 : Revêtements décoratifs destinés à masquer le faïençage du subjectile

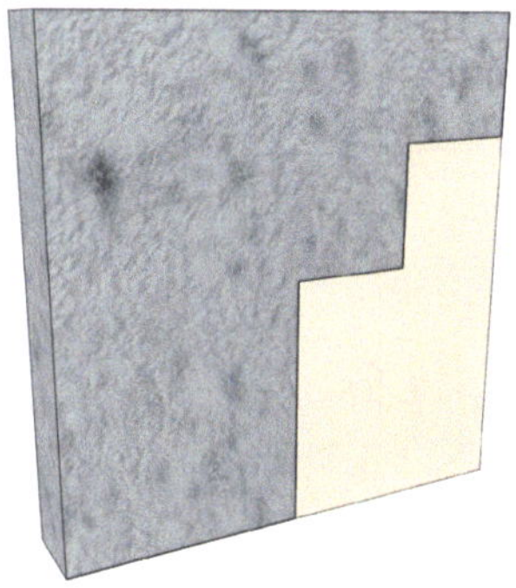

Tableau 2 : Fonctions des systèmes de classe I

Fonction d'imperméabilité à l'eau (I) Systèmes pigmentés		
Systèmes de classe	I1	Système résistant à une microfissure maximale du subjectile de 0,2 mm
	I2	Système résistant à une fissuration maximale du subjectile de 0,5 mm
	I3	Système résistant à une fissuration maximale du subjectile de 1 mm
	I4	Système résistant à une fissuration maximale du subjectile de 2 mm

Les différentes familles de revêtements répondent également au système de classement européen EVWA comprenant 4 critères :

- E : épaisseur du revêtement (E1 à E5)
- V : perméabilité à la vapeur d'eau (V1 à V3)
- W : perméabilité à l'eau liquide (W1 à W3)
- A : résistance à la fissuration (A1 à A5)

Ce classement apparaît sur la fiche technique du produit.

2. Les revêtements décoratifs (D)

2.1. Les hydrofuges et lasures à béton

Produits transparents, peu ou légèrement colorés, ne modifiant pas l'aspect de la maçonnerie.

Systèmes en 2 ou 3 couches, à base de résines siliconates, acryliques ou siloxanes.

Peu ou faiblement filmogènes, ces matériaux sont destinés à limiter l'absorption d'eau de pluie des subjectiles poreux (pierre et brique essentiellement).

Mise en œuvre selon le NF DTU 59.1 (P 74-201).

Figure 1 : Hydrofuge sur pierre 2 ou 3 couches Résines siliconates, acryliques ou siloxanes

2.2. Les peintures à film mince

Produits filmogènes, pigmentés, assurant couleur et opacité. Mise en œuvre selon le NF DTU 59.1 (P 74-201).

Systèmes en 2 ou 3 couches, de 100 à 200 micromètres d'épaisseur totale, dont le liant peut être d'origine :

Organique

- résines vinyliques, acryliques ou siloxanes, en dispersion dans l'eau ;
- résine dérivée acrylique en solution dans le white-spirit : type « Pliolite » ;

Minérale

Contient moins de 5 % en poids de résine organique (selon norme NF T 30-808) :

- liant silicaté : revêtement à base de silicate de potassium ;
- liant chaux : peinture prête à l'emploi.

ATTENTION

Les peintures à la chaux (applicables selon NF DTU 59.1) sont à distinguer des badigeons à la chaux, à préparer sur chantier et relevant du NF DTU 26.1.

Figure 2 : Peinture film mince D2

2.3. Les revêtements destinés à masquer le faïençage

Les revêtements de peinture semi-épais (RSE) : selon norme NF EN 1062-1

Produits pigmentés, d'épaisseurs comprises entre 250 et 700 micromètres, à liants vinyliques, acryliques ou siloxanes, en dispersion dans l'eau.

Mise en œuvre selon le NF DTU 59.1 (P 74-201).

Figure 3 : RSE finition talochée

Les revêtements de peinture épais (RPE) : selon norme NF EN 1062-1 (indice de classement T 30-701 à T 30-707)

Produits pigmentés d'épaisseurs comprises entre 0,7 et 5 mm, à liants vinyliques, acryliques ou siloxane en dispersion dans l'eau.

Mise en œuvre selon le NF DTU 59.1 (P 74-201).

OBSERVATION

Selon la granulométrie de leurs charges et le type d'application, ces matériaux donnent des aspects grésés, ribbés, talochés, roulés...

Figure 4 : RPE finition roulée

3. Les revêtements d'imperméabilité de façade à base de polymères (I)

Par rapport à la norme NF EN ISO 4618, on les appelle : revêtements souples d'imperméabilité (RSI).

Ces systèmes sont formulés exclusivement à partir de résines vinyliques et/ou acryliques, en dispersion dans l'eau.

De comportement élastomérique, les films formés résistent à la microfissuration et à la fissuration du subjectile.

Ils sont définis dans la norme NF P 84-403, et s'appliquent selon le NF DTU 42.1 (P 84-404).

Ils ne sont pas destinés aux travaux neufs ; ils s'appliquent sur les façades en service présentant des défauts de microfissuration ou de fissuration.

Il existe plusieurs classes de revêtements à choisir en fonction de l'ouverture des fissures de l'ouvrage à traiter.

3.1. Revêtements résistant à la microfissuration et à la fissuration existantes du subjectile

Revêtements de classe I1

Ils résistent à une microfissuration maximale du subjectile de 0,2 mm.

Ils comprennent :

- une couche d'impression ;
- une couche de finition.

L'épaisseur totale du film sec doit être au minimum de 200 micromètres.

Revêtements de classe I2[1]

Ils résistent à une fissuration maximale du subjectile de 0,5 mm.

Ils comprennent :

- une couche d'impression ;
- deux couches de finition.

L'épaisseur totale du film sec doit être au minimum de 300 micromètres.

1. Les revêtements de classe I2 se distinguent des revêtements de classe I3 autrement que par l'indication d'une consommation moindre pour chaque couche qui les compose. Il s'agira de produits adaptés, nécessitant des outils d'application appropriés, pour des résultats esthétiques spécifiques.

3.2. Revêtements résistant à la fissuration existante ou à venir du subjectile

Revêtements de classe I3[1]

Ils résistent à une fissuration maximale du subjectile de 1 mm.

Ils comprennent :

- une couche d'impression ;
- deux couches de finition.

L'épaisseur totale du film sec doit être au minimum de 400 micromètres.

Revêtements de classe I4

Ils résistent à une fissuration maximale du subjectile de 2 mm.

Ils comprennent :

- une couche d'impression ;
- une couche intermédiaire avec armature rapportée (pose d'une toile marouflée entre deux passes de la couche intermédiaire) ;
- une couche de finition.

L'épaisseur totale du film sec doit être au minimum de 600 micromètres.

OBSERVATION

Aspect final du revêtement : selon la granulométrie des finitions et l'outil de mise en œuvre, on trouve des finitions roulées, lisses, granitées, talochées, ribbées « grain de marbre projeté »...

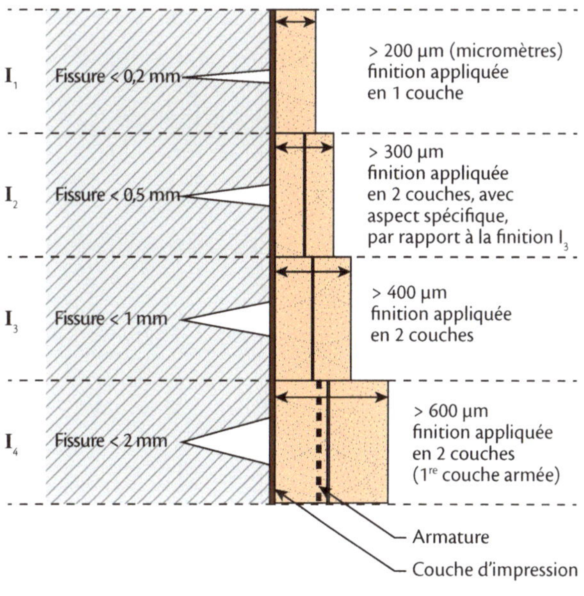

Figure 5 : Choix des revêtements en fonction de l'ouverture de microfissuration et fissuration de l'ouvrage à traiter

OBSERVATION

Le NF DTU 42.1 ne vise pas l'application de systèmes incolores.
Il ne retient par ailleurs que les systèmes pigmentés dont la teinte de finition présente un coefficient d'absorption solaire inférieur à 0,7 (tonalités claires/pastel). De façon générale, il a été constaté que les revêtements ayant un indice de luminance lumineuse (Y) supérieur à 35 % présentent un coefficient d'absorption du rayonnement solaire inférieur à 0,7 – bien qu'il n'existe pas de relation physique entre ces deux valeurs.

Les supports admis sont les bétons courants et légers, les enduits à liant hydraulique, les carreaux céramiques (grès cérame…) de taille 7,5 x 7,5 cm maximum et les pâtes de verre.

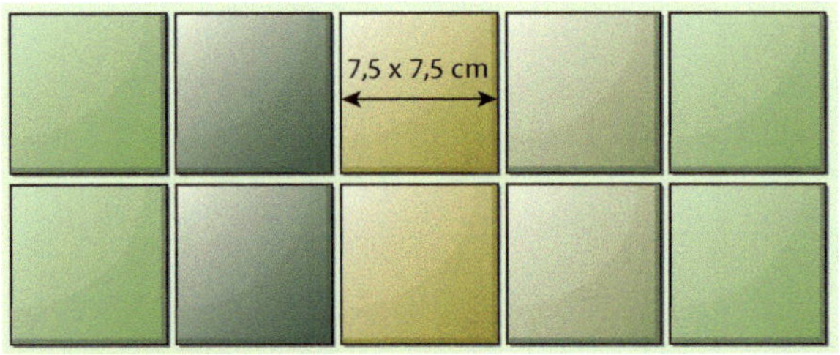

Figure 6 : Illustration d'un support admis de carreaux céramiques

Le domaine d'application du NF DTU 42.1 ne vise pas les parois formant avec la verticale un angle supérieur à 10°, exception faite des bandeaux, corniches, couronnements, etc. de largeur limitée à 30 cm.

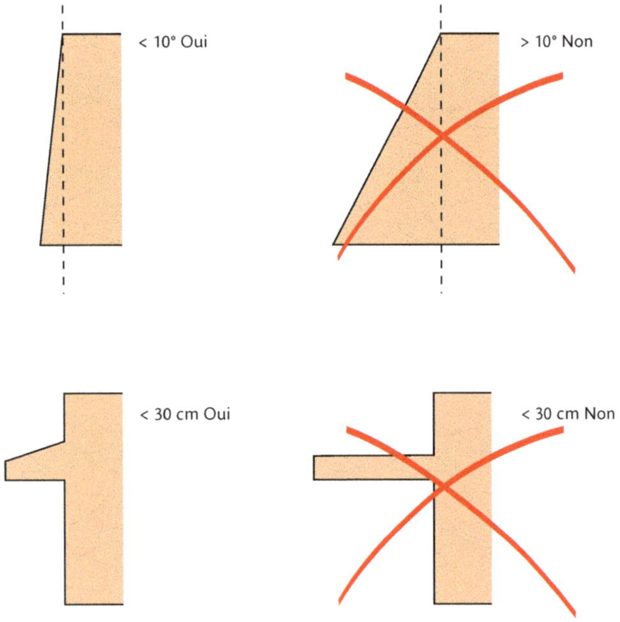

Figure 7 : Illustration du domaine d'application du NF DTU 42.1

4. Classement des revêtements EVWA

E : Épaisseur du revêtement

V : Perméabilité à la vapeur d'eau

W : Perméabilité à l'eau liquide

A : Résistance à la fissuration

E : Critères de classification des épaisseurs du film sec

Valeur des épaisseurs exprimées en classe :

Classe 1 jusqu'à 50 µm → E1

Classe 2 de 50 à 100 µm → E2

Classe 3 de 100 à 200 µm → E3

Classe 4 de 200 à 400 µm → E4

Classe 5 au-dessus de 400 µm → E5

V : Critères de classification de la perméabilité à la vapeur d'eau

Tableau 3 : Critères de classification de la perméabilité à la vapeur d'eau

Classe		Taux de transmission à la vapeur d'eau		
		g/m².d (g/m².24 h)	g/m².h	Sd [1] (en m)
V1	I	< 15	< 0,6	> 1,4
V2	II	15 à 150	0,6 à 6	0,14 à 1,4
V3	III	> 150	> 0,6	< 0,14

1. Sd : épaisseur de la couche statique d'air qui possède le même taux de transmission de vapeur d'eau que le revêtement (en mètres).

W : Critères de classification de la perméabilité à l'eau liquide

W1 : Classe III supérieure à 0,5 $kg/m^2h^{0,5}$

W2 : Classe II comprise entre 0,1 et 0,5 $kg/m^2h^{0,5}$

W3 : Classe I inférieure à 0,1 $kg/m^2h^{0,5}$

A : Critères de classification de la résistance à la fissuration

A0 : Non concerné

A1 : Classe 1 Résistance jusqu'à 100 µm

A2 : Classe 2 Résistance jusqu'à 250 µm

A3 : Classe 3 Résistance jusqu'à 500 µm

A4 : Classe 4 Résistance jusqu'à 1 250 µm

A5 : Classe 5 Résistance jusqu'à 2 500 µm.

Chapitre 5 : **Le diagnostic et le choix des solutions**

Le diagnostic constitue une étape très importante de l'opération de ravalement. Du résultat des observations effectuées, découlera la sélection d'une technique d'intervention.

Le diagnostic s'effectue façade par façade d'un bâtiment. Dans le cas d'une résidence comportant plusieurs ouvrages, chaque ouvrage sera examiné spécifiquement.

Il est tout à fait illogique et parfois dangereux, sur le plan technique, de prévoir, pour un même bâtiment, un traitement identique des différentes façades lorsque celles-ci montrent des comportements nettement différenciés de l'une à l'autre. À plus forte raison, dans un même ensemble résidentiel, il est déconseillé de prévoir une solution identique pour des bâtiments montrant des pathologies différentes.

Le principe à garder en tête est celui de la médecine : il faut prévoir le remède minimal permettant de résoudre les problèmes constatés.

Le diagnostic s'effectue pour l'essentiel, par examen visuel, voire sonore (sondage au marteau pour détecter les zones où le support sonne creux).

Quelques moyens complémentaires simples apportent des précisions parfois indispensables :

- l'humidimètre qui permet d'apprécier le degré d'humidité du subjectile ;

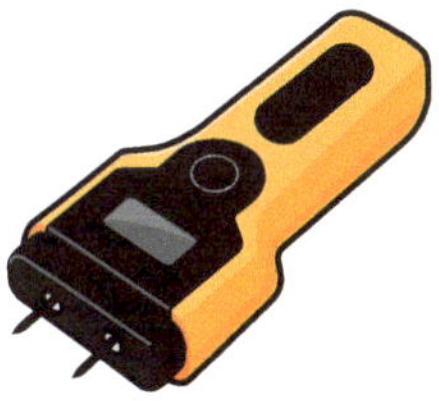

Figure 1 : Un humidimètre

- le papier pH qui renseigne sur l'état chimique du subjectile :
  - trop alcalin dans le cas d'une maçonnerie jeune ou sujette à une humidification latente,
  - acide suite à un traitement mal neutralisé ou mal rincé ;

Figure 2 : Papier pH

- la flamme d'un briquet, à laquelle est soumis un prélèvement de la peinture ou du revêtement existant :
  - le matériau brûle, dégage une fumée épaisse, ainsi qu'une odeur forte : il s'agit d'un film d'origine organique (acrylique, vinylique, siloxane, époxydique, polyuréthanne...),
  - le matériau ne brûle pas, ne dégage ni fumée, ni odeur : il s'agit d'un film d'origine minérale (chaux, silicate) ;

Figure 3 : Flamme d'un briquet

- la poire à eau, avec laquelle on peut projeter de l'eau sur le parement, en vue d'apprécier :
  - un fond trop absorbant,
  - un fond trop fermé, « glacé »,
  - un fond hydrofugé : l'eau s'écoule instantanément, sans marquer le support (effet dit « perlant »).

L'analyse de prélèvements ne se conçoit que dans les cas d'incompatibilité ou d'impossibilité d'identifier visuellement le fond à traiter.

Figure 4 : Poire à eau

OBSERVATION

Le diagnostic permet de mettre en lumière les défauts esthétiques et/ou techniques, et de choisir ainsi les solutions de ravalement adaptées.
Dans la suite de ce chapitre vont être détaillés les différents types de défauts sur les supports maçonnés et leur correction.
Les défauts et corrections concernant les systèmes d'isolation thermique extérieure « ETICS » ne sont pas traités ici, et font l'objet d'un chapitre distinct.

1. Les défauts esthétiques et leur correction

1.1. Les formes de défauts

- L'encrassement résulte souvent de la combinaison de dépôts d'origine urbaine (suies, poussières, fumées...) et de foisonnements d'origine biologique (algues, mousses, moisissures et tous micro-organismes...). Il constitue la forme première du changement d'aspect des façades.

Figure 5 : Encrassement urbain

Figure 6 : Encrassement biologique

- Le changement de teinte d'un revêtement a pour origine principale une instabilité de ses composants au rayonnement ultraviolet solaire, ou bien une réaction physico-chimique (entre le subjectile et le revêtement, ou le revêtement et les contraintes ambiantes extérieures).

Figure 7 : Changement de teinte d'une peinture jaune devenue blanche sous l'action des UV ; la partie centrale, longtemps protégée par un panneau a gardé sa teinte d'origine

- Le faïençage du support correspond à un défaut superficiel de la maçonnerie, lié à un surdosage du ciment et/ou à une mise en œuvre par temps trop chaud ayant pour conséquence un départ trop rapide de l'eau de gâchage. Ce défaut peut être considéré comme d'ordre esthétique, du fait de sa faible influence sur le comportement mécanique du parement.

Figure 8 : Faïençage

- Le farinage d'un revêtement est caractérisé par un poudrage marqué de celui-ci, et traduit une altération de la surface du film sous l'action de la pluie et du rayonnement ultraviolet solaire.

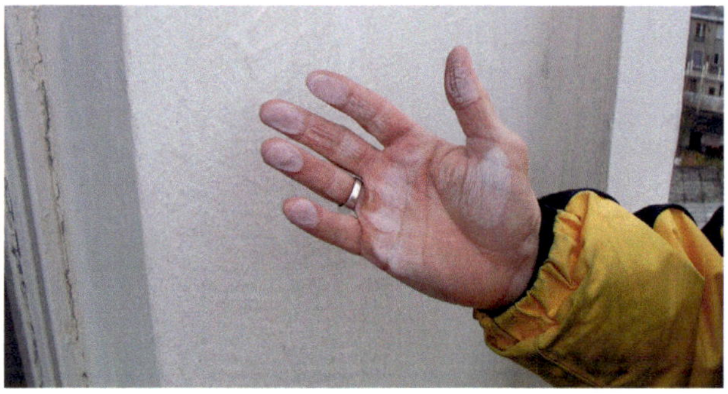

Figure 9 : Farinage

- Les spectres de joints entre éléments de maçonnerie correspondent à l'apparition de nuançages, d'efflorescences... dans la masse du revêtement. Visibles de façon permanente dès l'application du revêtement ou uniquement après la pluie, ils s'expliquent par un séchage différentiel du revêtement lié à des coefficients d'absorption d'eau différents des constituants du support (éléments de la maçonnerie et mortier des joints).

Figure 10 : Spectres de joints

1.2. Les revêtements adaptés à la correction des défauts esthétiques

Sur des supports destinés à rester apparents (pierre, brique, béton architectonique...), on utilise des hydrofuges ou des lasures à béton (classés D1, norme NF P 84-403).

Lorsqu'il s'agit d'opacifier ou de redonner de la couleur à un ouvrage, on privilégie l'application de peintures à film mince, type D2.

OBSERVATION

NF DTU 59.1 P1-1, paragraphe 5.2.3

Dans le cas particulier des façades anciennes en plâtre, l'application d'une peinture film mince de type D2 n'est préconisée que si la façade est piochée intégralement, et l'enduit reconstitué à 100 % à l'aide d'un mortier plâtre gros/sable/chaux aérienne, conforme au NF DTU 26.1.

En effet, une réparation partielle de l'enduit peut conduire à la réapparition de fissures au pourtour des zones réparées, fissures pour lesquelles une peinture film mince n'est pas adaptée.

2. Les désordres techniques et leur correction

2.1. Les formes de désordres

- La microfissure est une ouverture linéaire, de largeur inférieure ou égale à 0,2 mm.

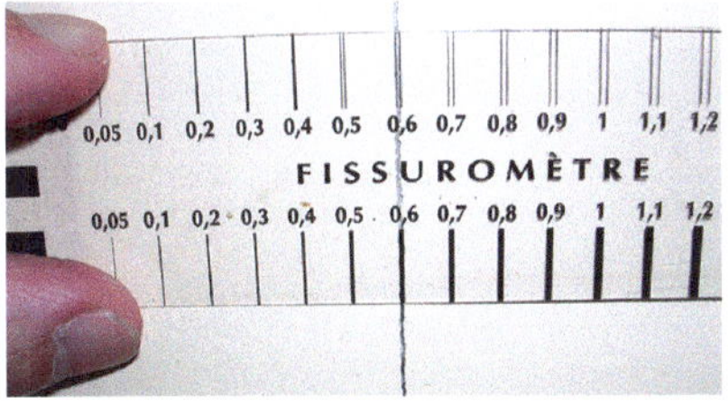

Figure 11 : Mesure d'ouverture de fissure

- La fissure est une ouverture linéaire, de largeur comprise entre 0,2 et 2 mm.

Figure 12 : Fissures sur béton

- Les lézardes, ou crevasses, sont des ouvertures linéaires, de largeur supérieure à 2 mm.

Figure 13 : Lézarde

On distingue les fissures d'origine structurelle, souvent rectilignes : voiles, planchers, acrotères, angles des ouvertures... de celles à tracé anarchique.

- Les éclats de maçonnerie correspondent à la chute de volumes plus ou moins importants du subjectile. On doit distinguer les éclats de béton occasionnés par le gonflement des armatures corrodées (carbonatation du béton), des éclats d'enduit dus au gel, à une mauvaise mise en œuvre, aux sels expansifs (sels de Candelot)...

Figure 14 : Carbonatation du béton

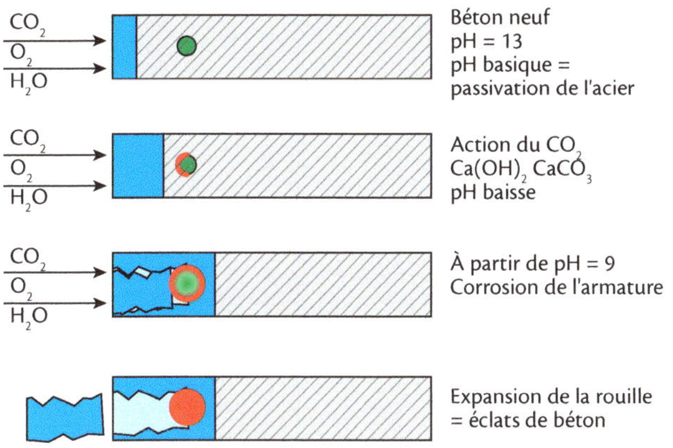

Figure 15 : Illustration des éclats de maçonnerie

- L'apparition de sels efflorescents résulte d'une humidification en excès de la paroi (défauts d'étanchéité en tous genres, remontées capillaires, fuites du circuit de distribution d'eau, fuites des appareils sanitaires...).

Figure 16 : Efflorescence sur pierre

- Les cloquages des anciennes peintures ou des anciens revêtements apparaissent dans le cas d'une humidification excessive du subjectile, ou d'une application sur fond trop humide.

Figure 17 : Cloquage

- Les décollements de ces mêmes finitions ont des origines multiples.

Figure 18 : Décollement par écaillage

- La porosité d'une paroi se traduit par l'apparition d'humidité sur la face interne de cette paroi, en temps de pluie, et peut se manifester sans que l'on constate d'altération apparente sur la face externe de la paroi. C'est le cas de certains murs en pierre, en brique, en montage de blocs insuffisamment protégés.

Dans ce cas, le diagnostic s'effectue par enquête auprès des occupants des lieux.

OBSERVATION

Il faut visiter l'intérieur des locaux avant d'entreprendre tout travail pour vérifier si les règles de ventilation (aération permanente) sont respectées. Les choix techniques des ravalements des façades sont directement liés aux conditions d'aération permanente des locaux, dont l'état peut ensuite influer sur la pérennité de l'ouvrage.

2.2. Les revêtements adaptés à la correction des désordres techniques

Les parois vérifiées poreuses, sans manifestation de défauts extérieurs du type éclats, microfissures, fissures... peuvent être traitées par :

- hydrofugation, dans le cas de la pierre ou de la brique apparente ;
- imperméabilité de classe I1, dans le cas du béton ou des enduits hydrauliques.

Dès qu'il s'agit de traiter des surfaces en béton ou mortiers hydrauliques présentant des défauts répétitifs de fissuration et d'éclatement du parement, seuls conviennent les revêtements d'imperméabilité de façade, à base de polymères (classes I1 à I4 selon l'ouverture des fissures) :

- les revêtements d'imperméabilité de classe I1 corrigent les défauts de microfissuration ;
- les revêtements d'imperméabilité de classe I2 sont adaptés aux ouvrages dont la fissuration est stabilisée, avec des ouvertures de fissure ne dépassant pas 0,5 mm ;
- les revêtements d'imperméabilité de classe I3 sont capables de résister à des fissures vivantes d'ouverture limitée à 1 mm ;
- les revêtements d'imperméabilité de classe I4 sont capables de résister à des fissures vivantes d'ouverture limitée à 2 mm. Ces systèmes comportent une armature rapportée.

Tableau 4 : Choix des classes de revêtement en fonction de la destination

Destination	Classes de revêtement			
	I1	I2	I3	I4
Fissuration existante	0,2 mm	0,5 mm		
Fissuration existante ou à venir			1 mm	2 mm

Du fait de leur étanchéité à l'eau liquide, ces revêtements (de classe I1 à I4) constituent un frein efficace à la pénétration d'eau, empêchant ainsi le développement de rouille sur les armatures du béton.

OBSERVATION

NF DTU 59.1 P1-1, paragraphe 5.2.3 et DTU 42-1

Dans le cas particulier des façades anciennes en plâtre réparées partiellement à l'aide d'un mortier plâtre gros/sable/chaux aérienne conforme au NF DTU 26.1, seule l'application d'un revêtement d'imperméabilité de classe I3 minimum (I1 sur modénatures) est adapté pour résister aux fissures pouvant apparaître en pourtour des réparations.

Chapitre 6 : Travaux de mise en œuvre des revêtements décoratifs

1. Les conditions d'exécution

NF DTU 59.1-1, tableaux 7, 9, 11 et 13

Les travaux de mise en œuvre des revêtements décoratifs sont définis dans le NF DTU 59.1, pour les revêtements de classe D1 (hydrofuges et lasures à béton), pour les revêtements de classe D2 (peintures à film mince) et pour les revêtements de classe D3.

L'article 5 du NF DTU 59.1 précise les prescriptions minimales auxquelles doivent satisfaire les matériaux subjectiles qui doivent être sains, propres et secs.

Le tableau ci-dessous récapitule quels taux massiques d'humidité sont tolérés pour les subjectiles.

Tableau 5 : Taux massiques d'humidité tolérés pour les subjectiles

Matériau	Humidité tolérée (en poids)
Bétons Maçonneries classiques	< 5 %
Blocs et dalles de béton cellulaire	< 10 %
Matériaux fibres-ciment	< 15 %
Pierre calcaire, granit, grès	< 8 %

Les subjectiles doivent être conformes aux normes dont ils relèvent. Leur pose ou mise en œuvre doit être conforme au DTU qui les concerne (aspect de surface, planéité, aplomb, accessoires de fixation, jointoiement...).

Le paragraphe 7.1 du NF DTU 59.1 fixe les conditions minimales dans lesquelles les travaux d'application pourront avoir lieu.

Ces conditions sont les suivantes :

- les températures, ambiante et du subjectile, ne doivent pas être inférieures à + 5 °C ;
- les températures ne doivent pas être supérieures à 35 °C ;
- l'hygrométrie ne doit pas dépasser 80 % HR.

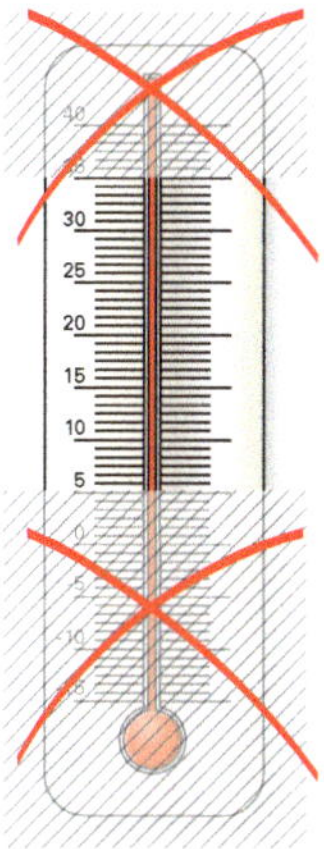

Figure 1 : Illustration de mesure de température

2. Les travaux préparatoires

NF DTU 59.1-1, paragraphe 7.4.1

Les travaux préparatoires ont pour but de rendre le subjectile apte à être revêtu.

> **ATTENTION**
>
> Les travaux préparatoires ne peuvent en aucun cas se substituer aux opérations de remise en état des supports qui seraient non conformes aux spécifications qui leur sont propres. Ces opérations sont effectuées par un maçon ou par un autre intervenant.

Ils comprennent :

- le brossage, l'époussetage, l'égrenage, destinés à dépoussiérer le subjectile, à éliminer les particules présentes en surface du matériau à revêtir ;
- le décapage, (parfois) prévu pour l'élimination des films en place ;
- le lavage (à l'eau froide, à l'eau chaude, ou à la vapeur) sous plus ou moins forte pression, avec ou sans ajout de détergent, qui a pour but d'éliminer les traces de salissures, souillures et dépôts divers...
- la décontamination, pour la destruction des micro-organismes (moisissures, algues, mousses, lichens, spores...) ;
- la reprise d'épaufrures, d'enduit ou de béton.

OBSERVATION

Des travaux de confortation lourde du support sont parfois nécessaires. Ils relèvent alors d'un lot « maçonnerie » séparé.
Parmi ces travaux :
réfection des enduits soufflés, sonnant creux, pulvérulents, altérés de façon générale...
traitements des éclats de maçonnerie et des armatures corrodées.

Par ailleurs, il est conseillé de prévoir la révision ou l'installation d'éléments architecturaux et d'accessoires de fonctionnement du type :

- chéneaux de récupération des eaux de pluie ;
- descentes d'eau pluviale ;
- barbacanes ;
- bavettes...

Figure 2 : Barbacanes d'évacuation d'eau

3. Les travaux d'apprêt

NF DTU 59.1-1, paragraphe 7.4.2

En matière de ravalement par revêtements de classe D1, D2 et D3, les travaux d'apprêt sont limités à l'application de couches d'impression.

ATTENTION

La norme NF DTU 59.1 indique qu'en extérieur, les enduisages ne sont exécutés que sur prescriptions spéciales.
Ainsi, l'état de finition d'un revêtement décoratif de classe D1 ou D2 sur béton, enduits hydrauliques, blocs divers... ne peut être que de classe C (élémentaire), c'est-à-dire que l'aspect de finition reflète celui du subjectile.

Tous ces revêtements, y compris les revêtements de classe D3 ne peuvent pas être directement appliqués sur les murs de blocs. Ces montages de blocs doivent être enduits préalablement à l'application du revêtement, à l'aide d'un enduit hydraulique ou prêt à l'emploi adapté.

Toutes les impressions ont une fonction commune d'accrochage. Elles peuvent avoir des fonctions annexes :

- **isolante** : l'impression permet de faire écran à d'éventuels transferts ou remontées de taches, ou constitue un obstacle inerte entre le subjectile et un produit incompatible ;
- **hydrofuge** : elle apporte un complément de résistance à la pénétration de l'eau de ruissellement ;
- **neutralisante** : elle s'oppose à l'action d'agents chimiques incompatibles avec les produits de finition, sans être isolante ;
- **fixante (durcissante et pénétrante)** : elle s'applique sur fonds superficiellement pulvérulents et/ou sensibles à la détrempe à l'eau. Elle pénètre le matériau en durcissant sa surface ;

Figure 3 : Descente d'eau pluviale à réparer

OBSERVATION

Les produits non pigmentés et en phase solvantée sont bien adaptés pour les impressions à fonction fixante.

- **régulatrice d'absorption ou régulatrice de fonds** : elle facilite la régularité d'application du film de peinture.

ATTENTION

En travaux d'entretien et de rénovation, il y a lieu de s'assurer que la couche d'impression ne détrempe pas l'ancien revêtement. Sur une plage d'essai, on applique l'impression choisie et on vérifie qu'elle ne ramollit pas ou ne fait pas gonfler la peinture existante dans les minutes qui suivent.

4. Les travaux de finition

NF DTU 59.1-1, paragraphe 7.6

Les travaux de finition ont pour but de donner l'aspect définitif : couleur, opacité, matité plus ou moins marquée, poché, lisse... ou de préserver l'aspect initial du subjectile (cas des hydrofuges et lasures).

4.1. L'application des produits D1 (hydrofuges)

Elle peut parfois nécessiter plusieurs passes successives pour obtenir la fonction d'hydrofugation (en raison de la porosité plus ou moins marquée du subjectile).

ATTENTION

L'application à refus des hydrofuges ne peut réellement s'effectuer qu'au rouleau ou à la brosse. La pulvérisation n'est pas recommandée.

Figure 4 : Application d'un hydrofuge au rouleau

Figure 5 : Outils utilisés pour l'application des produits

4.2. L'application des produits D2 (peintures à film mince)

Elle s'effectue en une ou deux couches.

La première des deux couches s'appelle alors couche intermédiaire. Elle doit être compatible avec l'impression et le produit prévu en recouvrement.

La couche intermédiaire est souvent la même que celle de finition.

L'application des produits D2 peut être effectuée de façon manuelle ou mécanisée.

Figure 6 : Bavette à simple engravure

4.3. L'application des produits D3 (revêtements de peinture épais)

Ils s'appliquent en une seule couche de finition (application manuelle ou mécanisée).

OBSERVATION

Pour les revêtements de peinture épais destinés à masquer le faïençage, la consommation totale impression + revêtement doit être de 700 g/m^2, au minimum, selon la norme NF T 34-720.

ATTENTION

Les arêtes supérieures des surfaces horizontales doivent faire l'objet de dispositions constructives appropriées (par exemple, corniche, bavette ou larmier) afin que l'eau de pluie ne chemine pas dans le plan d'adhérence du revêtement.

Figure 7 : Bavette à double engravure

Figure 8 : Capot de protection

OBSERVATION

Dans le cas d'application sur grandes surfaces : pour des raisons d'aspect et pour éviter les risques d'apparition de reprises après séchage et permettre que des réparations ultérieures éventuelles ne dénaturent pas l'aspect général de l'ouvrage, il convient de partager, par des joints apparents, la surface à revêtir en panneaux. Dans ces conditions, la superficie de ces panneaux doit être telle que l'application sur toute la surface d'un panneau puisse se faire sans interruption.
Le panneautage réalisé après les travaux d'apprêt doit toutefois être prévu dans les documents particuliers du marché.

Figure 9 : Panneautage

Chapitre 7 : Mise en œuvre des revêtements d'imperméabilité à base de polymères

1. Les conditions d'exécution

NF DTU 42.1 P1-1, paragraphe 8.2

Les conditions de mise en œuvre des revêtements d'imperméabilité de façade à base de polymères sont définies dans le paragraphe 8.2 du NF DTU 42.1.

Les supports doivent être secs, sains et propres ; leur température superficielle doit être comprise entre 5 et 35 °C.

L'air ambiant doit présenter une hygrométrie relative inférieure à 80 %.

Figure 1 : Illustration d'une condition d'exécution interdite

OBSERVATION

Une ambiance trop humide risque de provoquer un cloquage ultérieur du revêtement.

2. L'étude préalable

NF DTU 42.1 P1-1, paragraphe 5.3, paragraphe 6.2 et annexe normative A

L'étude préalable a pour but de vérifier le bon comportement résiduel d'un revêtement existant avant recouvrement par un revêtement d'imperméabilité de façade.

ATTENTION

Hors cas de décapage obligatoire, l'étude préalable doit être effectuée :
pour des surfaces supérieures à 500 m^2 : par un organisme professionnel indépendant du chantier ;
pour des surfaces inférieures à 500 m^2 : par l'entreprise de ravalement.
En l'absence d'étude préalable dans les cas la nécessitant, le décapage du revêtement existant est obligatoire.
Le choix de décaper sans étude préalable est également possible.

2.1. Principe

Les revêtements d'imperméabilité de façade sont prévus pour les travaux curatifs de façades en service.

Généralement, les surfaces sont déjà revêtues.

Sauf dans les cas mentionnés ci-après, les anciens revêtements organiques doivent être décapés.

Il est admis de ne pas décaper le revêtement existant si ce dernier est en bon état apparent (non écaillé, non cloqué...), bien adhérent, et non sensible à l'eau. Ces critères doivent être vérifiés par une étude préalable.

De plus, lorsqu'il est prévu l'application d'un revêtement I2, I3 ou I4, l'ancien revêtement ne peut être conservé que si son épaisseur est inférieure à 300 micromètres.

OBSERVATION

Les revêtements D2 en place font généralement partie des produits d'épaisseur inférieure à 300 micromètres.

Le tableau 1 du NF DTU 42.1 résume ces conditions :

Tableau 6 : Conditions d'application d'un revêtement sur un ancien revêtement

Ancien revêtement	Revêtement à appliquer			
	I1	I2	I3	I4
Épaisseur < 300 µm	✓	✓	✓	✓
Épaisseur > 300 µm	✓	✗	✗	✗
✓ On ne décape pas, si ÉTUDE PRÉALABLE positive ✗ DÉCAPAGE OBLIGATOIRE				

ATTENTION

L'application d'un revêtement d'imperméabilité de classe I1 sur un ancien revêtement d'imperméabilité, même d'une classe supérieure, n'apporte que la fonction I1.

2.2. Modalités d'exécution de l'étude préalable

L'étude préalable doit avoir été exécutée au moment de l'appel d'offre de façon à ce que les entreprises consultées sachent si elles doivent chiffrer ou non le décapage du revêtement existant.

L'étude préalable comporte la mesure d'épaisseur du revêtement existant (pour apprécier si elle est supérieure ou inférieure à 300 micromètres) et différents essais :

■ Aspect

À l'examen visuel, le revêtement doit être en bon état, ni cloqué, ni écaillé...

■ Adhérence

L'appréciation de l'adhérence résiduelle du revêtement existant s'effectue par essai de quadrillage selon la norme NF EN ISO 2409 (Indice de classement T30-038).

L'essai est réalisé sur chaque façade de chaque bâtiment, et sur la partie haute de la façade la plus exposée.

À l'aide d'un outil tranchant, on réalise quatre incisions parallèles dans un sens, et quatre identiques dans le sens perpendiculaire ; la maille est de 2 mm pour les films minces (moins de 300 micromètres d'épaisseur) et de 5 mm pour les films semi-épais ou épais.

Figure 2 : Quadrillage résultat positif

Figure 3 : Quadrillage résultat négatif

Le résultat s'apprécie par comparaison avec le tableau A1 de l'annexe A du NF DTU 42.1, P1-1.

Tableau 7 : Appréciation de l'adhérence résiduelle du revêtement

Classification	Description (selon le mode de décollement : aux intersections, en bandes ou en carrés complets et selon le pourcentage de surface décollée)	Aspect (exemple pour six incisions dans chaque sens)
0	Les bords des incisions sont parfaitement lisses : aucun des carrés du quadrillage ne s'est détaché	
1	Détachement de petites écailles du revêtement aux intersections des incisions, qui affecte environ 5 % de la partie quadrillée	
2	Le revêtement s'est détaché le long des bords ou aux intersections des incisions, et représente nettement plus de 5 % jusqu'à environ 15 % de la partie quadrillée	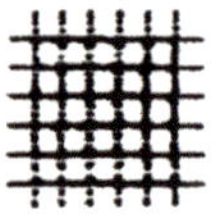
3	Le revêtement s'est détaché le long des bords des incisions en partie ou en totalité en larges bandes ou s'est détaché en partie ou en totalité en divers endroits des quadrillages. La surface détachée représente nettement plus de 15 % jusqu'à environ 35 % de la partie quadrillée	
4	Le revêtement s'est détaché le long des incisions en larges bandes ou quelques carrés se sont détachés en partie ou en totalité. La surface détachée représente nettement plus de 35 % jusqu'à environ 65 % de la partie quadrillée	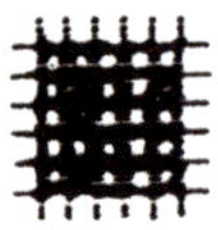
5	Tous les degrés d'écaillage qui ne peuvent pas être classés selon la classification 4	

Le résultat est jugé « bon » pour les classes 0, 1 et 2 du tableau.

■ Sensibilité à l'eau du revêtement existant

L'essai est réalisé une seule fois par type de revêtement, sur la façade la plus exposée de chaque bâtiment.

Le revêtement est humidifié par contact pendant 30 minutes avec une éponge imbibée d'eau. Dès la fin de l'humidification, on procède à un examen visuel et tactile du revêtement qui ne doit ni gonfler, ni ramollir.

Figure 4 : Essai de sensibilité à l'eau

On réalise ensuite un test de quadrillage comme précédemment, avec le même critère d'acceptation.

Le schéma suivant (figure A1 de l'annexe A du NF DTU 42.1) résume l'intervention :

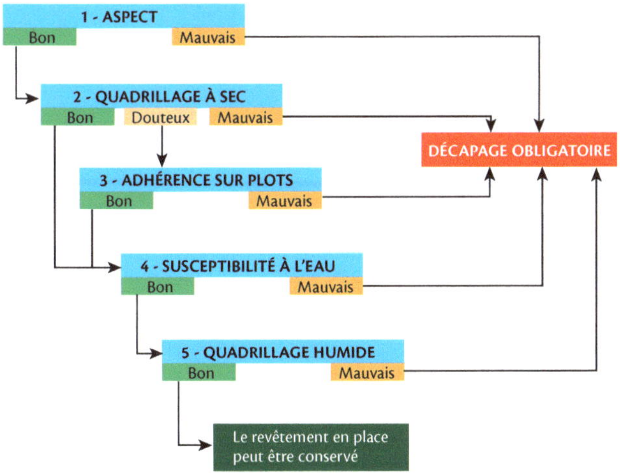

Figure 5 : Illustration de l'essai de sensibilité à l'eau du revêtement existant

3. Les travaux préparatoires

NF DTU 42.1 P1-1, article 7

Ces travaux peuvent comprendre un ou plusieurs des traitements suivants :

3.1. Décapage du revêtement existant

Lorsque le décapage du revêtement en place s'impose (mauvais comportement visuel, ou mauvais résultat de l'étude préalable), il y aura lieu de procéder au décapage :

- par voie physique ;
- par voie chimique : action de solvants organiques qui détrempent le film. Après ramollissement, le revêtement est éliminé par raclage mécanique. Un rinçage soigné, à l'eau froide sous pression, doit être pratiqué ;

OBSERVATION

Certains décapants à action retardée, exempts de paraffine, peuvent permettre de se passer du rinçage à l'eau à condition que la mention soit précisée sur l'étiquette et la fiche technique du décapant.

ATTENTION

Certains décapants présentent un point éclair très bas (température d'inflammabilité sous l'effet d'une source de chaleur ou d'une étincelle électrique). Ils peuvent être à l'origine d'importants incendies.
On privilégiera donc des produits à haut point éclair (supérieur à 70°) et ne comportant pas d'éléments nocifs ou toxiques.
Les résidus de décapage sont à traiter comme des déchets dangereux.

- par voie thermique : les procédés « basse température » (flamme de gaz propane) sont efficaces sur les films secs, type RPE.

OBSERVATION

Le décapage n'est pas obligatoire en sous-face et retour des ouvertures (linteaux et tableaux).

Figure 6 : Décapage non obligatoire en sous-face et retour de fenêtre

3.2. Nettoyage

Le nettoyage qui consiste à éliminer salissures urbaines, biologiques, etc., se pratique à l'eau sous pression.

En cas de présence de micro-organismes, il est nécessaire de procéder à la décontamination des fonds.

Cette décontamination est réalisée à l'aide de solutions algicides et fongicides.

3.3. Ragréages localisés

Le ragréage a pour but de rattraper localement les défauts de surface occasionnés lors des travaux préparatoires ou de reboucher le bullage du subjectile (afin d'assurer la continuité du revêtement à appliquer).

ATTENTION

L'application d'un revêtement d'imperméabilité n'a pas pour but de corriger les défauts de planéité de la maçonnerie.
Le dressage complet d'une façade n'est exécuté que si les documents particuliers du marché le prescrivent.
Important : Le dressage d'un ancien RPE conservé n'est pas admis.

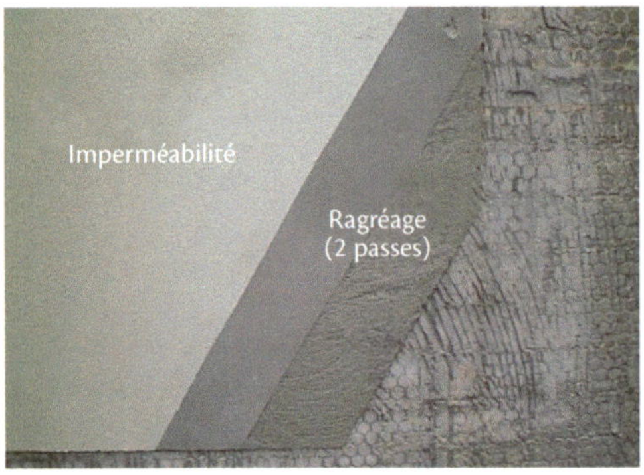

Figure 7 : Reprise de planéité par pose d'un enduit de ragréage

OBSERVATION

Lorsqu'il s'agit d'appliquer un système de classe I4 (comportant une armature) sur des parements à relief important (Tyrolien, mignonette...), il faut, soit abattre les reliefs, soit reconstituer un support plan grâce à un enduit de dressage.

Cas particulier des subjectiles à base de pâte de verre ou céramique :

après sondage, les carreaux mal adhérents sont éliminés ; le dressage général n'est réalisé que s'il est prévu aux documents particuliers du marché.

3.4. Traitement des éclats de maçonnerie

Les parements doivent être sondés.

Les parties abîmées, décollées, fragiles, sonnant creux, doivent être éliminées et reconstituées.

L'annexe normative B du NF DTU 42.1 P1-1 décrit le mode de traitement des éclats de béton dus au phénomène de carbonatation : après purge des parties douteuses, l'acier est largement dégagé, brossé, repoussé lorsque possible, puis passivé. Les volumes sont reconstitués à l'aide d'un mortier de résine (pour les petits volumes) et/ou de mortier ciment-polymères (pour les volumes plus importants).

OBSERVATION

Les produits utilisés pour le traitement des éclats doivent être conformes à la norme NF EN 1504-10.

3.5. Traitement des joints

Les joints de gros œuvre, ou les joints de fissures déjà traitées, doivent être refaits.

3.6. Traitement des fissures

Fissures actives

Ce sont les fissures localisées aux points singuliers de la paroi (acrotères, chaînage, jonction d'éléments...).

Trois traitements sont possibles :

- la fissure est laissée en l'état ou rebouchée avec un produit pâteux, puis recouverte par un revêtement d'imperméabilité de classe I4 avec armature, soit localement, soit sur l'ensemble de la façade ;

Figure 8 : Traitement de fissure par application d'un galon

Figure 9 : Réparations de béton

- la fissure est ouverte à l'outil triangulaire (5 x 5 mm), puis elle est colmatée à l'aide d'un produit pâteux adapté, d'un mortier de résine, ou d'un mortier ciment-polymères, avant recouvrement par un revêtement de classe I4. Ce revêtement est automatiquement armé si l'ensemble de la façade est traité en I4, ou non armé mais d'épaisseur supérieure à 600 micromètres (équivalent I4) si le reste de la façade n'est pas traité en I4 ;

Figure 10 : Calfeutrement de fissure

- la fissure est transformée en joint, à l'aide d'un mastic classé SNJF élastomère 1re catégorie. Le joint est soit non recouvert, soit recouvert par le revêtement de façade.

OBSERVATION

Les lézardes ou crevasses d'ouverture supérieure à 2 mm ne sont traitées qu'après étude déterminant leur origine et leur évolution. En effet, une intervention est alors nécessaire pour contrôler la qualité structurelle de l'ouvrage.

Autres fissures réparties sur la façade

On choisira le système de revêtement adapté aux caractéristiques des fissures : I1 à I4 en fonction de la taille des fissures.

4. Les travaux d'impression

NF DTU 42.1 P1-1, paragraphe 8.3.1

La couche d'impression est obligatoire pour les 4 classes d'imperméabilité.

Selon les cas (nature du support, absorption, présence ou non d'un ancien revêtement, d'un traitement...), la couche d'impression sera :

- un fixateur, pour les fonds absorbants, légèrement pulvérulents... ;
- un régulateur de fond, pour les fonds hétérogènes ;
- un primaire d'adhérence, pour les fonds fermés, à accrochage difficile (céramiques, fonds silicatés, hydrofugés...).

Sur ancien revêtement conservé, la couche d'impression pourra être la finition diluée, si la fiche technique de cette dernière le prévoit.

ATTENTION

Sur ancien revêtement organique conservé, il faut éviter les impressions en phase solvant qui risquent de détremper le film en place.

5. Les travaux de finition

NF DTU 42.1 P1-1, paragraphe 8.3.2

5.1. Nombre de couches et épaisseur des couches

- Les revêtements de classe I1 admettent une couche sur l'impression.

L'épaisseur du complexe sec doit être supérieure à 200 micromètres.

- À partir des revêtements de classe I2, un minimum de 2 couches doit recouvrir l'impression.

Les épaisseurs sèches minimales des revêtements sont de :

- 300 micromètres pour la classe I2 ;
- 400 micromètres pour la classe I3 ;
- 600 micromètres pour la classe I4, qui comporte dans la première couche une armature rapportée marouflée entre 2 passes de cette couche.

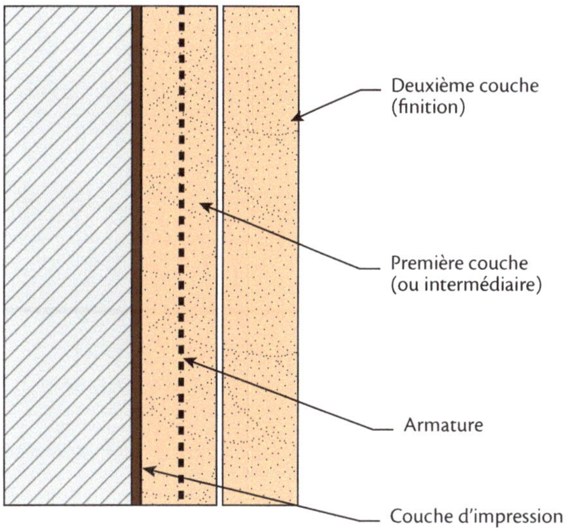

Figure 11 : Système I4

Nota : Les lés d'armature peuvent être déroulés verticalement ou horizontalement avec recouvrement minimal entre lés de 50 mm. Dans le cas de recouvrement horizontal, le lé supérieur recouvre le lé inférieur. Le recouvrement crée une surépaisseur généralement visible.

OBSERVATION

La fiche technique fournisseur du produit doit indiquer le type d'outil permettant de déposer le grammage prescrit, conduisant aux épaisseurs sèches imposées.

ATTENTION

Sur supports à relief, les consommations prescrites dans la fiche technique doivent être majorées en fonction de l'importance du relief.

5.2. Délai de séchage entre couches

C'est la fiche technique du procédé qui le précise. En général, ce délai est, au minimum, de 24 heures.

5.3. Effets décoratifs

La couche de finition peut permettre différents effets : lisse, granité, taloché, mat, satiné...

Sur grandes surfaces, un panneautage s'impose pour éviter les marques de reprise.

6. Le traitement des points singuliers

NF DTU 42.1 P1-1, paragraphe 8.4

Les points singuliers doivent être traités de façon à ce que l'eau ne puisse pas péné-trer dans la paroi revêtue, ni cheminer dans le plan d'adhérence du revêtement.

6.1. Garnitures à soufflet (joint lyre)

NF DTU 42.1 P1-1, paragraphe 8.4.1.2

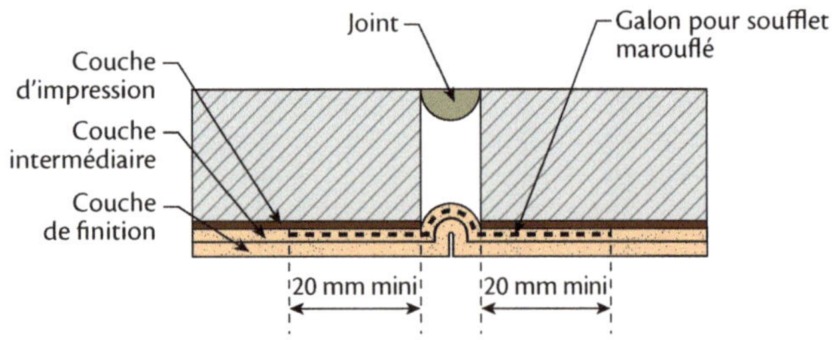

Figure 12 : Garniture à soufflet (joint en lyre) - coupe horizontale

6.2. Retours techniques : arrêt du revêtement

NF DTU 42.1 P1-1, paragraphe 8.4.2

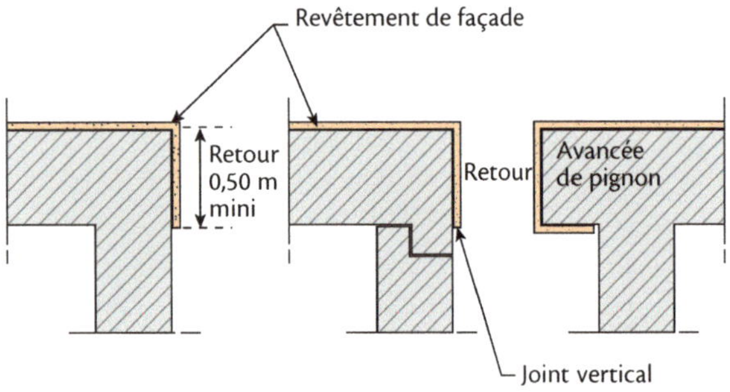

Figure 13 : Retours techniques, coupes horizontales

6.3. Acrotères

NF DTU 42.1 P1-1, paragraphe 8.4.4

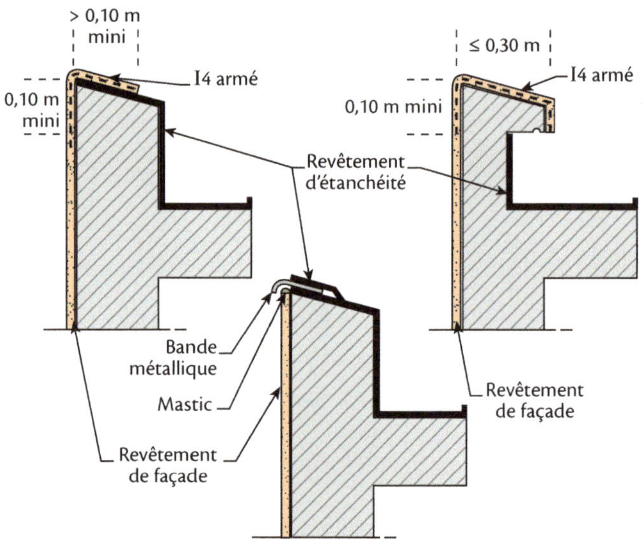

Figure 14 : Dessus d'acrotères, coupes verticales

6.4. Arrêts sur menuiseries

NF DTU 42.1 P1-1, paragraphe 8.4.5

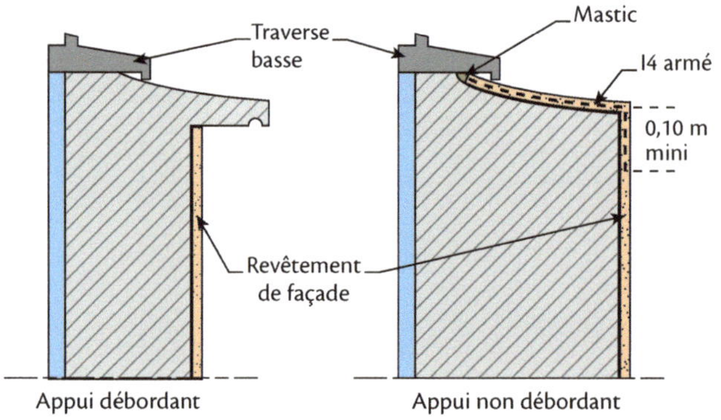

Figure 15 : Arrêts sur menuiserie, coupes verticales

6.5. Éléments fixés en façade et traversées diverses (canalisations, enseignes...)

NF DTU 42.1 P1-1, paragraphe 8.4.6

Un calfeutrement étanche ou une protection par accessoires adaptés doit être réalisé.

6.6. Arrêt du revêtement en pied de façade

NF DTU 42.1-1, paragraphe 8.4.8

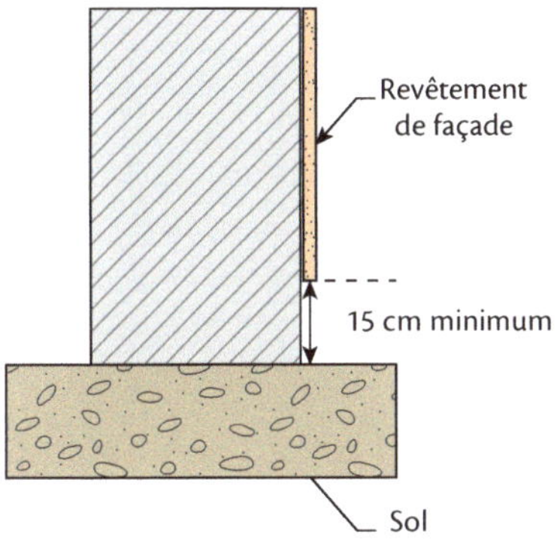

Figure 16 : Arrêt en pied de façade

7. Cas particulier des façades en plâtre

Les façades en plâtre se trouvent essentiellement dans Paris et la couronne parisienne.

Le traitement de ces façades est également défini dans le NF DTU 42.1.

Le DTU précise notamment que :

- le principe de l'étude préalable est conservé ;
- les réparations du subjectile sont réalisées à l'aide d'un mortier, mélange de plâtre gros, sable et chaux, dans les proportions indiquées par l'article 13.3 du NF DTU 26.1, à savoir :
  - en poids pour 25 litres d'eau :
    40 kg de plâtre gros,
    6 kg de chaux aérienne,
    30 kg de sable sec ;
  - en volume pour 2,5 vol. d'eau :
    1 vol. de chaux,
    2 vol. de sable,
    3 vol. de plâtre gros.
- seuls les revêtements d'imperméabilité de façade à base de polymères de classes I3 et I4 conviennent en parties courantes de façades.

  Sur modénatures, ornements réparés, ou bien sur ancien revêtement épais (plus de 300 micromètres d'épaisseur), c'est-à-dire ancien RPE ou ancienne imperméabilité, en bon état et après étude préalable, on peut appliquer un revêtement d'imperméabilité de classe I1.
- les éléments en saillie de la construction, ou à faible pente, sont protégés par zingueries (NF DTU 42.1 P1-1, paragraphe 8.4.7).

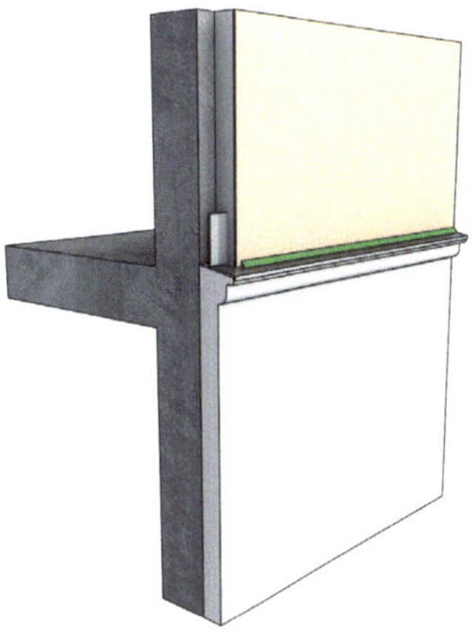

Figure 17 : Protection des éléments en saillie

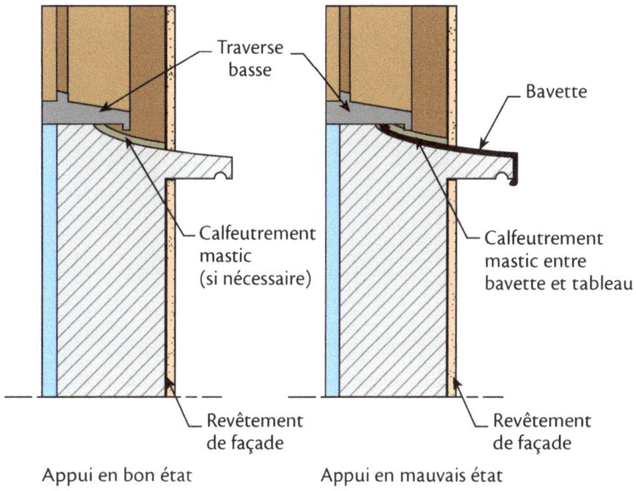

Figure 18 : Arrêt sur appui débordant (coupe verticale)

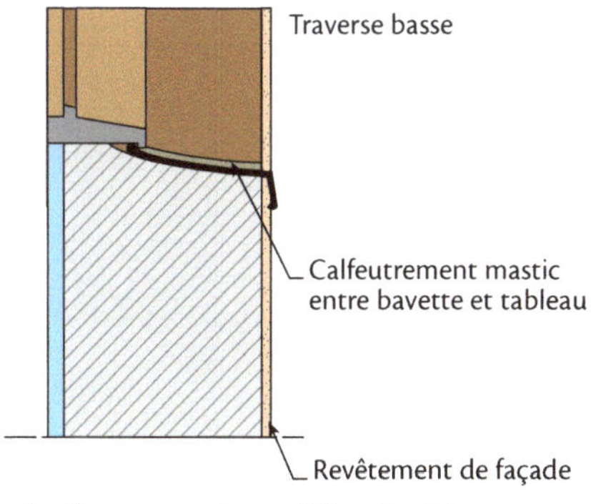

Figure 19 : Arrêt sur appui non débordant (coupe verticale)

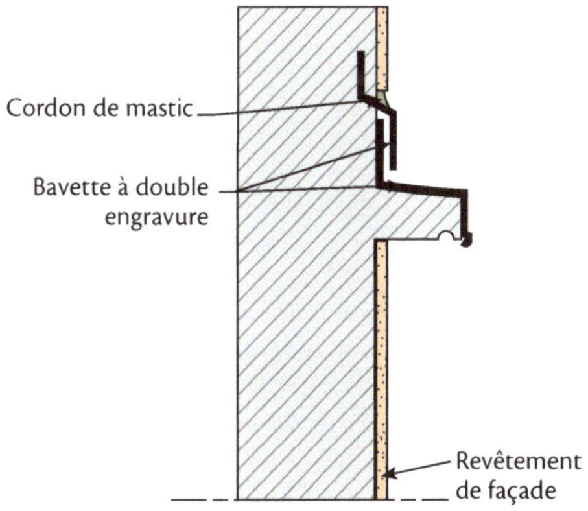

Figure 20 : Protection des bandeaux (coupe verticale)

Ces schémas insistent sur l'arrêt du revêtement et la pose d'accessoires (bavettes, calfeutrements, etc.) assurant la protection de la partie d'ouvrage concernée (bandeau, appui).

8. Critères généraux de choix des matériaux (CGM)

NF DTU 42.1 P1-2, paragraphe 3

Les revêtements doivent répondre aux classifications de la norme européenne NF EN 1062-1.

Celle-ci implique de cataloguer les revêtements pour maçonneries et bétons extérieurs, par leurs caractéristiques ou performances, selon un code « GESVWAC »

G : Brillant spéculaire : 3 classes : G1 à G3

E : Épaisseur : 5 classes : E1 à E5

S : Granulométrie : 4 classes : S1 à S4

V : Perméabilité à la vapeur d'eau : 4 classes : V0 à V3

W : Perméabilité à l'eau : 4 classes : W0 à W3

A : Résistance à la fissuration : 6 classes : A0 à A5

C : Perméabilité au gaz carbonique : 2 classes : C0 à C1.

La norme française d'adaptation XP T34-722 permet de relier le classement I1 à I4 relatif aux revêtements d'imperméabilité de façade à base de polymères à l'identification « EVWA » de la norme NF EN 1062-1.

La codification de la classe d'imperméabilité des revêtements est ainsi établie :

I1 : E4 V2 W2 A2

I2 : E4 V2 W2 A3

I3 : E5 V2 W2 A4

I4 : E5 V2 W2 A5.

9. Produits accessoires

NF DTU 42.1 P1-2, paragraphes 5.1 à 5.3

9.1. Calfeutrements

Les mastics utilisés pour le calfeutrement des joints doivent être conformes à la norme NF EN ISO 11600 et appartenir à l'une des classes suivantes F25E-F12,5E ou F12,5P.

9.2. Produits pour préparation des supports

Béton

Les mortiers hydrauliques (cc), les mortiers ciment/polymères (pc) et les mortiers polymères (pc) à base de résine réactive doivent être conformes à la norme NF EN 1504-3.

Maçonnerie

Les mortiers à utiliser en réparation sont ceux définis dans la norme NF DTU 26.1.

Pour les façades en mortier de plâtre, les reprises d'enduit ne peuvent s'exécuter qu'avec un mortier de plâtre gros (PGC) et de chaux aérienne (CL ou DL).

Défauts de surface

Les produits utilisés pour le surfaçage des supports, les ragréages localisés, les bouche-bullage, rebouchages doivent être conformes à la norme PR NF EN 998-3 ou caractérisés conformément à la norme EN 1062-1.

Traitement des fissures

Les produits sont :

- soit des mastics ;
- soit des produits pâteux ;
- soit des mortiers de réparation adaptés.

10. La vérification des travaux

NF DTU 42.1 P1-1, paragraphe 9

Caractéristiques

- État de finition recherché : paragraphe 9.2.1 du NF DTU 42.1.
  Le revêtement couvre le subjectile, mais l'état de finition reflète celui du subjectile.
- Contrôle de l'épaisseur : paragraphe 9.2.3 du NF DTU 42.1.
- Bonne adhérence à l'essai de quadrillage.
- Appréciation visuelle de l'état de finition : paragraphe 9.3.1 du NF DTU 42.1.
  L'observation s'opère à 5 m, minimum, de façon à voir la façade en entier avec un éclairage incident normal (angle compris entre 70 et 110°, à l'intérieur duquel doit se trouver l'observateur).

Chapitre 8 : Travaux d'entretien et de rénovation des ETICS

Les travaux réalisés sur des systèmes d'isolation thermique extérieure (ETICS) en place doivent être effectués conformément aux règles professionnelles pour l'entretien et la rénovation des systèmes d'isolation thermique extérieure « ETICS ».
Les systèmes visés par les règles sont les systèmes constitués d'un isolant polystyrène (PSE) ou laine minérale (LM) collé et/ou fixé mécaniquement, recouvert d'un système d'enduit mince (épaisseur inférieure ou égale à 10 mm) constitué d'une couche de base armée et d'un revêtement de finition à base de liant hydraulique et/ou silicate.

Les règles définissent les différents types de désordres rencontrés sur ces systèmes, qui doivent être repérés au moyen d'une reconnaissance préalable obligatoire avant travaux, ainsi que les différents types de traitements adaptés à chaque désordre.

1. Entretien ou rénovation

Les travaux réalisables à l'aide de produits de peinture ou revêtement, sont de deux types :

- les travaux d'entretien, utilisant des revêtements en feuille mince ou semi-épais destinés exclusivement, après nettoyage et décontamination du parement de l'ETICS, à lui redonner l'aspect décoratif d'une finition neuve.
- les travaux de rénovation, utilisant des revêtements semi-épais ou épais, permettant en plus de leur fonction décorative, de remédier à des défauts limités de l'ETICS existant pour qu'il retrouve ses qualités d'origine.

Au-delà de défauts limités de l'ETICS, tels que décrits dans les règles, il sera nécessaire de procéder à des travaux de rénovation lourde, remplaçant en tout ou partie l'ETICS existant, ou le complétant par un bardage ou un vêtage.

2. La reconnaissance préalable

ATTENTION

Une reconnaissance préalable du subjectile est obligatoire quelle que soit la surface concernée par les travaux.

2.1. Principe

La reconnaissance préalable du subjectile implique l'intervention d'un professionnel (organisme ou maître d'œuvre spécialisé), autre que l'entrepreneur et les fournisseurs, choisi par le maître d'ouvrage, et à la charge de celui-ci lorsque la surface concernée est supérieure à 250 m^2, ou lorsque le maître d'ouvrage l'exige.

Le professionnel consulté établira un procès-verbal des résultats de cette reconnaissance qui doit obligatoirement être fourni par le maître d'ouvrage aux entreprises consultées.

OBSERVATION

Lorsqu'il s'agit d'un marché unique correspondant à une maison individuelle mitoyenne ou non de R0 ou R+1 maximum dont la surface isolée en ETICS est inférieure ou égale à 250 m^2, la reconnaissance préalable peut être effectuée par l'entrepreneur, assisté le cas échéant par le professionnel de son choix (pour certains types de pathologies, cette assistance devient obligatoire).

Cette reconnaissance, à effectuer dès la consultation, par référence à l'article 5 des règles « ETICS », a pour but de caractériser les niveaux de défauts rencontrés et de vérifier l'état du système existant, en vue de l'exécution des travaux.

ATTENTION

Pour les surfaces inférieures à 250 m^2, un procès-verbal des résultats de l'étude doit également être établi et remis au maître d'ouvrage avec le devis. Ce procès-verbal doit être attaché à celui de la réception des travaux. L'entreprise conserve un double de ce document.
Le modèle de procès-verbal fait l'objet de l'annexe E des règles « ETICS ».

2.2. Modalités d'exécution de la reconnaissance préalable

Il s'agit d'apprécier les qualités résiduelles des constituants de l'ETICS (couche de base armée + revêtement de finition) : adhérence, cohésion, sensibilité à l'eau pour déterminer ce qui relève des défauts réparables ou bien de désordres importants nécessitant une rénovation lourde.

L'analyse se déroule en plusieurs étapes, le résultat de chaque investigation conditionnant l'exécution de la suivante (*cf.* Tableau synoptique des Règles ETICS)

La première étape consiste en l'appréciation visuelle de l'état général du système d'isolation.

Les défauts visés seront des types suivants, en tenant compte qu'ils se cumulent parfois :

Type I : Enduit mince (couche de base et finition) en bon état mais dont l'aspect s'est altéré à cause de salissures atmosphériques, de rejaillissements, ou d'un fort encrassement dû notamment au développement de micro-organismes et dont la présence reste marquée après lavage et décontamination (incrustation).

Figure 1 : Défaut de type I

Type II : Faïençage important du revêtement de finition n'atteignant pas la couche de base.

Figure 2 : Défaut de type II

Type III : Microfissuration de la finition (sauf au droit des joints de plaques) pouvant atteindre la couche de base. Cette microfissuration peut être accompagnée de diverses fissurations localisées, issues de défauts ponctuels de mise en œuvre (absence de « mouchoirs » dans des angles de baies, insuffisances d'épaisseur de la couche de base, mauvais positionnement de l'armature, « points durs » en relation avec des mouvements du support, jonction entre profilés de départ et profilés latéraux, etc.) ou autre, sous réserve qu'elles affectent moins de 1 % des surfaces considérées.

Figure 3 : Défauts de type III

Type IV : Microfissuration ou fissuration au droit de joints de plaques d'isolant, à condition qu'elle ne soit pas généralisée. Elle peut provenir d'une mauvaise planimétrie ou de joints trop ouverts rebouchés à l'enduit, ou encore d'un non-respect, localement, de l'épaisseur de la couche de base.

Figure 4 : Défaut de type IV

C'est en fonction de ces quatre types de défauts, lesquels supposent, dans le cadre des règles, que la liaison de l'isolant au support par adhérence ou fixations mécaniques reste parfaitement assurée, de même que l'adhérence de l'enduit à l'isolant, sans décollement de la finition, ni rupture de l'armature, que sera choisi le revêtement à mettre en œuvre.

Les deux derniers types de désordres ci-après ne peuvent pas faire l'objet d'un traitement par revêtement organique, et nécessitent une rénovation lourde :

Type V : Systèmes solidaires du support mais présentant des caractéristiques insuffisantes d'adhérence de l'enduit mince dans son ensemble avec décollements et cloquages atteignant l'isolant, ou une fissuration généralisée aux joints de plaques.

Figure 5 : Défauts de type V : écaillages et décollements

Figure 6 : Défaut de type V : cloquages

Figure 7 : Défaut de type V : fissuration généralisée au droit des joints de plaques

Type VI : Systèmes partiellement ou entièrement désolidarisés du support avec des dégradations légères ou importantes de l'enduit armé et/ou une fissuration généralisée aux joints de plaques.

Une fois le niveau de défaut (types I à IV) déterminé, il est obligatoire de réaliser les examens et essais nécessaires à la vérification de l'état du système existant, et on distingue alors deux cas.

- Si le niveau de défaut déterminé correspond au type I ou II :
  L'analyse des fonds sera réalisée par référence à l'Annexe B, article B1 des règles : « Reconnaissance préalable à l'entretien des ETICS » uniquement.
  En cas de résultats positifs, une opération d'entretien peut être réalisée sur l'ETICS conservé, conformément au tableau 1 : Entretien des Règles ETICS.
- Si le niveau de défaut déterminé est du type III ou IV :
  L'analyse des fonds sera réalisée par référence à l'Annexe B, article B1 : « Reconnaissance préalable à l'entretien des ETICS » et article B2 : « Reconnaissance préalable à la rénovation des ETICS ».
  En cas de résultats positifs, une opération de rénovation peut être réalisée sur l'ETICS conservé, conformément au tableau 2 : Rénovation des Règles ETICS.

B1 : « Reconnaissance préalable à l'entretien des ETICS »

- Contrôle d'humidité de l'isolant

Utiliser un humidimètre à pointes pour vérifier que l'ETICS n'est pas soumis à des pénétrations d'eau.

Figure 8 : Mesure d'humidité

- Appréciation de la liaison de l'isolant au support

Reconnaître le mode de fixation : informations du maître d'ouvrage, sondages destructifs localisés.

Exercer des chocs et pressions manuels sur le parement pour constater des vibrations ou mouvements éventuels, dans les zones où l'on constate visuellement des bombements.

- Appréciation de la cohésion

Découper au cutter un carré de 50 x 50 mm, en entamant largement l'isolant (5 mm environ), de façon parfaitement perpendiculaire au plan de la façade. Aucun éclat ne doit être constaté, qu'il s'agisse du revêtement de finition ou de la couche de base dans toute sa masse, ou dans sa partie recouvrant l'armature.

Figure 9 : Essai de cohésion avec résultat négatif

- Mesure de l'adhérence de l'enduit à l'isolant

Sur la découpe, coller, à l'aide d'un adhésif sans solvant, une pastille métallique de même surface 50 x 50 mm Après séchage, solliciter, en traction normale au plan, la pastille (manuellement ou à l'aide d'un dynamomètre en prenant soin de placer des appuis sous les pieds de l'appareil, pour éviter le poinçonnement du système d'isolation).

Dans tous les cas, la rupture doit se produire dans la masse de l'isolant.

Figure 10 : Essai d'adhérence avec résultat positif

- Appréciation de la sensibilité à l'eau

Mêmes essais (cohésion, adhérence) après humidification 30 minutes à l'aide d'une éponge gorgée d'eau et 10 minutes de séchage.

- Appréciation de la nature chimique du liant

Procéder à un essai de broyage ou de brûlage pour déterminer la nature organique ou minérale (silicate) du liant constitutif du revêtement de finition.

> **ATTENTION**
>
> Sur chaque bâtiment, procéder à 3 essais au minimum par façade ou pignon dont un au plus haut de la construction et sur la façade la plus exposée.

- Rédaction d'un rapport

Un rapport est rédigé pour définir le type de défaut rencontré : I ou II.

Le rapport donne une information sur la nature du (des) revêtement(s) à réaliser mais il ne saurait représenter à lui seul les études de conception nécessaires à l'exécution des travaux.

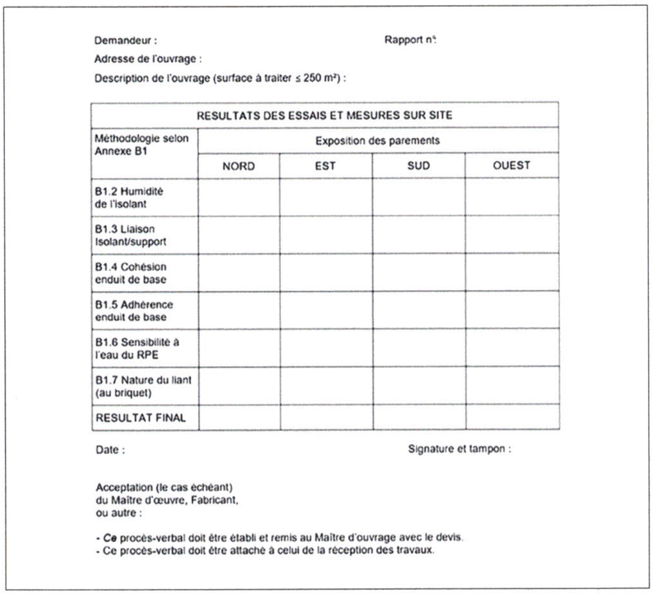

Demandeur : Rapport n° :

Adresse de l'ouvrage :

Description de l'ouvrage (surface à traiter ≤ 250 m²) :

RESULTATS DES ESSAIS ET MESURES SUR SITE				
Méthodologie selon Annexe B1	Exposition des parements			
	NORD	EST	SUD	OUEST
B1.2 Humidité de l'isolant				
B1.3 Liaison Isolant/support				
B1.4 Cohésion enduit de base				
B1.5 Adhérence enduit de base				
B1.6 Sensibilité à l'eau du RPE				
B1.7 Nature du liant (au briquet)				
RESULTAT FINAL				

Date : Signature et tampon :

Acceptation (le cas échéant)
du Maître d'œuvre, Fabricant,
ou autre :

- Ce procès-verbal doit être établi et remis au Maître d'ouvrage avec le devis.
- Ce procès-verbal doit être attaché à celui de la réception des travaux.

Figure 11 : Modèle de procès-verbal pour surface inférieure à 250 m²(défauts de type I et II exclusivement) – Annexe E des Règles ETICS

B2 : « Reconnaissance préalable à la rénovation des ETICS »

ATTENTION

Sur chaque bâtiment, procéder à 3 essais au minimum par façade ou pignon dont un au plus haut de la construction et sur la façade la plus exposée.

Cette partie de la reconnaissance préalable ne peut être effectuée que par un professionnel, dans le cas de désordres de type III ou IV, et ce quelle que soit la surface concernée.

Cette reconnaissance fait suite, dans tous les cas, à celle déjà conduite selon l'article B1.

Elle comprend :

- un examen rapproché du revêtement et de l'état des fissures (localisées ou généralisées, au droit des points durs, au droit des joints de plaques) ;
- des prélèvements de l'ensemble du système pour examens optiques en laboratoire (mesure des épaisseurs des différentes couches, vérification du bon positionnement de l'armature dans l'enduit...) ;
- une mesure de la perméabilité à la vapeur d'eau de l'enduit mince avec sa finition (sa valeur Sd devra être inférieure à 0,80 m en moyenne). Il sera réalisé une mesure par façade ou pignon ;
- la rédaction d'un rapport pour définir le type de défaut rencontré : III ou IV.

  Le rapport donne une information sur la nature du (des) revêtement(s) à réaliser mais il ne saurait représenter à lui seul les études de conception nécessaires à l'exécution des travaux.

  Il pourra aussi conclure à la nécessité d'éliminer partiellement ou totalement le système, notamment en cas de perméabilité à la vapeur d'eau insuffisante, de défaut de cohésion et/ou d'adhérence de l'enduit mince, de défaut d'adhérence de l'isolant, ou de défaut de sa fixation mécanique, et plus généralement en cas de constat d'une mise en œuvre défectueuse.

Tableau 1 : Tableau synoptique

Pathologies constatées	Reconnaissance préalable			Solutions
	Type	Résultat		
Type I	B1	BON	K1*	Dépose/ remplacement ou pose d'un bardage ou vêtage, ou pelage et nouvel enduit mince sur isolant conservé
		Mauvais		
Type II		BON	K2*	
		Mauvais		
Type III	B2	BON	K3**	
		Mauvais		
Type IV		BON	K4**	
		Mauvais		

* Selon Tableau 1 des Règles ETICS : Entretien
** Selon Tableau 2 des Règles ETICS : Rénovation

3. Le choix des revêtements

Le choix de la nature du revêtement est fait en fonction du type de désordre constaté, et du résultat de la reconnaissance préalable.

OBSERVATION

Le choix se fait façade par façade. Un immeuble pourra par exemple présenter deux façades de type I, un pignon de type III et un pignon de type IV. Sous réserve d'une reconnaissance préalable avec des résultats positifs (B1 en façades et B1+B2 en pignon), des travaux d'entretien seront réalisés en façade, et des travaux de rénovation en pignon.

Le choix de l'aspect peut être arrêté grâce à la réalisation de surfaces de références (voir Annexe D des Règles ETICS).

Les tableaux ci-après regroupent les solutions possibles :

Tableau 2 : Entretien après reconnaissance préalable selon Annexe B11

Prescriptions minimales du revêtement en partie courante			
État de l'ETICS existant (type de défauts)	Composition du système rapporté (après préparation des subjectiles)	Épaisseur sèche théorique totale	Classement du revêtement *
Type I	• une impression • une ou deux couches de finition	100 µm (feuil mince) ou 200 µm (semi-épais)	E3V2W2A0 ou E4V2W2A0 K1
Type II	• une impression • une couche garnissante	200 µm (semi-épais)	E4V2W2A1 K2

* Se référer à l'offre des fabricants spécifiquement adaptée à l'entretien des ETICS

Tableau 3 : Rénovation après reconnaissance préalable selon Annexe B1+B2

Prescriptions minimales du revêtement en partie courante			
État de l'ETICS existant (type de défauts)	Composition du système rapporté (après préparation des subjectiles)	Épaisseur sèche théorique totale	Classement du revêtement *
Type III	• une impression • une couche garnissante ou • une impression • une couche garnissante structurée	200 µm (semi-épais) ou 400 µm (épais)	E4V2W2A2 ou E5V2W2A2 + A5 local K3
Type IV	• une impression • une couche de base enrobant un treillis d'armature • une couche structurée	2,5 mm (épais)	E5V2W2A0 K4

* Se référer à l'offre des fabricants spécifiquement adaptée à l'entretien des ETICS

ATTENTION

Pour le choix du revêtement, il est indispensable de se référer à l'offre des fabricants spécifiquement adaptée à l'entretien ou à la rénovation des ETICS.
En effet, certains revêtements présentent notamment une perméabilité à la vapeur d'eau non adaptée à une application sur système ETICS.

4. Rénovation lourde

Si les désordres observés correspondent à des défauts de type V (décollements et cloquages du système enduit mince + finition atteignant l'isolant, ou fissuration généralisée aux joints de plaques), ou de type VI (isolant désolidarisé partiellement ou totalement du support), les travaux consisteront en une rénovation lourde, à savoir reconstitution partielle de l'ETICS (pelage de l'enduit mince et reconstitution d'un nouveau système sur isolant conservé pour le K5.1) ou recouvrement en l'état par bardage ou vêtage ou encore élimination totale et remplacement du système ETICS (K5.2 ou K6).

ATTENTION

Les produits et systèmes employés doivent respecter les réglementations dont ils relèvent, notamment,
- pour l'hygiène, la santé, et l'environnent : REACH, COV, traitement des déchets ;
- pour la sécurité contre l'incendie : réaction au feu satisfaisant aux prescriptions de l'Instruction Technique 249 sur les façades par référence aux règlements de sécurité propres à chaque type de bâtiment (Établissements recevant du public « ERP », Immeubles de grande hauteur « IGH », Établissements recevant des travailleurs « ERT », Bâtiments d'habitation « BDH »).

5. Exécution des travaux et traitement des points singuliers

OBSERVATION

Les Règles ETICS mentionnent le niveau de compétence nécessaire pour chaque type de travaux selon la classification QUALIBAT. Ce niveau de compétence doit correspondre normalement aux types de travaux pour lesquels l'entreprise est couverte par son assurance construction obligatoire :
- travaux de type K1 et K2 : qualification 611 ou 612 correspondant aux travaux de peinture-ravalement ;
- travaux de type K3 et K4 : qualification 713 correspondant aux travaux d'isolation thermique extérieure par bardage ou vêtage, vêture, ou enduit sur isolant (en plus de la qualification 611 ou 612).

Nota : La qualification n'a pas en France de caractère obligatoire pour l'accès aux marchés d'entreprise publics ou privés. Toutefois, pour les marchés privés, le maître d'ouvrage peut l'exiger, car elle constitue pour lui une information essentielle.

5.1. Préparation des subjectiles

Nettoyage et décontamination

En présence de micro-organismes (champignons, algues, mousses, lichens) sur un parement présentant des défauts de type I à IV, il y a lieu de prévoir un traitement décontaminant compatible avec le revêtement à exécuter, en une ou deux interventions suivant le niveau de pollution.

Un nettoyage est ensuite indispensable pour l'enlèvement des salissures et particules non adhérentes par brossage et/ou lavage basse pression (débit maximum 1 200 l/h, pression maximum 40/60 bars avec une buse adaptée). Ce nettoyage peut être suivi d'un traitement décontaminant complémentaire, s'il y a lieu.

Traitement des joints existants

Il s'agit des joints participant à l'étanchéité de l'ETICS existant. Leur réfection complète peut ne pas être indispensable en travaux d'entretien, mais elle l'est toujours en rénovation, suivant les clauses techniques applicables (NF DTU 44.1) par référence à l'évaluation technique d'emploi concernée.

Traitement des fissures

Les fissures localisées susceptibles d'être recouvertes en travaux de rénovation doivent être traitées comme suit (après écrêtage préalable des reliefs si nécessaire) :

a) Rebouchage avec une pâte organique ;
b) Pontage par galon d'armature non-tissé marouflé dans une couche semi-épaisse en deux passes ;
c) Recouvrement général par la finition.

Traitement des points singuliers

Les points singuliers (angles de façades, acrotères, appuis de baies, etc.) doivent être vérifiés en vue de reconstituer localement, si nécessaire, l'ETICS existant, préalablement à toute autre intervention.

OBSERVATION

Le *e-Cahier du CSTB* n° 3035_V3 (septembre 2018) présente dans son chapitre 5 des détails du traitement des points singuliers, ainsi que dans son chapitre 6 les opérations nécessaires à la réparation de chocs importants mais localisés.

5.2. Mise en œuvre des revêtements

Les travaux ne peuvent être exécutés que sur des supports dont l'humidité est inférieure à 5 % en masse.

L'exécution du revêtement comprend, après les travaux préparatoires :

- Revêtement de la famille des peintures (K1 à K3)
  - les travaux d'apprêt, s'il y a lieu, au moyen d'une sous-couche utilisant généralement pour l'impression du subjectile le produit de finition dilué,
  - les travaux d'exécution du revêtement proprement dit, le plus souvent en une couche pour constituer un revêtement semi-épais ou épais ;
- Système d'enduit (K4) :
  - les travaux éventuels d'apprêt au moyen d'une impression,
  - l'exécution de l'enduit de base, en pâte prête à l'emploi (sans ciment), de 1,8 mm d'épaisseur minimum, armé d'un treillis en fibres de verre,
  - l'application du produit de finition.

ATTENTION

Les teintes de finition, de coefficient d'absorption du rayonnement solaire supérieur à 0,7 sont exclues sauf sur les façades protégées de l'ensoleillement direct ou indirect. En montagne et au-dessus de 1 300 m d'altitude, le coefficient d'absorption est limité à 0,5. Par ailleurs, on veillera à ne pas juxtaposer, en l'absence de joint de fractionnement, des teintes dont la différence de coefficient d'absorption est supérieure à 0,2.

Chapitre 9 : Les garanties de travaux

Les garanties des constructeurs relèvent de la loi n° 78-12 du 4 janvier 1978 sur l'assurance-construction (*JO* du 7 janvier 1978 et rectificatif au *JO* du 25 janvier 1978), dite « loi Spinetta » (articles 1792 et 1792-1 à 6 du Code civil).

Cette loi porte sur quelques points essentiels :

- tout constructeur est présumé responsable de plein droit des dommages affectant l'ouvrage ou le rendant impropre à sa destination ;
- tout constructeur a l'obligation d'assurer sa responsabilité professionnelle.

La « loi Spinetta » institue, en outre, un ensemble de garanties couvrant les travaux.

Figure 1 : Garde-corps en béton

1. La garantie de parfait achèvement

Cette garantie est due par l'entrepreneur seul, pendant un an, à compter de la réception de travaux.

Elle concerne la réparation des désordres signalés par le maître d'ouvrage lors de la réception ou de la correction des désordres révélés postérieurement à la réception.

La garantie ne s'applique pas aux travaux rendus nécessaires par l'usure normale des ouvrages.

Figure 2 : Mur de soutènement

2. La garantie décennale pour les revêtements d'imperméabilité de façade

Les travaux d'imperméabilité de façade, qui, par définition, empêchent les pénétrations d'eau dans la construction et donc réhabilitent la fonction principale d'une paroi qui est d'assurer le clos, relèvent de la garantie décennale.

Ne sont pas considérés dans ce contexte :

- les murs de soutènement ;
- les jardinières ;
- les garde-corps en béton des balcons et loggias.

Figure 3 : Jardinière en béton

ATTENTION

La garantie décennale ne concerne que le non passage (vérifié) de l'eau, au
travers de la paroi d'une construction.
Elle ne s'applique pas aux défauts d'ordre esthétique : encrassement, changement d'aspect, farinage, cloquage...

3. Les garanties contractuelles

Ce système de garantie se superpose à celui du régime légal, déjà compliqué.

Un entrepreneur et son fournisseur de produit peuvent proposer à leurs clients, via leurs assureurs respectifs, une garantie supplémentaire, par exemple 5 ans sur un système de peinture classique (garantie de base : 2 ans), voire 10 ans, notamment pour des revêtements D3.

Ces garanties contractuelles supplémentaires font l'objet de polices spécifiques définies dans un contrat comportant de nombreuses exclusions et dont il convient de se méfier.

L'une des clauses, généralement peu mise en évidence, est l'obligation pour le maître d'ouvrage de faire procéder à une (ou plusieurs) intervention(s) d'entretien pendant la période de garantie.

ATTENTION

Ne pas confondre la garantie décennale légale et une garantie contractuelle de 10 ans.

Figure 4 : Durée des garanties

Chapitre 10 : **Hygiène et sécurité**

1. Les règles d'hygiène et de sécurité

Les règles d'hygiène et de sécurité qui s'appliquent aux travaux de ravalement et opérations connexes, sont évoquées dans le tableau suivant.

> **ATTENTION**
> Dans le cas de travaux sur des immeubles de grande hauteur (IGH), il convient de consulter la réglementation spécifique (sécurité incendie, sécurité de travail, qualification de l'entreprise, pouvoir calorifique du revêtement...).

Tableau 1 : Règles d'hygiène et de sécurité à respecter lors de travaux de ravalement

Opération	Phase - Moyens	Risque
Préparation du support (façade)	Décapage mécanique	Mécanique, projection, bruit, vibration, poussière, pression
	Nettoyage et décapage chimique	Nocif, toxique, brûlure chimique
	Décapage thermique	Brûlure, dégagement toxique, plomb
	Rebouchage et enduits	Mécanique, chimique
Travaux en hauteur	Échafaudage Plates-formes de travail Planchers suspendus Nacelles élévatrices	Chute d'objet, chute de personne, manutention
Approvisionnement en hauteur	Levage, appareils motorisés (grue, treuil...)	Levage
	Levage et manutention manuelle (port de charge, poulie)	Geste et posture, port de charge
Outillage	Éclairage au poste de travail Installation électrique Outils finisseurs Mélangeur électrique Pistolet/machine à projeter Compresseur d'air Sableuse / ponceuse	Électrique, projection, mécanique, bruit, poussière
Préparation et mise en œuvre des produits, prévention des risques chimiques	Application du produit primaire Préparation du revêtement Mise en place du revêtement sur l'ouvrage Nettoyage des outils / matériels et ouvrage Évacuation des déchets Aération, assainissement des lieux de travail	Incendie, nocif, toxique
Approvisionnement	Transport par véhicule	Marchandises dangereuses
	Stockage	Incendie, explosion, pollution
Environnement / abords du chantier		Incendie / explosion Pollution de l'air Pollution Circulation Ligne électrique au voisinage Chute d'objet des postes de travail en hauteur

Le Code du travail impose à tout employeur l'obligation d'assurer la sécurité et la protection des personnes quels que soient les aspects liés au travail.

Organisation :

- plan de prévention entre l'entreprise utilisatrice et l'entreprise extérieure intervenant – Code du travail (décret n° 92-158) ;
- plan particulier de sécurité et de protection de la santé – Code du travail (décret n° 94-1159).

Instructions concernant les produits :

- fiches de données de sécurité des produits ;
- transport soumis à une réglementation particulière : transport de marchandises dangereuses par route (règles dites ADR).

Le tableau 1, loin d'être exhaustif, présente quelques-uns des aspects du travail à prendre en compte pour les travaux de ravalement. L'employeur veillera notamment à appliquer les principes généraux de prévention.

2. Cas particuliers de l'amiante et du plomb

Certaines peintures, revêtements de façades et enduits anciens sont susceptibles de contenir de l'amiante ou du plomb :

- Bien que rarement, l'amiante peut être présent notamment dans des peintures, des revêtements de façade RPE, ou dans des enduits, ainsi que dans des revêtements de finition RPE ou RME de systèmes d'isolation thermique. Le moindre doute, et notamment la présence visible de fibres dans un matériau relativement ancien (l'amiante a été utilisé jusqu'en 1997) doit conduire à une recherche systématique d'amiante en laboratoire avant travaux.
- Plus fréquemment, le plomb est présent notamment à l'état de céruse ou de minium dans des peintures (plus particulièrement en ce qui concerne l'extérieur sur menuiseries bois ou métal), ou dans des enduits. Un bâtiment datant d'avant 1949 est susceptible d'être concerné (le minium orange a été utilisé ultérieurement). Une recherche de plomb doit alors être effectuée.

En cas d'analyse positive, les subjectiles concernés seront traités ou éliminés avec toutes les précautions de protection des occupants et des ouvriers, conformément à la législation et aux procédures en vigueur. Les déchets seront également traités spécifiquement.

3. L'étiquetage des produits

L'étiquetage des produits de peinture est obligatoire pour le fournisseur.

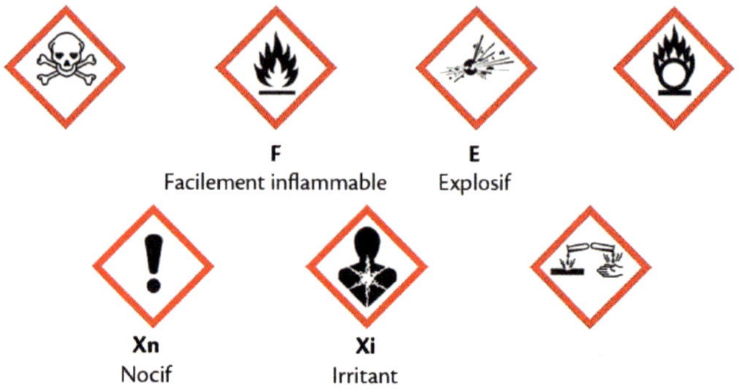

Figure 1 : Étiquetage des produits de peinture

4. La gestion des déchets

Les déchets produits lors de travaux de ravalement doivent être triés par l'entreprise :

- produits aqueux ou produits solvantés ;
- outils (brosses, rouleaux, chiffons...) ;
- bidons usagés ;
- résidus des produits résultant du décapage...

Des systèmes de collecte spécifiques existent. Les entreprises peuvent se renseigner auprès des fédérations régionales du bâtiment.

4.1. Que dit la loi ?

L'élimination des déchets est réglementée depuis 1975.

La directive européenne « déchets » du 19 novembre 2008 renforce et définit les objectifs.

La loi sur la Transition énergétique souhaite imposer le recyclage de près de 70 % des déchets du BTP.

Le décret n° 2015-288 entré en vigueur le 1er juillet 2016. Il est dit des « 5 flux » en référence à l'obligation de trier à la source 5 flux de déchets : papiers, cartons, métal, plastique, verre, bois.

4.2. Obligations de l'entrepreneur

Les obligations de l'entrepreneur en matière de déchets sont les suivantes :

- traçabilité des déchets dangereux ;
- tri des emballages ;
- respect des obligations de transport.

ATTENTION

Le brûlage à l'air libre est interdit sauf pour les bois infectés d'insectes xylophages, termites, etc.

4.3. Les 3 types de déchets réglementaires

Les déchets sont classés en 3 types :

- déchets inertes : déchets qui pendant le stockage ne peuvent pas subir de modification physique, chimique, ou biologique importante (pierre, terre, briques, béton, tuiles, parpaing, etc.) ;
- déchets non dangereux inertes courants des chantiers : DIB, emballages, bois, plastiques, métaux, isolants, plâtre, etc. ;
- déchets dangereux : déchets qui présentent un risque pour la santé ou l'environnement (solvants, peintures, etc.).

ATTENTION

Certains produits de nettoyage ou de décapage peuvent produire des déchets classés dangereux.

4.4. Où stocker les déchets ?

Selon leur type, les déchets doivent être stockés dans des lieux spécifiques :

- Déchets inertes : installations de stockage classées ISDI (anciennement classe 3) ;

ATTENTION

Depuis le 1er Juillet 2012, il est interdit d'éliminer des déchets amiantés dans une ISDI.

- Déchets non dangereux inertes : installations de stockage classées ISDNC (anciennement classe 2) ;
- Déchets dangereux : installations de stockage classées ISDD (anciennement classe 1).

Il faut toujours garder une trace écrite sous forme de contrat, de facture ou de bordereau de suivi des activités d'élimination des déchets :

- BSDD Bordereau de suivi des déchets dangereux ;
- BSDA Bordereau de suivi des déchets d'amiante ;
- Contrat avec un éliminateur agréé pour les déchets d'emballage.

ATTENTION

L'entrepreneur qui n'élimine pas lui-même ses déchets doit établir un contrat écrit avec celui qui se charge d'éliminer les déchets de son chantier (l'éliminateur).

4.5. Bordereau de suivi des déchets (BSD)

Les formulaires Cerfa BSD (Bordereau de suivi des déchets) peuvent être téléchargés gratuitement.

Ils doivent accompagner le déchet depuis l'émetteur du bordereau jusqu'à l'installation de transformation ou de traitement. Les personnes qui émettent, reçoivent ou complètent ce formulaire doivent impérativement en conserver une copie pendant 5 ans (durée réduite à 3 ans pour les transporteurs).

Il existe un site internet pour localiser les déchetteries les plus proches et s'informer : www.dechets-chantier.ffbatiment.fr.

PARTIE 4

ENDUITS DE FAÇADE

Chapitre 1 : **Domaine d'application**

Cette partie traite des enduits minéraux épais appliqués sur les parois extérieures verticales en maçonnerie ou en béton, conformément au NF DTU 26.1, à l'exclusion des enduits minéraux intérieurs.

Suivant leur nature, les enduits extérieurs assurent une ou plusieurs des trois fonctions suivantes :

- le dressage : en rattrapant les irrégularités du gros œuvre,
- la protection : en assurant l'imperméabilisation de la paroi,
- la décoration : en donnant l'aspect final de la façade (le parement).

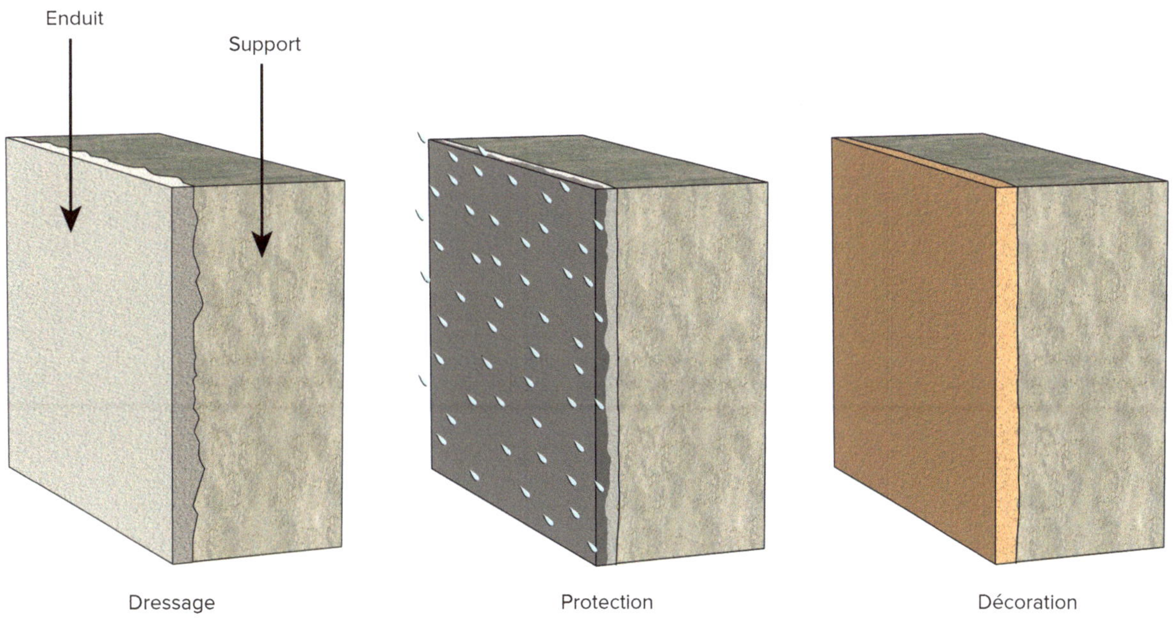

Figure 1 : Les trois fonctions d'un enduit

ATTENTION

La fonction « imperméabilisation » diffère de la fonction « étanchéité » en ce que l'imperméabilisation conférée à la paroi n'est généralement pas conservée en cas de fissuration du support.

Un enduit extérieur sera choisi en fonction :

- de la nature et de l'état du support,
- de l'exposition de la paroi,
- des moyens et des conditions de mise en œuvre,
- du type de finition d'aspect,
- du revêtement éventuellement associé (exemple : carrelage).

Chapitre 2 : Les enduits extérieurs

Un enduit extérieur est avant tout un mortier, le terme générique de mortier regroupant de nombreuses autres familles de produits : colles à carrelage, joints, chapes, mortiers de montage, produits de réparation, etc.

OBSERVATION

On parle de mortier d'enduit pour désigner le matériau ou le produit, et d'enduit au mortier pour désigner le composant ou l'ouvrage. Dans la pratique courante, le terme « enduit » désigne à la fois le produit en poudre, le mortier frais et l'ouvrage réalisé.

Selon leur mode de fabrication, on distingue les mortiers industriels et les mortiers de chantier.

1. Nature

1.1. Les mortiers industriels

Ils sont entièrement dosés et mélangés en usine. Ils sont fournis sous forme de poudres prêtes à gâcher avec de l'eau.

Leurs caractéristiques dépendent essentiellement de leur formulation.

Les mortiers industriels font l'objet du marquage CE, en application de la norme NF EN 998-1.

Les mortiers industriels sont soit « performanciels » (la grande majorité), soit « de recette ».

Tableau 1 : Types de mortier d'enduit industriel

Types de mortier d'enduit industriel		
Mortier d'enduit	**Propriétés et/ou domaine d'emploi**	**Notation**
Usage courant	Pas de propriété spécifique ; utilisé pour les corps d'enduit	GP
Allégé	Contient des charges légères ; masse volumique à l'état durci et sec inférieure à 1300 kg/m^3	LW
Parement	Spécialement coloré ; utilisé pour les finitions décoratives	CR
Monocouche	Application en une seule couche ; remplit les mêmes fonctions qu'un système multicouche	OC
Assainissement	Sur parois humides contenant des sels solubles dans l'eau	R

OBSERVATION

Les mortiers GP sont parfois qualifiés de mortiers de sous-enduit ou d'enduits « gris ».

1.2. Les mortiers de chantier

Ils sont composés de constituants individuels (chaux, ciment, sables, adjuvants éventuels) directement dosés et mélangés sur le chantier.

Leurs caractéristiques sont conditionnées par les dosages en liants. Ce sont des mortiers « de recette ».

OBSERVATION

On trouve également des mortiers prémélangés : certains constituants, comme les liants et les additifs, sont dosés en usine (liants spéciaux) et mélangés à d'autres constituants sur le chantier, comme le sable.

1.3. Champ technico-réglementaire

Le NF DTU 26.1 d'avril 2008 intègre les mortiers performanciels visés dans la norme NF EN 998-1. Ces mortiers sont utilisables en alternative aux mortiers de recette (définis par leur composition). L'ancien DTU ne visait exclusivement que les mortiers de recette.

Tableau 2 : Utilisation des mortiers

	Mortier de recette (composition)	Mortier performanciel (formulé)
Mortier de chantier	oui	non
Mortier industriel	oui	oui

En particulier, le NF DTU 26.1 d'avril 2008 intègre les enduits monocouches d'imperméabilisation qui représentent aujourd'hui l'essentiel des enduits réalisés en travaux neufs.

Les enduits monocouches font par ailleurs l'objet de la certification QB.

Quant aux enduits de rénovation, leur mise en œuvre fait l'objet de Documents Techniques d'Application (DTA).

2. Composition

Un enduit est constitué d'un mélange de liants et de charges mis en œuvre avec de l'eau. À ces constituants principaux, divers additifs sont généralement ajoutés. Dans certains cas, des renforts sont associés à l'enduit, avant ou pendant sa mise en œuvre.

2.1. Les liants

Ils permettent l'agglomération des différents constituants pour aboutir, après durcissement, au matériau mécaniquement cohésif.

Les ciments

NF EN 413-1 et NF P 15-314

Ce sont des liants hydrauliques qui durcissent assez rapidement ; ils apportent aux mortiers leur résistance, mais peuvent être à l'origine des fissurations à cause du retrait lors de la prise.

Les ciments blancs, contenant très peu d'oxyde de fer, peuvent remplacer les ciments gris classiques pour constituer des enduits de couleur claire.

Tableau 3 : Types de ciment utilisés dans les mortiers

Nature	Notation	Classe de résistance mécanique
Ciments portland artificiels	CEM I	42,5 ou 32,5
Ciments portland composés	CEM II	42,5 ou 32,5
Ciments à maçonner	MC	22,5 ou 12,5
Ciments prompt naturel	CNP	

OBSERVATION

- En environnement agressif (milieu marin ou agricole, par exemple), les ciments composés CEM V peuvent être utilisés à la place des ciments CEM I ou CEM II. En particulier, on choisira un ciment CEM V/A avec le label « PM-ES ». Cependant, on dispose de peu de recul quant à l'emploi de ces ciments dans les enduits.
- L'utilisation des ciments CNP n'est pas généralisée comme celle des ciments CEM I ou II. On les utilise en particulier pour l'exécution d'arêtes.

Les chaux

NF EN 459-1

Les chaux durcissent assez lentement ; elles donnent aux mortiers une résistance qui croît progressivement dans le temps avec la carbonation.

Tableau 4 : Types de chaux utilisées dans les enduits

Nature	Notation	Classe de résistance mécanique
Chaux aériennes calciques	CL	
Chaux aériennes dolomitiques	DL	
Chaux hydrauliques naturelles	NHL	5 - 3,5 ou 2
Chaux hydrauliques naturelles avec ajouts	NHL-Z	5 - 3,5 ou 2
Chaux hydrauliques artificielles	HL	5 - 3,5 ou 2

OBSERVATION

Ciment et chaux sont souvent combinés pour allier leurs propriétés : un mortier réalisé avec ce mélange de liants est communément appelé « bâtard ».

Le plâtre

NF EN 13279-1

Le plâtre n'est utilisé dans les enduits extérieurs que pour les mortiers de plâtre et chaux aérienne, notés MPC. C'est un plâtre gros de construction sans ajout, noté PGC.

ATTENTION !

- Le plâtre pur est sensible à l'érosion et à l'humidité : son emploi pour l'exécution d'enduits extérieurs n'est pas admis, en particulier sur les maçonneries neuves.
- Le plâtre ne doit pas être mélangé avec du ciment ou de la chaux hydraulique, l'enduit ainsi formé étant susceptible d'éclater suite à la formation de composés chimiques expansifs.

2.2. Les charges

NF EN 13139

Ce sont des composés solides, inertes et insolubles, qui constituent le « squelette » d'un enduit.

Les granulats

Ce sont les sables couramment utilisés dans les enduits minéraux. Ils participent également à l'aspect final de l'enduit.

Les granulats légers, de faible masse volumique, conduisent à des enduits moins rigides et adaptés aux supports de faible résistance mécanique (ex. vermiculite, billes de verre, etc.).

Les fillers

Ce sont des poudres, généralement de nature minérale, utilisées pour modifier certaines propriétés des enduits (maniabilité, perméabilité, capillarité, performances mécaniques, etc.).

OBSERVATION

Les fillers et les éléments les plus fins des granulats sont souvent appelés « fines ».

2.3. L'eau

Il s'agit de l'eau employée pour le gâchage du mortier :

- une partie de l'eau sert à la prise des liants hydrauliques,
- l'autre partie sert à obtenir la consistance du mortier frais et s'évapore après application.

OBSERVATION

L'eau potable convient.

2.4. Les additifs

Ils agissent sur l'enduit de façon temporaire (à l'état frais ou au cours du durcissement) ou permanente (à l'état durci).

Les adjuvants

NF EN 934-2 et -3

Leurs rôles et leurs natures sont très variées :

- rétenteurs d'eau,
- entraîneurs d'air,
- plastifiants,
- régulateurs de prise,
- agents d'adhérence,
- hydrofuges,
- biocides,
- etc.

ATTENTION

L'incorporation d'adjuvants dans les mortiers préparés sur chantier doit préalablement faire l'objet d'essais d'efficacité.

Les résines d'adjonction

Ces résines à base de polymères en dispersion aqueuse sont diluées dans l'eau de gâchage du mortier et incorporées au gobetis ou au sous-enduit, pour améliorer l'accrochage.

Les colorants

NF EN 12878

Ce sont généralement des oxydes métalliques, voire des terres, ajoutés à l'enduit pour le teinter dans la masse.

Figure 1 : Pigments

2.5. Les renforts

NF EN 13658-2

Certification QB

Ils sont employés pour renforcer les caractéristiques mécaniques de l'ouvrage, notamment au niveau des points singuliers.

Tableau 5 : Caractéristiques des renforts d'enduit

Nature	Localisation	Remarque
Armatures métalliques : treillis soudé et métal déployé	Incorporées dans la première couche ou passe d'enduit	Doivent être protégées contre la corrosion
Treillis en fibres de verre	Incorporés dans la première couche ou passe d'enduit	Les treillis de classes $T \geq 2$, $Ra \geq 1$, $M \geq 4$ et $E \geq 1$ (classification TRaME) peuvent être employés
Cornières ou profilés métalliques	Utilisés pour les angles et les arrêts d'enduit	Doivent être protégés contre la corrosion

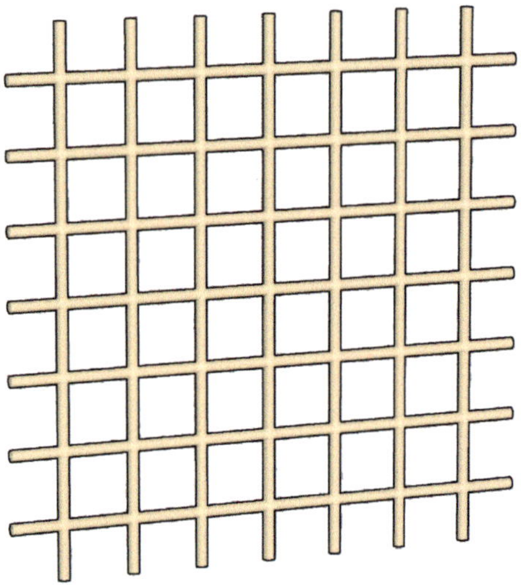

Figure 2 : Treillis en fibres de verre, maille de l'ordre du cm

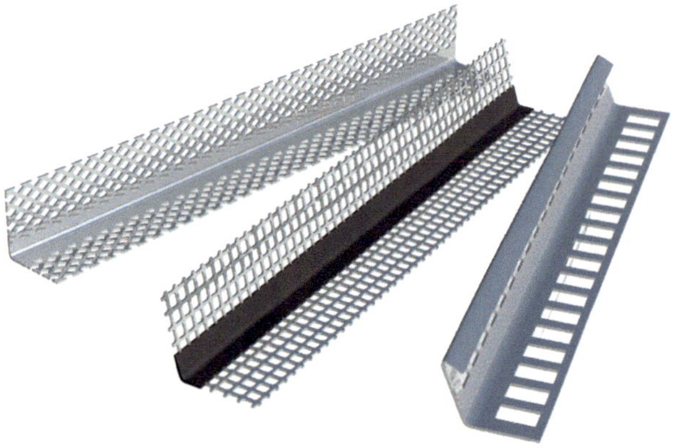

Figure 3 : Cornières métalliques

Chapitre 3 : Caractéristiques des enduits

Les mortiers d'enduits n'acquièrent leurs caractéristiques qu'après durcissement complet. Certaines performances des mortiers à l'état frais sont également requises.

Il est rare qu'un même enduit possède toutes les propriétés pour assurer les fonctions de dressage, d'imperméabilisation et de décoration du support. Seuls les enduits monocouches, spécialement formulés à cet effet et fabriqués en usine, peuvent remplir les trois fonctions.

Les enduits sont alors exécutés en plusieurs couches, chaque couche assurant partiellement ou complètement une ou deux fonction(s).

Tableau 1 : Nature de couche de l'enduit

Nature des différentes couches d'un enduit	Industriel	Chantier
Monocouche	Oui	Non
Multicouche	Oui	Oui

1. Masse volumique

NF EN 1015-10

Elle est fonction de la quantité d'air entraîné qui dépend à la fois :

- des conditions de préparation (quantité d'eau, mode et durée de malaxage, température),
- des conditions d'application (matériel de projection et réglage).

Suivant leur domaine d'application, les mortiers industriels présentent des masses volumiques variées, globalement comprises entre 1 000 et 2 000 kg/m^3.

L'enduit est dit léger lorsque sa masse volumique est < à 1300 kg/m^3.

OBSERVATION

Les autres caractéristiques dépendent directement de la masse volumique de l'enduit. En particulier, les caractéristiques mécaniques sont d'autant plus fortes que la masse volumique est élevée.

2. Résistance mécanique

NF EN 1015-11

Suivant la valeur de résistance mécanique en compression du mortier, quatre classes sont définies : CS I, CS II, CS III et CS IV, de la plus faible à la plus élevée.

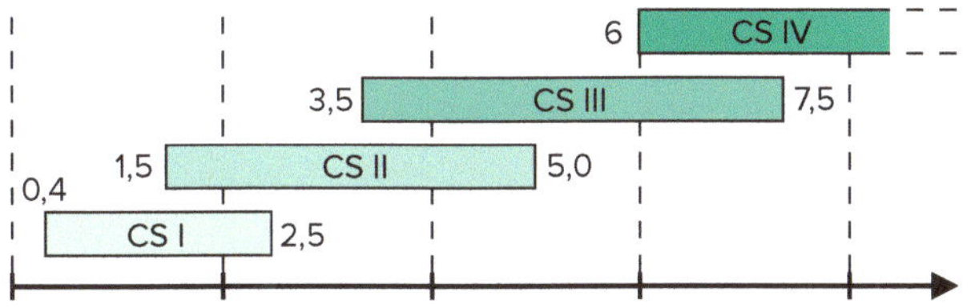

Figure 1 : Résistance du mortier d'enduit en compression (MPa)

3. Adhérence au support

NF EN 1015-12

Elle dépend fortement de la préparation du support et des conditions climatiques au cours de l'application et du durcissement de l'enduit. Elle conditionne directement la durabilité de l'enduit.

L'adhérence est d'autant plus forte que le mortier est plus dosé en liant(s).

4. Absorption d'eau par capillarité

NF EN 1015-18

Elle conditionne en partie la fonction d'imperméabilisation, cette fonction dépendant également du nombre de couches et de l'épaisseur d'enduit.

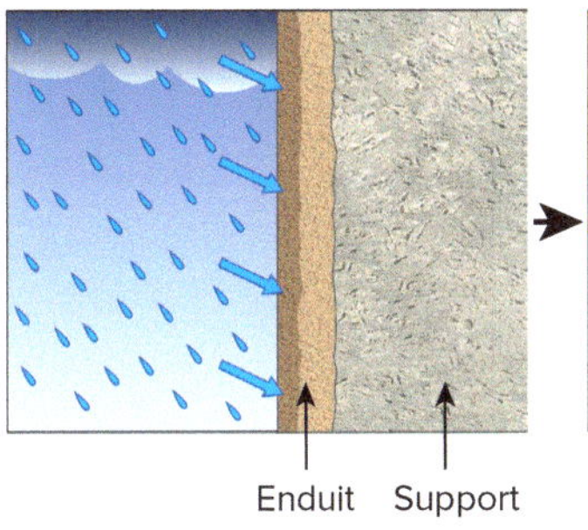

Figure 2 : Lors des périodes de pluie, l'eau mouille l'enduit et éventuellement la paroi extérieure des éléments de la maçonnerie

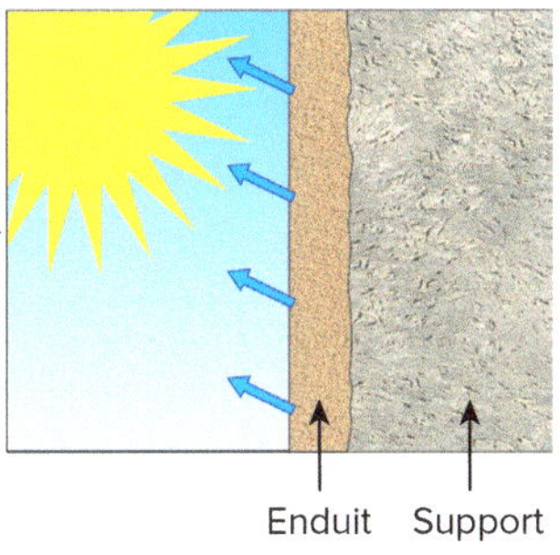

Figure 3 : Après la pluie, l'eau s'évapore de l'enduit

Suivant la valeur d'absorption d'eau du mortier, trois classes de capillarité sont définies :

W 0 (pour laquelle aucune valeur n'est spécifiée),

W 1 (capillarité moyenne),

W 2 (faible capillarité)

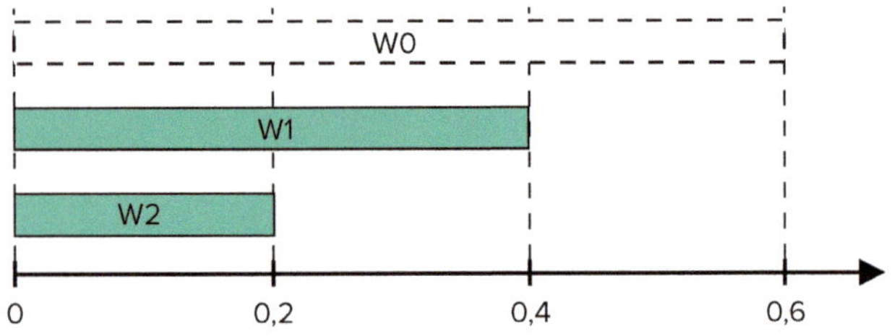

Figure 4 : Absorption d'eau par capillarité du mortier d'enduit (kg/m²·min^0,5)

OBSERVATION

L'absorption d'eau liquide est indépendante de la perméabilité à la vapeur d'eau.
Il est possible qu'un enduit imperméable à l'eau soit perméable à la vapeur. C'est en particulier le cas des enduits d'assainissement R.

ATTENTION

La fonction d'imperméabilisation du support est également conditionnée par l'épaisseur de l'enduit. Les épaisseurs minimales d'application sont donc à respecter impérativement.

5. Perméabilité à la vapeur d'eau

NF EN 1015-19

C'est la propriété de l'enduit de permettre la transmission de la vapeur d'eau de l'intérieur vers l'extérieur de l'ouvrage.

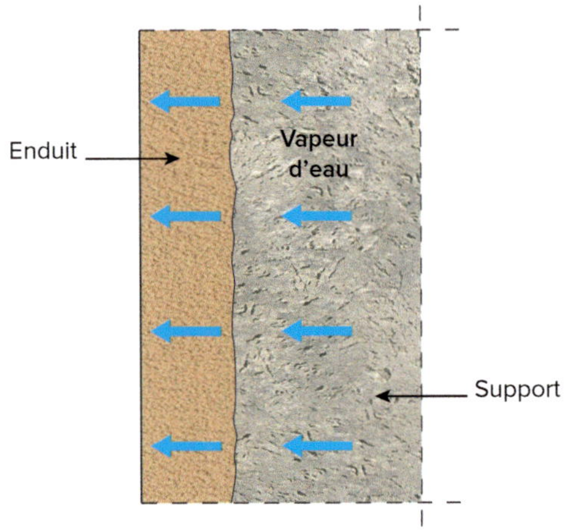

Figure 5 : Avec une perméabilité suffisante, la vapeur peut traverser la paroi sans risque de condensation à l'interface support-enduit

6. Rétention d'eau

NF DTU 26.1, partie 1-2

Elle caractérise l'aptitude d'un mortier industriel frais à conserver son eau de gâchage une fois appliqué sur le support.

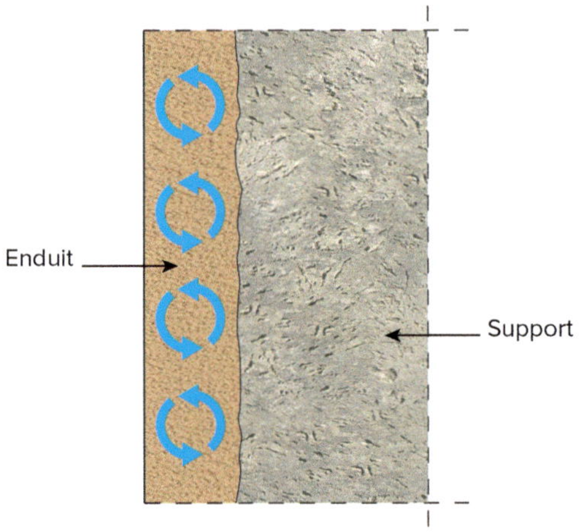

Figure 6 : Une rétention d'eau élevée permet aux liants hydrauliques de s'hydrater correctement

Trois catégories de rétention d'eau Re sont distinguées :

Tableau 2 : Catégories de rétention d'eau Re

Rétention d'eau	Appréciation
Re < 86 %	Faible
86 % < Re < 94 %	Moyenne
Re > 94 %	Forte

7. Impact environnemental

Le Syndicat National des Mortiers Industriels (SNMI) a élaboré la fiche de déclaration environnementale et sanitaire (FDES) des mortiers d'enduits minéraux colorés.

La FDES concerne les mortiers industriels OC et CR ; elle a été établie sur la quantité de produit nécessaire pour couvrir 1 m² de support, avec une durée de vie typique de 50 ans.

Cette fiche est téléchargeable sur le site de l'INIES (Information sur les impacts environnementaux et sanitaires) à l'adresse www.inies.fr.

OBSERVATION

La fiche de déclaration environnementale et sanitaire (FDES) fait état des caractéristiques d'un produit de construction au regard de son impact sur l'environnement et la santé.
Le volet environnemental est réalisé selon la méthode de l'analyse du cycle de vie. L'information sanitaire résulte le plus souvent d'essais spécifiques.
Déclaration volontaire, la FDES est établie à l'initiative et sous la responsabilité d'un fabricant ou d'un syndicat professionnel.

Chapitre 4 : **Supports**

Les supports destinés à recevoir un enduit minéral épais sont les parois extérieures en maçonnerie et en béton.

Qu'ils soient neufs ou anciens, homogènes ou hétérogènes, les supports doivent être :

- propres : exempts de toute substance qui pourrait nuire à l'adhérence de l'enduit (salissures, poussières, efflorescences, revêtements friables ou pulvérulents, produits de décoffrage, etc.),
- cohésifs : la résistance mécanique des supports conditionne en partie le choix de l'enduit ; par exemple, il ne faut pas réaliser un enduit dur sur un support de faible résistance,
- stabilisés : les travaux d'enduits ne peuvent commencer que sur des supports terminés depuis au moins 30 jours pour les supports en maçonnerie et au moins 45 jours pour les supports en béton.

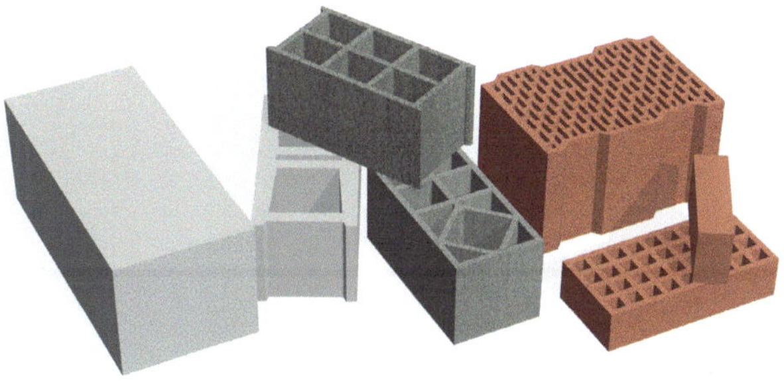

Figure 1 : Exemple de supports

OBSERVATION

Le présent dossier ne traite pas de l'exécution d'enduits sur supports en terre crue : la protection de tels supports doit être adaptée aux particularités régionales et notamment à la nature des ouvrages (pisé, bauge, torchis, etc.).
N'est pas traité non plus l'exécution d'enduits sur les bâtiments classés au titre des monuments historiques, faisant l'objet de prescriptions particulières.

1. Nature

1.1. Les maçonneries

NF DTU 20.1

Les principaux éléments de maçonnerie à enduire sont :

- les blocs pleins ou creux en béton de granulats courants ou légers,
- les briques creuses et les blocs perforés en terre cuite,
- les blocs en béton cellulaire autoclavé,
- les blocs ou moellons en pierre (granits, grès, pierres calcaires, etc.),
- les briques pleines ou perforées en terre cuite.

OBSERVATION

Les maçonneries de blocs en béton, de briques creuses, de blocs perforés et de blocs en béton cellulaire ne présentent pas une imperméabilité suffisante et sont toujours destinées à être revêtues.

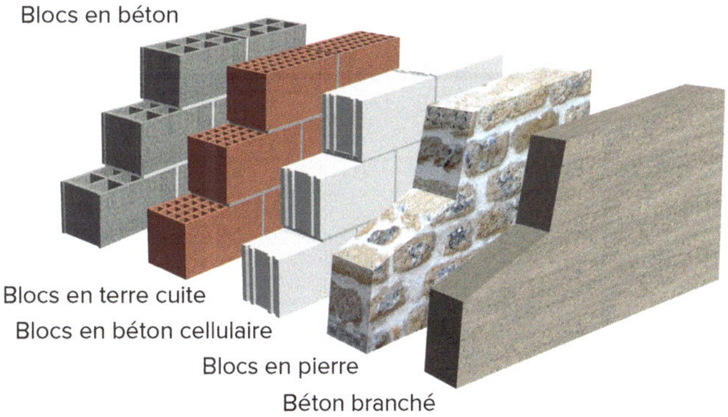

Figure 2 : Exemple de maçonnerie

1.2. Les murs en béton

NF DTU 21 et NF DTU 23.1

Le béton est coulé en œuvre (béton banché) ou préfabriqué en usine. Il est généralement armé (noyant une armature métallique lors du coulage) afin d'améliorer sa résistance mécanique en traction.

OBSERVATION

Les murs en béton conçus selon les règles de l'art ont une imperméabilité suffisante et peuvent rester apparents. Cependant, ces murs sont généralement revêtus pour des raisons esthétiques ou pour remédier à des défauts d'imperméabilisation.

1.3. Les lattis

NF EN 13658-2

Ils sont utilisés pour désolidariser l'enduit de la paroi extérieure. On distingue :

- les treillis métalliques soudés,
- les lattis à nervures déployés.

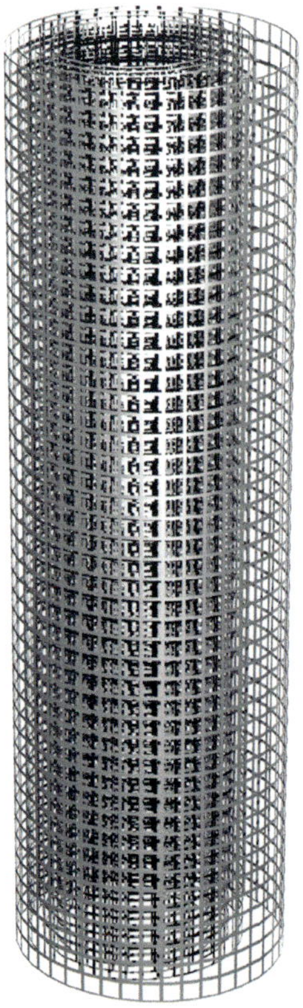

Figure 3 : Treillis métallique soudé

Figure 4 : Lattis à nervures déployé

2. État et préparation

NF DTU 26.1, partie 1-1

2.1. Supports neufs

Tolérances de planéité

Elles sont définies par la flèche maximale y_1 prise sous la règle de 2 m (planéité d'ensemble) et la flèche maximale y_2 prise sous la réglette de 20 cm (désaffleurement et planéité locale).

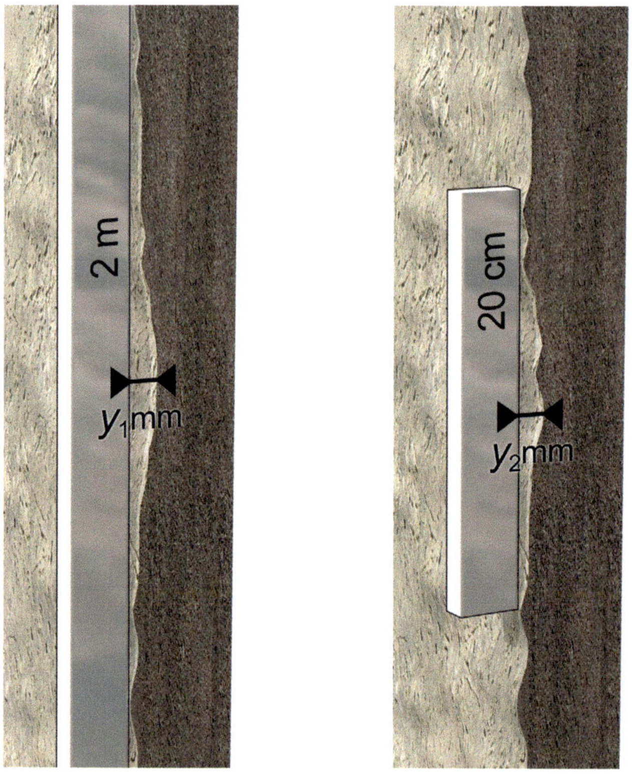

Figure 5 : Tolérances de planéité sur support neuf

On distingue ainsi les supports courants et les supports soignés :

Tableau 1 : Tolérances de planéité des supports

	Maçonnerie		Béton	
	Courante	Soignée	Courant	Soigné
y_1 / règle de 2 m	15 mm	10 mm	7 mm	5 mm
y_2 / réglette de 20 cm	10 mm	7 mm	2 mm	2 mm

Maçonneries

En travaux neufs, les maçonneries sont généralement soignées.

Les balèvres trop saillantes des joints doivent être arasées.

Suivant la valeur de résistance à l'arrachement Rt du support (déterminée par traction directe), trois classes de résistance sont définies : Rt 1, Rt 2 et Rt 3.

Tableau 2 : Classes de résistance à l'arrachement des supports à enduire

Type de support	Exemples	Classe
Support de résistance à l'arrachement **élevée** : Rt > 0,8 MPa	- Blocs en béton de granulats courants - Éléments en terre cuite	Rt 3
Support de résistance à l'arrachement **moyenne** : 0,6 MPa ≤ Rt ≤ 0,8 MPa	- Éléments en terre cuite - Blocs en béton de granulats légers	Rt 2
Support de résistance à l'arrachement **réduite** : 0,4 MPa ≤ Rt < 0,6 MPa	- Blocs en béton cellulaire autoclavé	Rt 1

OBSERVATION

La classe de résistance est déclarée par le fabricant d'éléments de maçonnerie.

Pour les maçonneries de classe Rt 3 ou Rt 2 présentant des défauts de planéité, un renformis ou un enduit de dressement est préalablement appliqué, avec incorporation d'une armature de renfort lorsque l'épaisseur du dressement dépasse 30 mm ; le délai minimal avant application de l'enduit extérieur est de 2 à 7 jours. Lorsque l'épaisseur du dressement dépasse 50 mm, ce dernier est remplacé par un ouvrage en maçonnerie compatible avec le support à préparer.

OBSERVATION

Les enduits de dressement ont la même composition que les corps d'enduit.

Les maçonneries d'éléments en terre cuite doivent être arrosées moins de 30 minutes avant l'enduisage ou à l'avancement. La surface ne doit cependant pas être ruisselante au moment de l'application.

ATTENTION

Une humidification insuffisante du support ou un support gorgé d'eau peut conduire à un décollement de l'enduit.

Supports en béton

Les balèvres trop saillantes des parois doivent être poncées.

Les supports neufs en béton sont considérés comme des supports de résistance à l'arrachement élevée : classe Rt 3.

Si la surface du béton est trop lisse, elle est alors piquée, sablée ou brossée au décoffrage et reçoit ensuite un gobetis. Ce gobetis est :

- soit un mortier industriel,
- soit un microgobetis,
- soit un mortier de chantier, avec ou sans résine d'adjonction, qui présente un dosage en ciment (CEM I ou CEM II) de 500 à 600 kg/m³ de sable sec.

Si la surface du béton comporte des défauts de planéité, elle est corrigée avec un mortier de réparation conforme à la norme NF EN 1504-3.

ATTENTION

L'utilisation d'un mortier de ragréage mince est proscrite.

2.2. Supports anciens

Ils nécessitent un examen préalable en vue de déterminer la consistance des travaux préparatoires.

Supports nus

Ils doivent être nettoyés et dépoussiérés. Certains de ces travaux peuvent comprendre une ou plusieurs des opérations suivantes : brossage, lavage ordinaire ou sous pression, décapage, ponçage, etc.

Les joints friables de maçonnerie sont dégarnis (sur une profondeur de 20 à 50 mm selon leur état) et la paroi est humidifiée avant regarnissage des joints. Le rebouchage des trous et le regarnissage des joints sont réalisés avec le même mortier que le corps d'enduit.

Supports revêtus

Les parties d'enduit friables, non cohésifs, peu résistants, non adhérents (« sonnant creux » sous le tapotement du marteau) doivent être éliminés par piquetage.

Les enduits à base de plâtre et les peintures sont intégralement éliminés.

Les supports mis à nus sont ensuite nettoyés et dépoussiérés.

OBSERVATION

- Dans le cas de supports anciens revêtus d'enduits anciens, mais résistants et cohésifs, les prescriptions des travaux neufs leur sont applicables en respectant les conditions d'état et de préparation des supports, ainsi que la compatibilité avec les enduits.
- Le traitement des fissures doit faire l'objet de prescriptions particulières qui ne sont pas définies dans le présent guide.

ATTENTION

Une préparation mal adaptée du support, qu'il soit neuf ou ancien, peut conduire à un décollement de l'enduit.

3. Compatibilité entre enduit et support

3.1. Mortier industriel ou performanciel

Sa classe de résistance est fonction de la résistance à l'arrachement du support à enduire :

Tableau 3 : Classes de résistance de l'enduit

	CS I	CS II	CS III	CS IV
Supports Rt 1	Oui	Oui	Non	Non
Supports Rt 2	Oui	Oui	Oui	Non
Supports Rt 3 et béton	Oui	Oui	Oui	Oui

3.2. Mortier de chantier ou de recette

Son dosage en liants permet d'assurer la compatibilité avec le support défini.

ATTENTION

L'application d'un enduit trop rigide peut conduire au cisaillement du support. Ce phénomène concerne surtout les supports de classe Rt 1 (ex. blocs en béton cellulaire autoclavé).

Chapitre 5 : **Mise en œuvre des enduits**

Un enduit résulte de l'application d'un mélange plastique qui forme en durcissant un revêtement adhérent et cohésif.

Chaque étape de la mise en œuvre nécessite des précautions particulières. Si les prescriptions relatives au choix d'un enduit et à sa mise en œuvre ne sont pas respectées, un certain nombre de pathologies peuvent apparaître.

1. Préparation du mortier

Elle a lieu sur le chantier. Le mortier est obtenu en malaxant le mélange sec avec de l'eau. Le malaxage peut être manuel ou de préférence mécanique (malaxeur de chantier, bétonnière).

Pour les mortiers industriels, le dosage en eau et les consommations sont indiqués par le fabricant.

Pour les mortiers de chantier, le dosage en eau est laissé à l'appréciation de l'opérateur mais il est fondamental : le mortier frais ne doit être ni trop raide, ni trop liquide.

L'emploi d'un mortier ayant effectué un début de prise (mortier rebattu) est interdit.

ATTENTION

- Un excès d'eau de gâchage augmente le retrait de l'enduit et une durée de malaxage insuffisante augmente sa rigidité, ce qui peut aboutir dans les deux cas à une fissuration de l'enduit.
- Des variations dans la préparation du mortier (dosages sur chantier, nombre de sacs introduits dans le malaxeur, quantité d'eau, durée du malaxage, etc.) peuvent aboutir à du nuançage.

2. Application

Un mortier frais peut être appliqué :

- soit manuellement,
- soit mécaniquement.

2.1. Application manuelle

C'est l'application au jeté à la truelle.

Figure 1 : Application manuelle d'un mortier frais

2.2. Application mécanique

L'application mécanique est l'opération de projection, qui peut être effectuée :

- soit au pot de projection pneumatique (type sablon),
- soit à la machine à projeter à gâchage discontinu (pompe à mortier),
- soit à la machine à projeter à gâchage continu (pompe à plâtre),

Figure 2 : Application mécanique par projection

La machine à projeter à gâchage discontinu est la plus adaptée pour les mortiers industriels.

L'emploi en première couche ou monocouche d'un mortier frais fortement rétenteur d'eau est recommandé sur les supports absorbants, par temps chaud ou vent sec.

ATTENTION

Pour des finitions projetées, des variations dans l'application (angle et distance de projection, pression d'air, etc.) peuvent aboutir à du nuançage.

2.3. Dressage

Il consiste à répartir uniformément le mortier fraîchement appliqué sur le support. Le dressage est réalisé avec une règle.

Figure 3 : Dressage d'un enduit à la règle

OBSERVATION

Pour les produits industriels, le fabricant indique le ou les mode(s) d'application possible(s), ainsi que les consommations correspondantes de poudre.

2.4. Serrage

L'opération consiste à améliorer la compacité de l'enduit dressé. Le serrage favorise la fonction d'imperméabilisation. Il est généralement réalisé avec une taloche ou un bouclier.

Figure 4 : Serrage d'un enduit à la taloche

3. Épaisseurs

L'épaisseur d'un enduit appliqué sur maçonnerie doit être respectée pour assurer les fonctions de dressage et d'imperméabilisation.

Tableau 1 : Épaisseurs des enduits d'imperméabilisation en travaux neufs

Supports	Enduits	
	Multicouche	Monocouche
Sur maçonneries courantes	25 à 30 mm	15 à 18 mm
Sur maçonneries soignées	20 à 25 mm	12 à 15 mm
Épaisseur minimale en tout point	15 mm	10 mm

ATTENTION

- Une épaisseur insuffisante favorise la pénétration de l'eau de pluie jusqu'au support, ainsi que le phénomène de « spectres » lié à une différence d'épaisseur entre les éléments de maçonnerie et les joints.
- Des variations localement importantes d'épaisseur peuvent conduire à de la fissuration.

4. Aspects de finition

4.1. Planéité

Le mortier d'enduit est appliqué :

- soit directement sur le support,
- soit entre nus et repères.

Sur maçonnerie courante, l'exécution entre nus et repères permet d'obtenir un enduit à tolérances planimétriques réduites. Sur maçonnerie soignée, elle n'est généralement pas nécessaire.

OBSERVATION

L'exécution entre nus et repères reste rarement effectuée.

Figure 5 : Planéité de l'enduit

La planéité de l'enduit est déterminée par la flèche maximale prise sous la règle de 2 m :

Tableau 2 : Planéité de l'enduit

Courant	Soigné	Exécuté entre nus et repères
10 mm	5 mm	5 mm

4.2. Texture

Elle dépend notamment de la granulométrie des charges.

Tableau 3 : Principaux types de finition des enduits minéraux

Principaux types de finition des enduits minéraux	
Projeté (rustique)	L'aspect final est brut de projection, sans opération supplémentaire
Projeté-écrasé	Après projection, l'enduit frais est écrasé légèrement à l'aide d'une lisseuse ou d'un couteau
Jeté-truelle	L'aspect final est obtenu en jetant l'enduit par petites portions à l'aide d'une truelle
Gratté	L'enduit est dressé à la règle, puis travaillé avec un gratton durant la prise
Gratté-grésé	L'enduit est gratté, puis poncé superficiellement avec une brique abrasive (ex. carborundum) ou un chemin de fer, après durcissement d'au moins 48 heures
Taloché	L'enduit est dressé à la règle, puis serré à la taloche par un mouvement circulaire
Lissé	L'enduit est dressé à la règle puis serré à la lisseuse plastique ou inox
Feutré	L'enduit est dressé à la règle, puis serré avec une taloche munie d'un feutre (finition dite « finement talochée »)
Grésé	L'enduit est finement taloché, puis poncé avec une brique abrasive (ex. carborundum) ou un chemin de fer, après un durcissement d'au moins 48 heures
Lavé	L'enduit est serré à la taloche, puis les grains sont dégagés par lavage à la brosse souple et au jet d'eau, durant la prise
Brossé	L'enduit est serré à la truelle ou à la taloche, puis brossé durant la prise
Tyrolien	L'enduit est projeté en passes croisées, soit pneumatiques (pistolet) ou mécaniques (appareil du type « moustiquette » ou « tyrolienne »)
Granulats projetés	L'enduit est dressé à la règle, puis des granulats de 5 à 8 mm de diamètre sont projetés sur l'enduit encore frais

Figure 6 : Finition projetée

Figure 7 : Finition projetée écrasée

Figure 8 : Finition grattée

> **ATTENTION**
> - La finition talochée, qui peut provoquer des remontées de laitance à la surface de l'enduit, est plus sensible au nuançage et au faïençage. Elle est déconseillée sur de grandes surfaces et/ou en coloris soutenus.
> - La finition grattée peut conduire à du nuançage suite à un mauvais dressage de l'enduit ou du fait d'irrégularités du support. Elle est également plus sensible aux salissures, de par sa rugosité importante.

4.3. Couleur

Elle est conditionnée :

- par le choix des colorants spécifiquement introduits,
- par la couleur naturelle des liants et des charges.

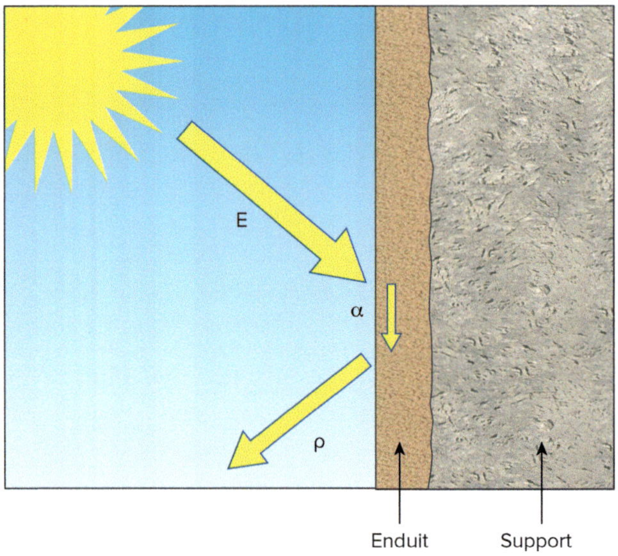

Figure 9 : Émission (E), absorption (α) et réflexion (ρ) du rayonnement solaire

Le coefficient d'absorption du rayonnement solaire de l'enduit, noté α, doit être limité à 0,7.

Les valeurs du coefficient α dépendent de la couleur de l'enduit et ne sont données ci-après qu'à titre indicatif.

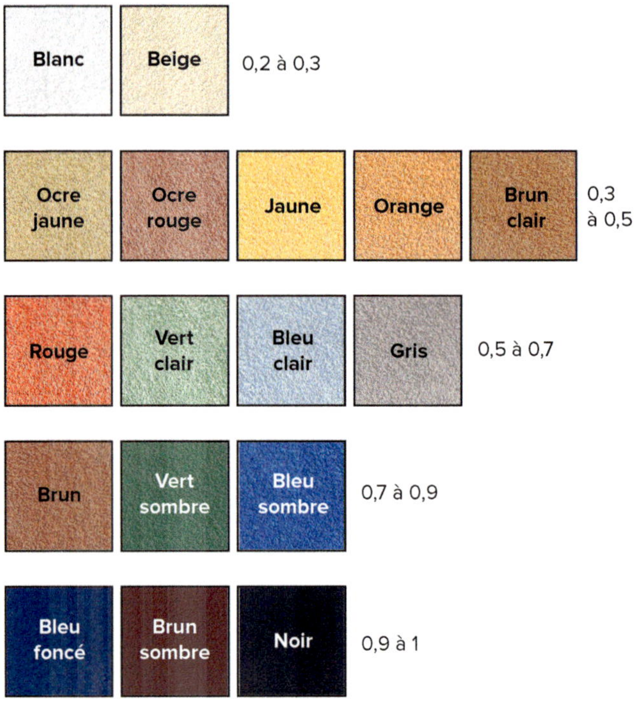

Figure 10 : Valeurs du coefficient α de la couleur de l'enduit

5. Prescriptions générales

Ce sont les prescriptions d'application communes à tous les enduits.

5.1. Conditions climatiques

Les travaux d'enduit doivent être exécutés :

- entre 5 et 30 °C pour les mortiers contenant un liant hydraulique,
- entre 8 et 30 °C pour les mortiers exclusivement à base de chaux et les mortiers d'enduit de parement (CR), spécialement colorés.

Les travaux d'enduits ne doivent pas être exécutés :

- en période de gel,
- sur des supports chauds ou desséchés,
- par vent sec,
- pour les mortiers d'enduit colorés de parement : par temps de pluie, brouillard ou forte humidité.

ATTENTION

- Une application par temps froid et humide peut provoquer des efflorescences, en particulier sur les enduits à la chaux et les enduits décoratifs.
- Une application par temps chaud et vent sec peut provoquer le « grillage » de l'enduit, qui entraîne une friabilité de l'enduit, voire un risque de décollement. Une ré-humidification de l'enduit dans les trois jours qui suivent l'application permet d'éviter le « grillage ».

Parmi les précautions spéciales à prendre au-dessus de 30 °C, on peut citer :

- l'application sur les surfaces à l'ombre (en « tournant avec le soleil »),
- l'humidification dans la masse des supports desséchés,
- la protection des supports contre le vent et un échauffement excessif dû au rayonnement solaire (ex. emploi de bâches ou filets).

OBSERVATION

Il est recommandé de ne pas arroser en plein soleil un enduit en cours de durcissement. L'enduit doit être laissé à sécher pendant au moins 8 heures, puis être humidifié à l'ombre par pulvérisation de bas en haut.

5.2. Parties courantes

Surfaces horizontales ou inclinées

La réalisation d'enduit est proscrite, sauf en sous-face.

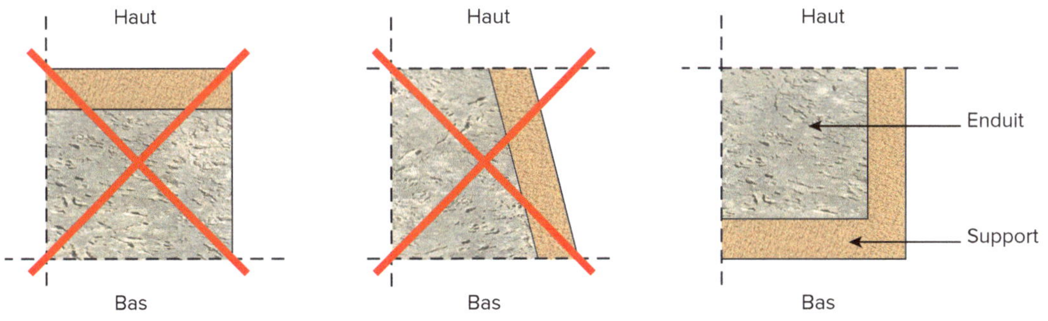

Figure 11 : Réalisation d'enduit sur les surfaces horizontales ou inclinées

Surfaces fortement exposées à la pluie

L'application d'un enduit de classe W 2 (faible capillarité) est recommandée.

Surfaces exposées aux chocs ou à l'abrasion

Mortiers industriels : la classe de résistance CS IV ou CS III est nécessaire.

Mortiers de chantier : son dosage minimal en ciment doit être de 350 kg/m^3 de sable.

Compatibilité entre couches d'enduit

Si l'enduit est réalisé en plusieurs couches :

- mortiers industriels : la classe de résistance de la finition ne doit pas être supérieure à celle du corps d'enduit et la classe de capillarité doit être progressive (de W 0 à W 2) de la première à la dernière couche,
- mortiers de chantier : la règle du dosage dégressif de la première à la dernière couche est appliquée (sur la base du même type de liant).

5.3. Points singuliers

Têtes de mur et appuis d'ouverture

Si la tranche supérieure de l'enduit n'est pas protégée de la pluie par un débord de toiture ou une saillie (ex. appui de baie débordant), il est nécessaire de rapporter un couronnement : bavette, chaperon, couvertine, etc.

Le dispositif doit être muni d'une goutte d'eau pour éviter le ruissellement de l'eau sur la façade (provoquant humidité et salissures).

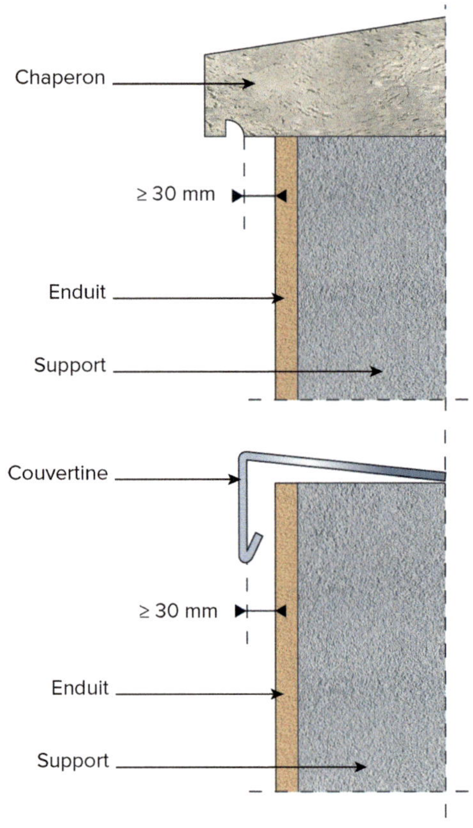

Figure 12 : Exemples de protection de la tranche supérieure d'enduit

Pieds de mur

Les enduits fortement dosés en liants hydrauliques ou à faible capillarité (classe W 2) peuvent être descendus au niveau du sol fini. Il est préférable d'utiliser des enduits de couleurs adaptées, en évitant les teintes trop claires (pour masquer les éventuels rejaillissements).

Les enduits ne contenant pas de liant hydraulique (ex. enduits exclusivement à base de chaux) ou présentant une certaine capillarité (classes W 0 et W 1) doivent être arrêtés au-dessus de la zone de rejaillissement, soit au minimum 15 cm au-dessus du sol, sans toutefois être au-dessous de la coupure de capillarité des maçonneries neuves.

Une cornière métallique peut être utilisée pour l'arrêt horizontal de l'enduit. Elle doit présenter une inclinaison vers l'extérieur pour éviter le ruissellement des eaux de pluie en partie basse.

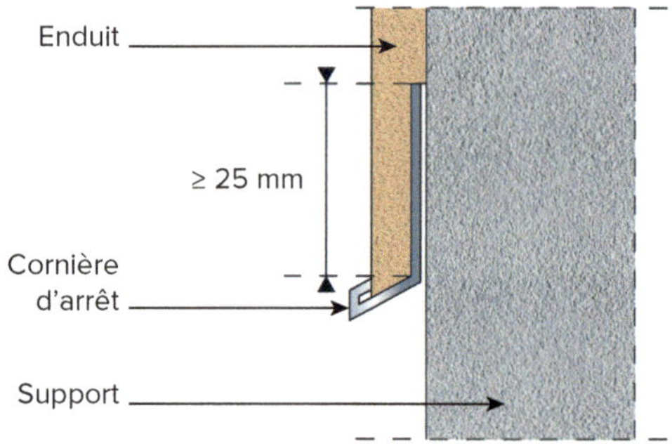

Figure 13 : Arrêt horizontal de l'enduit avec une cornière

Jonctions entre supports différents

Une armature métallique ou un treillis en fibres de verre, d'environ 80 cm de largeur, est incorporé dans l'enduit au niveau de la jonction.

Une fois le renfort posé, l'enduit frais doit être peigné ou griffé et sécher avant l'application d'une couche ultérieure (dans le cas des enduits multicouches).

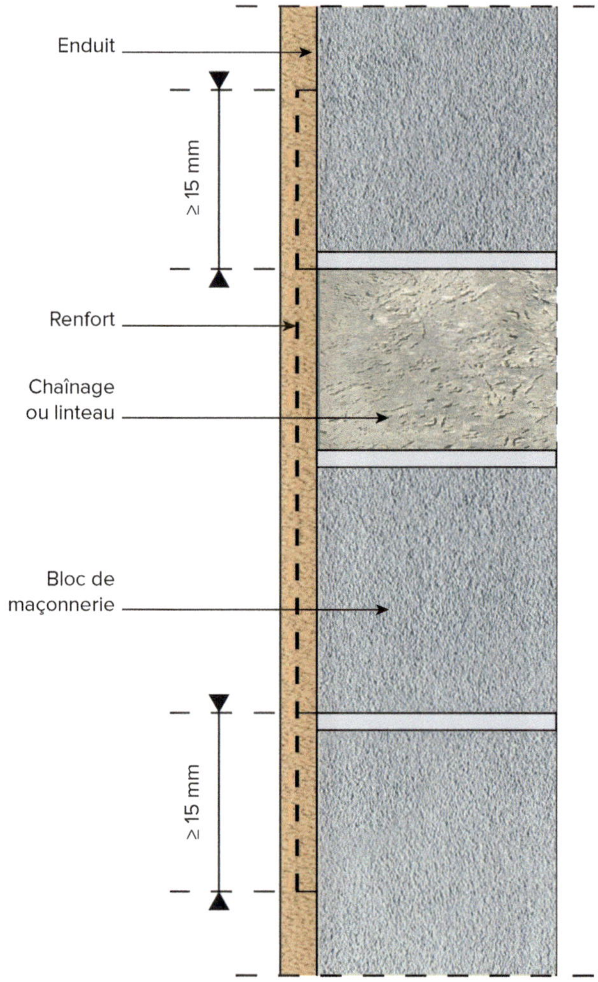

Figure 14 : Renfort mis en place dans l'enduit

OBSERVATION

La préparation des coffres de volet roulant (encollage, pose d'armature, renforts de joint) doit être effectuée préalablement à l'enduisage par le poseur de coffres, en conformité à l'Avis Technique, au Document Technique d'Application ou équivalent.

ATTENTION

La présence d'armature ne permet pas d'exclure les risques de fissuration liés aux mouvements propres du support.

Si un élément est en saillie par rapport à la maçonnerie, des joints calfeutrés par un mastic plastique doivent être prévus si la façade est exposée au vent et au ruissellement des eaux de pluie.

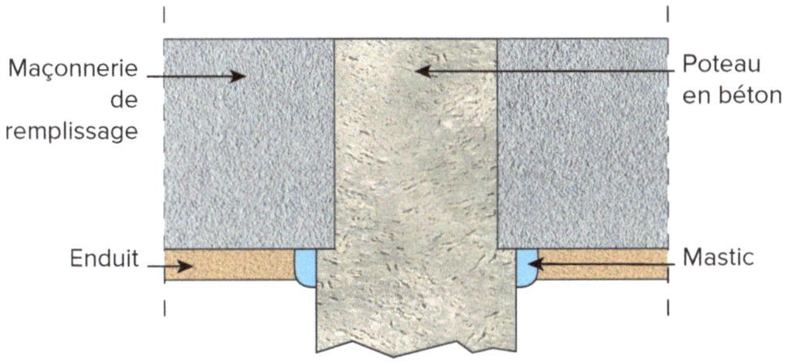

Figure 15 : Coupe horizontale

Joints

Joints de structure

Ils doivent traverser totalement l'épaisseur de l'enduit et doivent être obturés :

- soit par un mastic élastomère,
- soit par un profilé doté d'une partie centrale déformable.

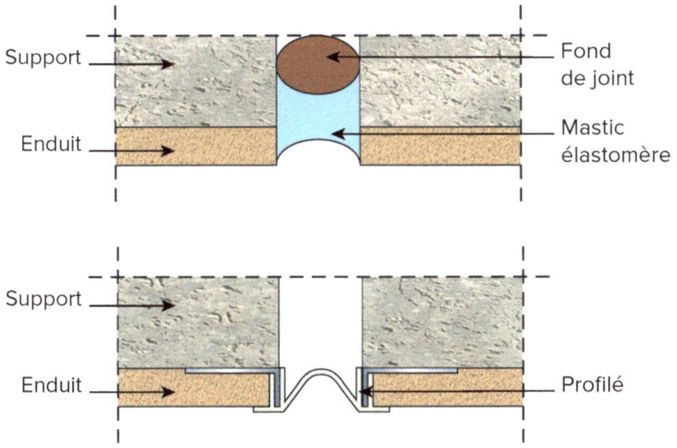

Figure 16 : Traitement des joints de structure (coupes horizontales)

Joints esthétiques

Ils sont principalement destinés à créer un effet décoratif (modénatures d'enduit en creux), à l'horizontale ou à la verticale, par exemple pour souligner des changements de couleurs ou de textures.

Ils se limitent à la couche de finition d'enduits multicouches ou à la surface des enduits monocouches.

L'épaisseur en fond de joint doit rester :

- ≥ 10 mm pour assurer l'imperméabilisation d'un enduit monocouche,
- ≥ 12 mm pour un corps d'enduit.

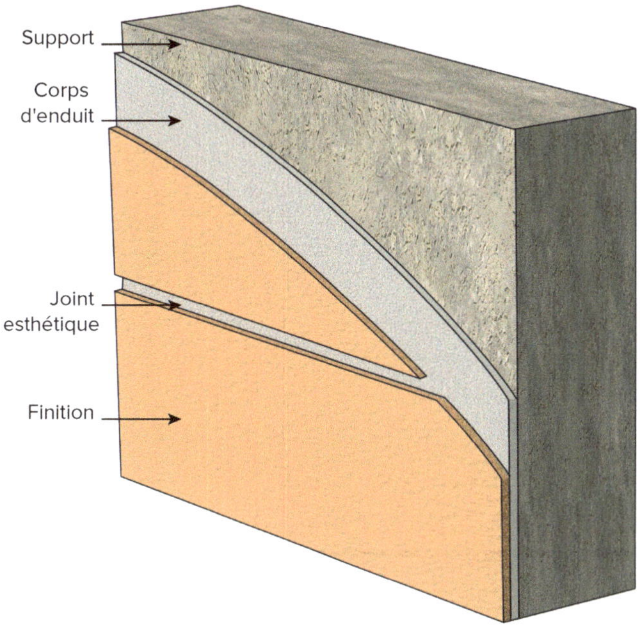

Figure 17 : Joint esthétique horizontal (enduit multicouche)

Figure 18 : Exemple de joint esthétique horizontal et vertical (enduit monocouche)

Arêtes

Elles sont réalisées sans surcharge :

- soit avec un mortier industriel de classe CS IV ou CS III,
- soit avec un mortier de chantier à base de ciment CEM I, CEM II ou CNP, ou un mortier bâtard.

Figure 19 : Angles rentrant et sortant

Des cornières métalliques, préalablement fixées avec le mortier frais, peuvent être utilisés pour l'exécution des arêtes des angles sortants.

L'épaisseur de l'enduit induite par la cornière doit correspondre à l'épaisseur minimale requise.

Lorsque le profilé métallique est recouvert d'un jonc PVC décoratif (pour la finition grattée), celui-ci doit être dégagé de l'enduit.

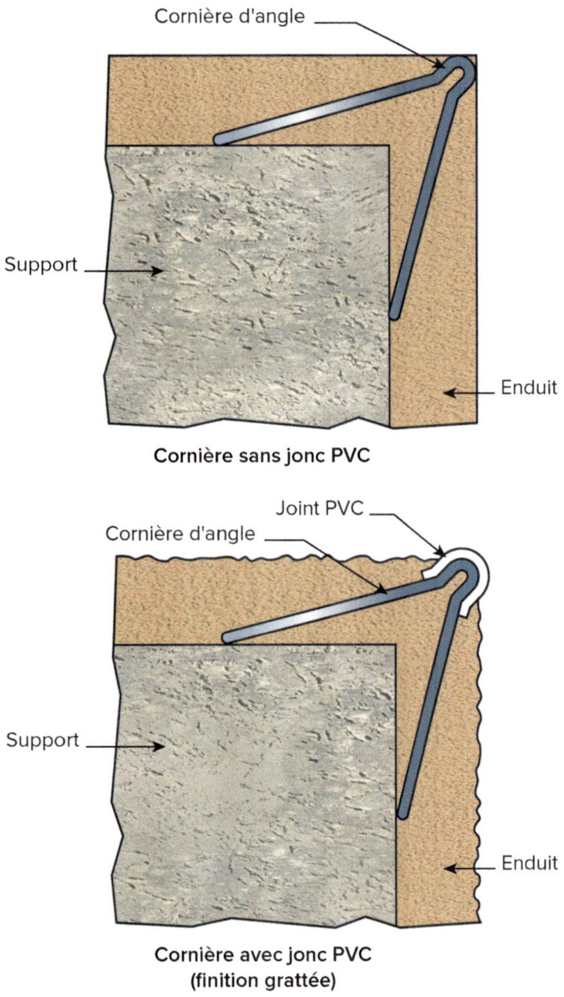

Figure 20 : Coupes horizontales

Figure 21 : Angle sortant avec jonc PVC

OBSERVATION

Les angles rentrants peuvent être réalisés à l'aide d'une truelle d'angle.

ATTENTION

Au voisinage des chaînes d'angles ou des encadrements en pierre, l'enduit doit être légèrement en retrait, voire au même nu que la pierre, mais ne doit pas être en saillie.

Surépaisseurs

Il est possible d'exécuter l'enduit avec des parties en surépaisseur (modénatures d'enduit en saillie) :

- en une seule couche, la surépaisseur est ≤ 10 mm,
- en deux couches (espacées d'au moins 48 heures), la surépaisseur est ≤ 25 mm.

Les surépaisseurs sont limitées à la création de bandeaux ou d'encadrements.

ATTENTION

Les modénatures d'enduit en saillie augmentent les risques de salissures par écoulement d'eau localisés.

5.4. Collage de carrelage

Si du carrelage est collé sur l'enduit, ce dernier doit être capable de supporter les contraintes de cisaillement dues à la rigidité du carrelage. Deux cas de pose se présentent :

- sur de grandes surfaces : seuls les mortiers industriels de classe CS IV et les mortiers de chantier avec un dosage minimal en ciment de 350 kg/m^3 de sable peuvent convenir,
- sur des surfaces réduites (bandeau, encadrement, etc.) : les mortiers industriels de classe CS III et les mortiers de chantier avec un dosage minimal en ciment de 300 kg/m^3 de sable sont admis. Ce cas concerne également les petits éléments (ex. plaquettes de terre cuite) posés à joints larges (> 6 mm).

Chapitre 6 : **Enduits sur supports neufs**

Le marché du neuf est largement dominé par les enduits monocouches.

Mais les supports neufs sont également visés par les enduits multicouches ; les différentes couches sont constituées de mortiers industriels ou de mortiers de chantier.

Figure 1 : Support neuf

Tableau 1 : Enduits sur supports neufs

Multicouches	Monocouches
2 ou 3 couches	1 couche
- Gobetis - Corps d'enduit - Finition	1 ou 2 passe(s)
Application dite « frais sur sec » Attente entre couches : plusieurs jours	Application dite « frais sur frais » Attente entre passes : plusieurs heures

ATTENTION

Dans les tableaux qui suivent, les dosages en liants des mortiers préparés sur chantier sont indiqués en kg par m^3 de sable à l'état sec. En effet, les sables sur chantier sont plus ou moins humides, ce qui provoque leur foisonnement. L'absence de correction entraîne une surestimation des quantités de liants et donc une modification des performances recherchées.

1. Les enduits multicouches appliqués manuellement

NF DTU 26.1

Ils se caractérisent par leur mode d'application en trois couches distinctes :

- le gobetis (ou couche d'accrochage),
- le corps d'enduit,
- la finition.

L'application de ces enduits est manuelle, au jeté à la truelle. L'ensemble des trois couches assure les fonctions de dressage, d'imperméabilisation et de parement du support.

Ces enduits s'appliquent sur maçonneries.

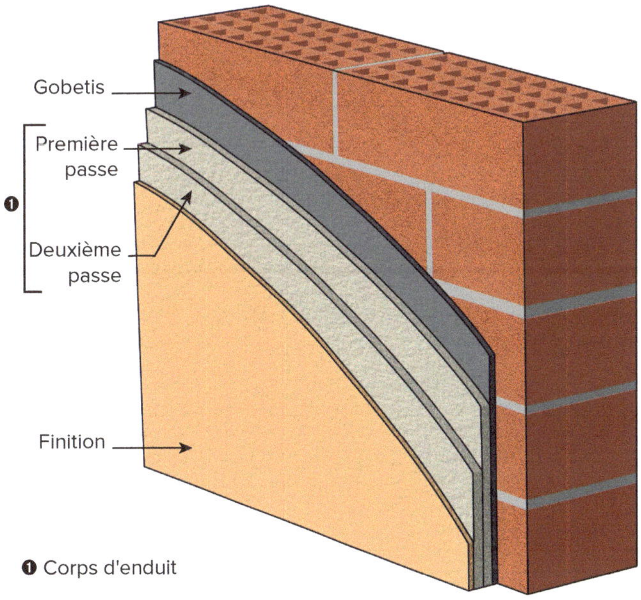

Figure 2 : Enduit multicouche appliqué manuellement

1.1. Gobetis

Il permet d'assurer l'adhérence de la couche ultérieure.

Le gobetis est constitué d'un mortier de liants minéraux, avec ou sans résine d'adjonction. Il s'agit :

- soit d'un mortier industriel,
- soit d'un mortier de chantier.

Le mortier de chantier est préparé selon l'un des dosages en liants indiqués dans le tableau ci-après.

Tableau 2 : Dosages du gobetis

Dosages du gobetis (en kg par m³ de sable) pour un enduit multicouche appliqué manuellement			
		Ciment	Chaux
Rt 3	Liant pur	500 à 600	
	Bâtard	250 à 350	150
Rt 2	Liant pur	400 à 500	
			500
	Bâtard	150 à 250	200 à 250
Rt 1	Liant pur	400	
			350 à 400
	Bâtard	50 à 100	300

La surface d'un mortier de liants minéraux doit rester rugueuse pour favoriser l'adhérence de la couche ultérieure.

Suivant les conditions climatiques, le délai de durcissement est de 2 à 7 jours.

ATTENTION

L'utilisation de microgobetis en pâte est réservée quasi exclusivement au support en béton avec un temps de séchage de 1 à 24 heures.

1.2. Corps d'enduit

Il assure la planéité et l'essentiel de l'imperméabilisation du support.

Le corps d'enduit est un mortier de liants minéraux qui peut être :

- soit un mortier d'enduit performanciel (GP),
- soit un mortier de chantier.

Le mortier GP doit avoir une classe de résistance compatible avec celle du support.

Le mortier de chantier est préparé selon l'un des dosages en liants indiqués ci-après ; pour les maçonneries de classe Rt 2, les valeurs basses des fourchettes indiquées sont appliquées.

Tableau 3 : Dosages du corps d'enduit

		Dosages du corps d'enduit (en kg par m³ de sable) pour un enduit multicouche appliqué manuellement			
		Ciment	Chaux hydraulique	Chaux aérienne	Dosage global en liants
Rt 3 ou Rt 2	Liant pur	350 à 450			350 à 450
			350 à 450		
	Bâtard	100 à 200	150 à 350		
		150 à 350		100 à 200	
Rt 1	Liant pur		300 à 350		350 à 450
	Bâtard	50 à 100	200 à 250		
		50 à 100		200 à 250	
				50 à 100	

Le corps d'enduit est appliqué sur le gobetis durci et ré-humidifié (mais non ruisselant). Suivant l'épaisseur, l'application est effectuée en une ou deux passes. La couche est dressée à la règle puis serrée à la taloche, mais ne doit pas être lissée. Si la couche ultérieure est de nature minérale, la surface est griffée ou peignée après serrage.

Dans des conditions climatiques moyennes, le délai de durcissement est de 4 à 7 jours. Ce délai est allongé pour les mortiers à la chaux et/ou par temps frais et humide.

L'épaisseur du corps d'enduit (incluant le gobetis) ne doit pas être < 12 mm.

1.3. Finition

Elle joue à la fois un rôle décoratif, assure la protection du corps d'enduit et contribue à l'imperméabilisation globale du support.

La finition est constituée :

- soit d'un mortier de liants minéraux,
- soit d'un revêtement à base de liants organiques.

Dans le cas d'un mortier de liants minéraux, il s'agit :

- soit d'un mortier d'enduit coloré de parement (CR),
- soit d'un mortier d'enduit monocouche (OC),
- soit d'un mortier de chantier.

Le mortier CR ou OC doit présenter une classe de résistance inférieure ou égale à celle du corps d'enduit.

Le mortier de chantier est préparé selon l'un des dosages en liants indiqués ci-dessous ; pour les maçonneries de classe Rt 2, les valeurs basses des fourchettes indiquées sont appliquées.

Tableau 4 : Dosages de la finition

		Dosages de la finition (en kg par m³ de sable) pour un enduit multicouche appliqué manuellement			
		Ciment	Chaux hydraulique	Chaux aérienne	Dosage global
Rt 3 ou Rt 2	Liant pur	250 à 350			250 à 350
			200 à 400		200 à 400
	Bâtard	50 à 100	100 à 200		200 à 350
		50 à 150		100 à 200	
			150 à 250	50 à 150	
Rt 1	Liant pur		200 à 300		200 à 300
	Bâtard	50 à 100	100 à 200		
		50 à 100		100 à 250	
			150 à 200	50 à 100	

L'épaisseur de la finition ne doit pas être < 3 mm.

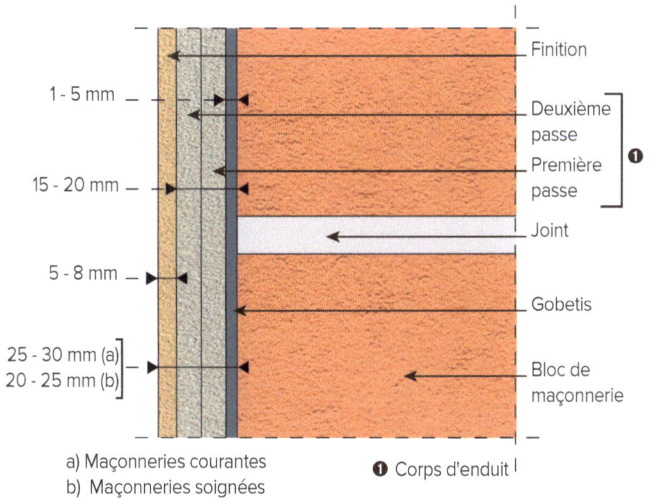

Figure 3 : Épaisseurs moyennes des couches d'enduit sur supports de classe Rt 3 et Rt 2

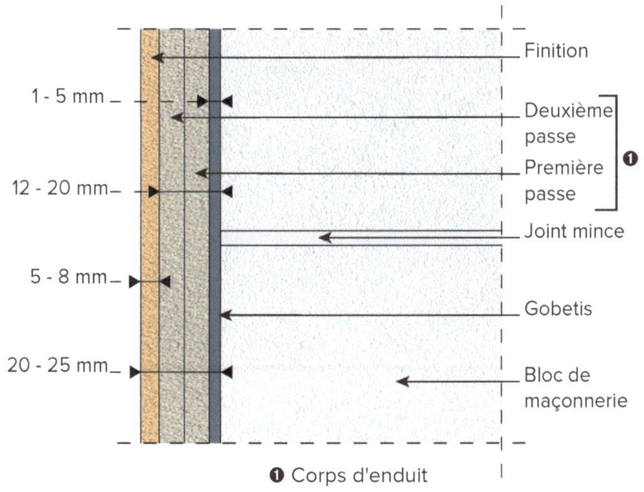

Figure 4 : Épaisseurs moyennes des couches d'enduit sur supports de classe Rt 1

ATTENTION

Un enduit multicouche appliqué sur maçonnerie de classe Rt 1 ne doit pas présenter une épaisseur totale > 25 mm.

OBSERVATION

La couche de finition peut également viser les supports en béton dont la planéité, suffisante, n'a pas nécessité l'exécution d'un enduit de dressement. L'application préalable d'un microgobetis est néanmoins nécessaire.

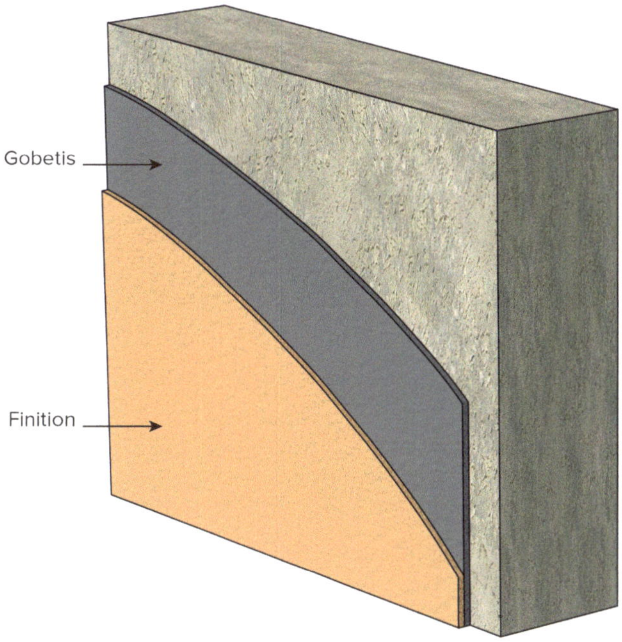

Figure 5 : Enduit décoratif sur béton

Dans le cas d'une finition de nature organique, il s'agit :

- soit d'un enduit organique (revêtement plastique épais) conforme à la norme NF EN 15824, et dont la mise en œuvre est décrite par le DTU 59.2,
- soit d'un revêtement d'imperméabilité (revêtement semi-épais) conforme à la norme NF EN 1062-1 et dont la mise en œuvre est décrite par le DTU 42.1.

1.4. Cas particulier de l'enduit tyrolien

L'enduit (ou mouchetis) tyrolien est une finition réalisée avec un mortier industriel ou préparé sur chantier (dosages en liants correspondant aux valeurs hautes des fourchettes indiquées dans le tableau précédent) du fait de leur épaisseur réduite (entre 3 et 7 mm).

L'enduit tyrolien est exécuté en trois passes croisées minimum. L'aspect est obtenu par projection pneumatique (au pistolet) ou mécanique (appareil du type moustiquette ou tyrolienne).

Figure 6 : Application d'un enduit tyrolien

2. Les enduits multicouches projetés mécaniquement

NF DTU 26.1

Ils se caractérisent par leur mode d'application en deux couches distinctes. L'ensemble des deux couches assure les fonctions de dressage, d'imperméabilisation et de parement du support.

L'application par projection mécanique apporte un meilleur accrochage au support et permet la réalisation en deux couches au lieu de trois.

Ces enduits s'appliquent sur maçonneries.

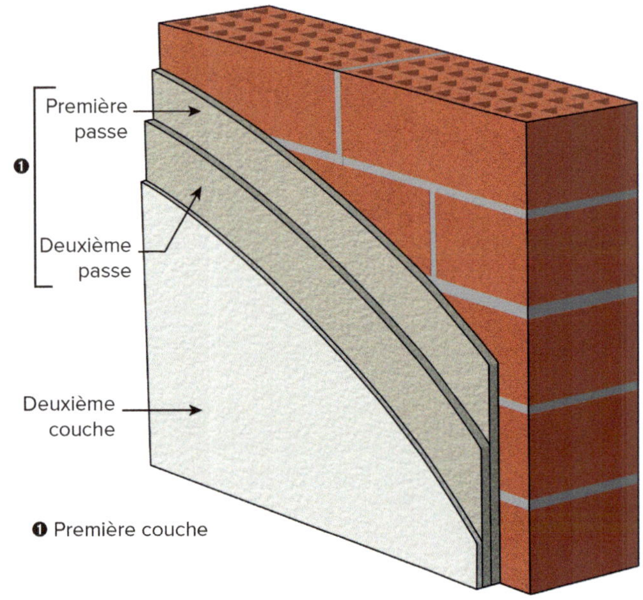

Figure 7 : Enduit multicouche projeté mécaniquement

> **ATTENTION**
> Les supports de classe Rt 1 nécessitent néanmoins l'application préalable d'un gobetis dont la recette est la même que celle des enduits multicouches appliqués manuellement.

2.1. Première couche

Elle assure l'adhérence de la couche ultérieure, participe à l'imperméabilisation et permet l'éventuel rattrapage des irrégularités du support.

La première couche peut être :

- soit un mortier d'enduit performanciel (GP),
- soit un mortier de chantier.

Le mortier GP doit avoir une classe de résistance compatible avec celle du support.

Le mortier de chantier est préparé selon l'un des dosages en liants indiqués ci-dessous ; pour les maçonneries de classe Rt 2, les valeurs basses des fourchettes indiquées sont appliquées.

Tableau 5 : Dosages de la première couche

		Dosages de la première couche (en kg par m^3 de sable) pour un enduit multicouche projeté mécaniquement			
		Ciment	Chaux hydraulique	Chaux aérienne	Dosage global en liants
Rt 3 ou Rt 2	Liant pur	350 à 450			350 à 450
			350 à 450		
	Bâtard	100 à 200	150 à 300		
		200 à 300		150 à 250	
Rt 1	Bâtard	50 à 100	200 à 250		300 à 350
		50 à 100		200 à 250	
			200 à 250	50 à 100	

Suivant l'épaisseur, l'application est effectuée en une ou deux passes. La couche est dressée à la règle mais non serrée.

Dans des conditions climatiques moyennes, le délai de durcissement est de 4 à 7 jours. Ce délai est allongé pour les mortiers à la chaux et/ou par temps frais et humide.

2.2. Deuxième couche

Elle complète l'imperméabilisation du support et joue un rôle décoratif.

La deuxième couche peut être :

- soit un mortier d'enduit de parement (CR),
- soit un mortier d'enduit monocouche (OC),
- soit un mortier de chantier.

Le mortier CR ou OC doit avoir une classe de résistance inférieure à celle du corps d'enduit.

Le mortier de chantier est préparé selon l'un des dosages en liants indiqués ci-dessous ; pour les maçonneries de classe Rt 2, les valeurs basses des fourchettes indiquées sont appliquées.

Tableau 6 : Dosages de la deuxième couche

		Dosages de la deuxième couche (en kg par m^3 de sable) pour un enduit multicouche projeté mécaniquement			
		Ciment	Chaux hydraulique	Chaux aérienne	Dosage global
Rt 3 ou Rt 2	Liant pur	250 à 350			250 à 350
			250 à 400		250 à 400
	Bâtard	50 à 100	150 à 250		200 à 350
		100 à 300		100 à 200	
			150 à 250	50 à 150	
Rt 1	Liant pur		200 à 300		200 à 300
	Bâtard	50 à 100	100 à 200		
		50 à 100		100 à 250	
			150 à 200	50 à 100	

La deuxième couche est exécutée sur la première couche durcie et ré-humidifiée (mais non ruisselante). Cette couche est serrée à la taloche mais non lissée.

Le délai d'attente, variable selon les conditions climatiques, ne doit pas être inférieur à 7 jours.

L'épaisseur des deux couches projetées ne doit pas être < 15 mm.

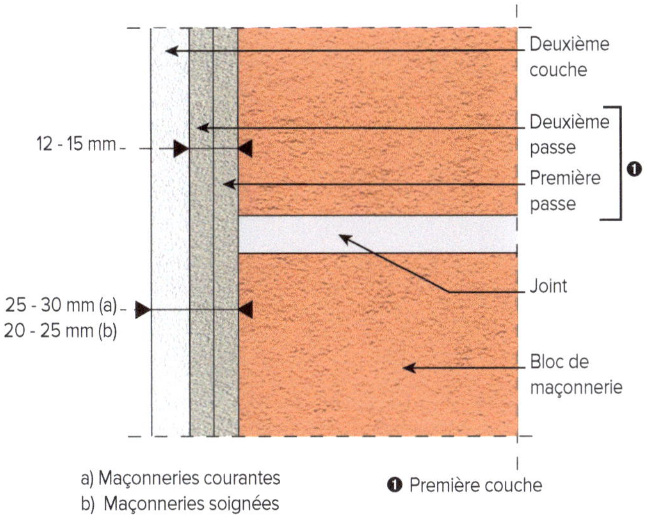

Figure 8 : Épaisseurs moyennes des couches d'enduit sur supports de classe Rt 3 et Rt 2

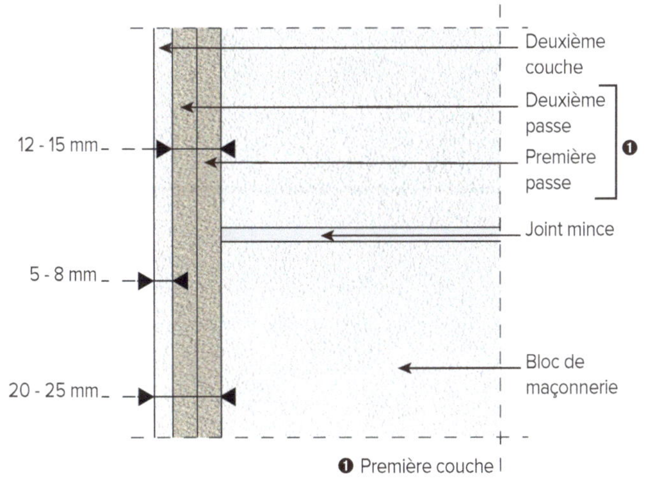

Figure 9 : Épaisseurs moyennes des couches d'enduit sur supports de classe Rt 1

OBSERVATION

Pour les maçonneries de classe Rt 1, l'épaisseur de la deuxième couche est comprise entre 5 et 8 mm et l'épaisseur totale de l'enduit ne doit pas être > 25 mm.

Une finition organique est également possible sur ces supports ; la finition est alors la même que celle employée dans les enduits multicouches appliqués manuellement.

3. Les enduits monocouches

NF DTU 26.1

Certification QB

Ils se caractérisent par leur mode d'application en une couche réalisée avec le même mortier industriel, noté OC. Cette couche remplit à la fois les fonctions de dressage, d'imperméabilisation et de parement du support.

Les enduits monocouches s'appliquent :

- sur maçonneries,
- sur supports en béton.

Ils font l'objet de la certification QB.

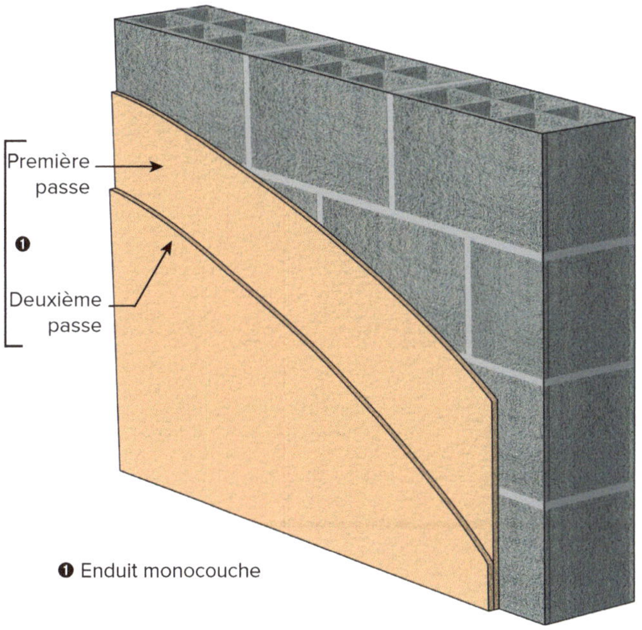

Figure 10 : Enduit monocouche sur maçonnerie

OBSERVATION

La composition des enduits monocouches est relativement complexe. Elle s'appuie sur un liant à base de ciment et de chaux, des charges (granulats courants et/ou légers et fillers calcaires), des colorants et de multiples adjuvants organiques (rétenteurs d'eau, hydrofuges, entraîneurs d'air, etc.).

La compatibilité de l'enduit monocouche avec le support est déterminée selon la norme NF EN 1015-21, indépendamment de la classe de résistance déclarée de l'enduit.

Il existe trois catégories d'enduit monocouche : OC 1, OC 2 et OC 3, définies par rapport à la classe du support.

Tableau 7 : Catégorie d'enduit monocouche

	OC 1	OC 2	OC 3
Supports Rt 1	Oui	Non	Non
Supports Rt 2	Oui	Oui	Non
Supports Rt 3 et béton	Oui	Oui	Oui

La catégorie de l'enduit est attestée par la certification.

3.1. Intérêt de la certification CSTB

La certification QB du mortier d'enduit monocouche atteste de :

- la constance de qualité de fabrication des mortiers (contrôle des matières premières, du procédé de fabrication et des produits finis),
- la conformité aux normes en vigueur.

Figure 11 : Marquage QB

ATTENTION

Il faut lire attentivement le certificat avant d'utiliser l'enduit.

3.2. Application sur maçonneries

Les enduits monocouches qui assurent directement l'imperméabilisation doivent être :

- de classe de capillarité W 1,
- de classe de capillarité W 2 pour les façades fortement exposées à la pluie.

L'application se fait en deux passes par projection mécanique. La première passe doit être dressée et serrée mais non lissée.

Pour les maçonneries de classe Rt 3 et Rt 2, l'épaisseur finale ne doit pas excéder 25 mm ponctuellement. Elle ne doit pas non plus être < 10 mm. La première passe ne doit pas être < 7 mm (10 mm pour la finition projetée ou projetée-écrasée).

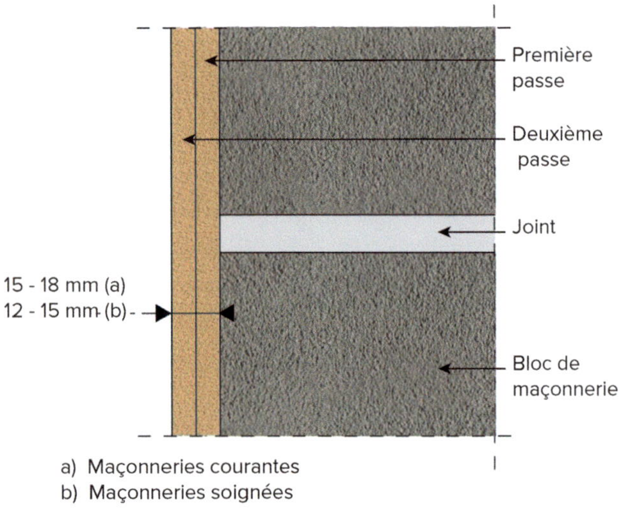

Figure 12 : Épaisseurs moyennes des passes d'enduit sur supports de classe Rt 3 et Rt 2

Pour les maçonneries de classe Rt 1 : l'épaisseur minimale en tout point est de 10 mm ; l'épaisseur maximale est de 20 mm.

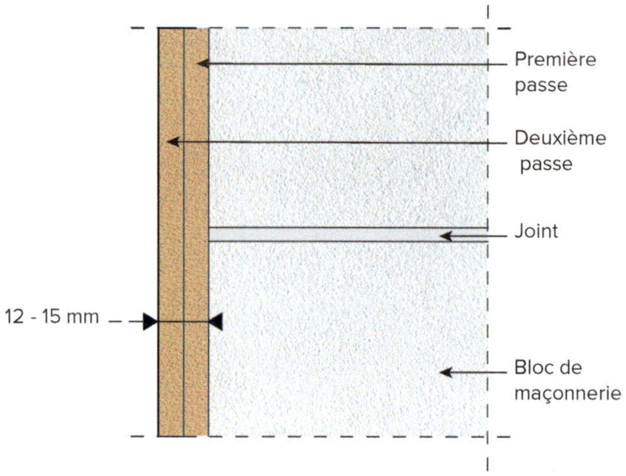

Figure 13 : Épaisseurs moyennes des passes d'enduit sur supports de classe Rt 1

Sur des éléments de maçonnerie présentant une absorption d'eau liquide importante, l'application est effectuée en deux passes pour éviter le phénomène de « spectres ».

OBSERVATION

L'application d'un enduit monocouche en une seule passe dressée et serrée n'est admise que pour la finition grattée. Les supports maçonnés doivent alors être homogènes et soignés.

3.3. Application sur supports en béton

L'enduit monocouche est appliqué par projection mécanique en deux passes.

Sur béton banché lisse, l'application préalable d'un microgobetis peut être nécessaire, selon les indications données dans le certificat.

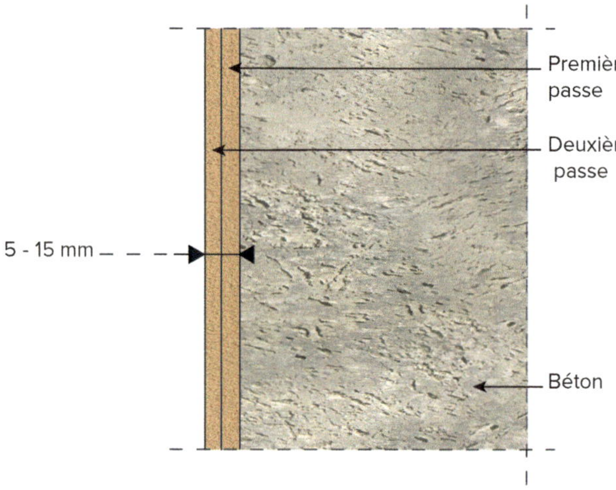

Figure 14 : Épaisseurs moyennes des passes d'enduit sur béton

4. Les enduits en soubassement

NF DTU 26.1

Ce sont les enduits appliqués sur la face extérieure enterrée des murs de soubassement ou en fondation. L'enduit est réalisé en deux couches avec le même mortier. L'application peut être manuelle ou mécanique.

Les enduits en soubassement sont :

- soit des mortiers industriels,
- soit des mortiers de chantier.

Les mortiers industriels doivent avoir une résistance mécanique suffisante (classe CS IV ou CS III) et une faible capillarité (classe W 2).

Les mortiers de chantier sont préparés selon les dosages en ciment indiqués ci-dessous.

Tableau 8 : Dosage en ciment

Dosage en ciment CEM I ou CEM II (en kg par m³ de sable) des mortiers d'enduit en soubassement	
Première couche	500 à 600
Seconde couche	450 à 550

L'épaisseur de chaque couche doit être comprise entre 8 et 15 mm.

L'épaisseur moyenne cumulée des deux couches doit être comprise entre 20 et 25 mm, de façon à assurer en tout point un recouvrement ≥ 15 mm.

Le temps d'attente entre les deux couches doit être > 3 jours.

L'enduit prévu sur les maçonneries enterrées doit être également exécuté sur une hauteur > 15 cm au-dessus du sol fini extérieur ; dans tous les cas, le haut de l'enduit ne doit pas se situer sous la coupure de capillarité.

OBSERVATION

La coupure de capillarité doit elle-même se situer à 15 cm au moins au-dessus du niveau le plus haut du sol fini extérieur.

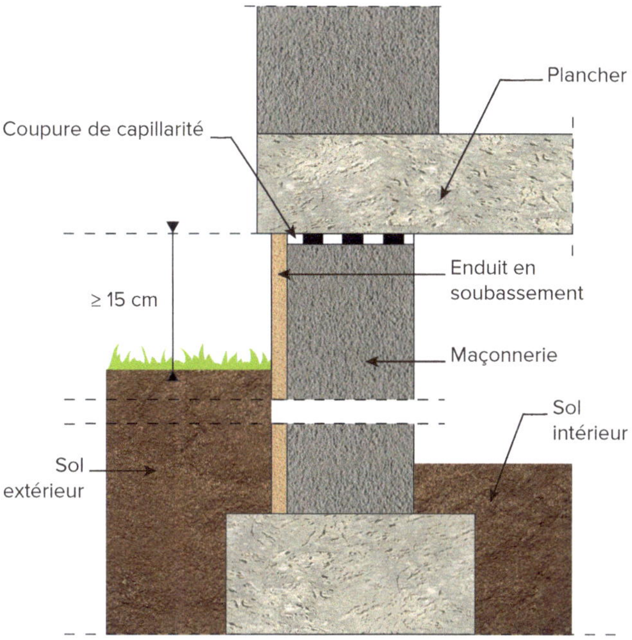

Figure 15 : Enduit en soubassement

OBSERVATION

Si un mortier d'enduit monocouche (OC) est appliqué en soubassement, il doit être exécuté en deux passes d'au moins 15 mm d'épaisseur finie.

5. Les enduits sur lattis métallique

NF DTU 26.1

Ils visent essentiellement les constructions à ossature bois, ainsi que l'habillage des joues de lucarnes en toiture.

Ces enduits sont appliqués sur un lattis métallique (treillis métallique soudé ou lattis à nervures déployé) fixé mécaniquement sur des montants verticaux. Le lattis constitue le support, en ménageant une ventilation par lame d'air.

L'enduit est réalisé en deux couches avec éventuellement une troisième couche de finition décorative. Le corps d'enduit est soit un mortier industriel de classe de résistance CS IV ou CS III, soit un mortier de chantier fortement dosé en liants hydrauliques.

OBSERVATION

Les enduits sur lattis métallique sont notamment employés en rénovation lorsque la paroi est dégradée ou très friable.

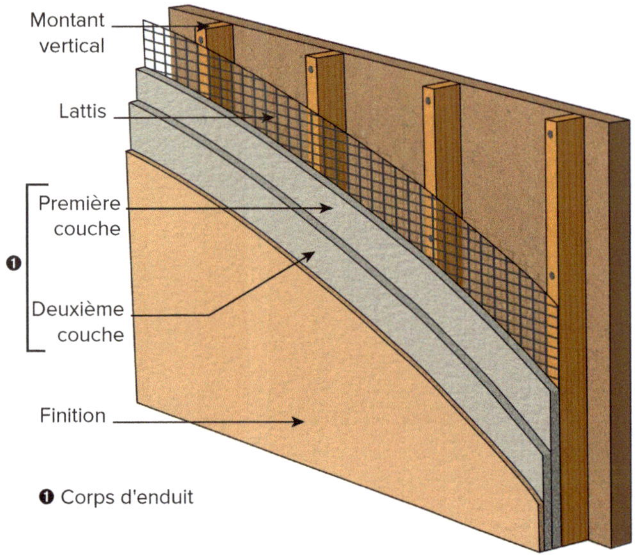

Figure 16 : Enduit sur lattis métallique

ATTENTION

L'enduit appliqué sur lattis métallique subit les mouvements de la structure et de son support : il peut donc présenter des fissures en cas de forte déformation.

Chapitre 7 : **Enduits sur supports anciens**

NF DTU 26.1

Documents Techniques d'Application

Ce sont les enduits destinés à la réfection des maçonneries anciennes de moellons en pierre ou de briques en terre cuite hourdées avec des mortiers peu cohésifs (joints friables), ces maçonneries étant éventuellement enduites.

Les enduits monocouches et les mortiers industriels de classe CS IV ne sont généralement pas adaptés à ces supports.

Les enduits couramment employés pour les maçonneries anciennes sont les enduits de rénovation.

Figure 1 : Maçonnerie ancienne

OBSERVATION

Sur les murs présentant des traces d'humidité et de sels (ex. salpêtre), l'utilisation d'un mortier d'enduit d'assainissement (R) pour la réalisation d'un corps d'enduit se fait après curage du support. L'enduit ne doit pas être recouvert d'une couche de finition présentant une faible perméabilité. Les revêtements d'imperméabilité ou les revêtements carrelés sont proscrits.

1. Les enduits exclusivement à la chaux aérienne

Ils contribuent principalement à la fonction de décoration du support.

Ces enduits sont exécutés soit en deux couches (gobetis et corps d'enduit), soit en trois couches (incluant la finition). Ce sont :

- soit des mortiers industriels de classe CS III, CS II ou CS I,
- soit des mortiers de chantier dont les dosages sont indiqués ci-dessous.

Tableau 1 : Dosage des mortiers à la chaux aérienne

Dosage (en kg par m³ de sable) des mortiers à la chaux aérienne	
Couche	Chaux CL ou DL
Gobetis	250 à 300
Corps d'enduit	200 à 250
Finition	150 à 250

ATTENTION

Le sable ne doit pas contenir un taux de fines supérieur à 15 %.

1.1. Gobetis

Il est appliqué avec une épaisseur maximale de 10 mm. Les irrégularités importantes du support peuvent être rattrapées par l'application en deux passes. Suivant les conditions climatiques, le délai de durcissement du gobetis à respecter est de 2 à plusieurs semaines.

1.2. Corps d'enduit

Il est appliqué avec une épaisseur maximale de 10 mm.

1.3. Finition

Elle doit couvrir le corps d'enduit sans surcharge, avec une épaisseur de 5 mm environ.

1.4. Prescriptions particulières

Ces enduits ne doivent pas être exécutés en soubassements enterrés et sur une hauteur ≤ 50 cm à partir du niveau du sol, en zone de rejaillissement des eaux de pluie.

Ils ne peuvent être entrepris que dans des conditions climatiques favorables : période ni trop sèche, ni trop humide et en dehors des périodes hivernales.

Lors de la mise en œuvre et après coup, l'enduit doit être protégé de la pluie, du soleil et du vent (bâchage) pendant plusieurs jours. Le risque de gel doit être exclu pendant une période d'au moins 1 à 2 mois après exécution de l'enduit.

2. Les enduits exclusivement à la chaux hydraulique

Les enduits sont exécutés en trois couches (gobetis, corps d'enduit et finition). Ce sont :

- soit des mortiers industriels de classe CS III, CS II ou CS I,
- soit des mortiers de chantier dont les dosages sont indiqués ci-dessous.

Tableau 2 : Dosage des mortiers à la chaux hydraulique

Dosage (en kg par m^3 de sable) des mortiers à la chaux hydraulique	
Couche	**Chaux NHL, NHL-Z ou HL**
Gobetis	400 à 450
Corps d'enduit	300 à 350
Finition	250 à 300

2.1. Gobetis

Il est appliqué avec une épaisseur comprise entre 5 et 8 mm. Il n'est pas nécessaire en cas d'application par projection mécanique du corps d'enduit. Suivant les conditions climatiques, le délai de durcissement du gobetis à respecter est de 2 jours minimum.

2.2. Corps d'enduit

Il est appliqué sur gobetis durci et ré-humidifié. L'épaisseur moyenne du corps d'enduit, incluant le gobetis, est comprise entre 15 et 20 mm. Suivant les conditions climatiques, le délai de durcissement du gobetis à respecter est de 7 jours minimum. Ce délai est allongé pour les mortiers par temps frais et humide.

Le corps d'enduit doit être protégé de la pluie et du vent pendant au minimum 24 heures (ex. bâchage).

2.3. Finition

Elle peut être réalisée avec un mortier d'enduit de parement (CR). Elle est appliquée sur corps d'enduit durci et ré-humidifié, avec une épaisseur comprise entre 5 et 7 mm.

3. Les enduits bâtards

Ils sont constitués à partir d'un mélange de ciment et de chaux. La prise hydraulique, à court terme, est renforcée par la prise aérienne à long terme.

Les enduits bâtards sont fabriqués sur chantier selon les dosages indiqués ci-dessous.

Tableau 3 : Dosages des liants

Dosages des liants (en kg par m^3 de sable) des mortiers bâtards					
Couche	**Ciment**		**Chaux**		**Dosage global en liants**
	CEM	**CNP**	**Hydraulique**	**Aérienne**	
Gobetis	150 à 300			100 à 250	350 à 400
		100 à 200		100 à 250	
	50 à 200		150 à 300		
		100 à 200	200 à 300		
Corps d'enduit	50 à 200			100 à 250	200 à 350
	50 à 100		150 à 250		
			150 à 250	100 à 150	
		50 à 150	200 à 250		
		50 à 150		200 à 250	
Finition	50 à 150			100 à 250	200 à 300
	50 à 100		150 à 200		
			100 à 150	100 à 150	
		50 à 100	150 à 200		
		50 à 100		100 à 150	

Les enduits bâtards peuvent être exécutés :

- soit en trois couches (gobetis, corps d'enduit et finition),
- soit en deux couches (corps d'enduit et finition) par projection mécanique.

Pour la réalisation d'un gobetis à durcissement rapide, il est possible d'utiliser un mortier de chantier selon les dosages en liants hydrauliques des enduits multicouches sur supports de classe Rt 1.

Le délai d'exécution de différentes couches avec un mortier de ciment CNP et de chaux doit être supérieur à 48 heures.

OBSERVATION

L'incorporation d'adjuvants peut être nécessaire pour améliorer la consistance et permettre le passage en machine du mortier frais

4. Les enduits aux mortiers de plâtre et chaux aérienne

Les MPC visent essentiellement la rénovation des façades anciennes montées et/ou enduites avec du plâtre.

Les enduits aux MPC sont :

- soit des mortiers industriels,
- soit des mortiers de chantier dont les dosages sont indiqués ci-dessous.

Tableau 4 : Dosage (en volume) du MPC

Plâtre gros	Chaux aérienne	Sable	Eau
3 volumes	1 volume	2 volumes	2,5 volumes

Le mélange des liants et du sable doit être effectué à sec, préalablement au gâchage.

4.1. Application

Elle s'effectue exclusivement par application manuelle.

L'application se fait en plusieurs passes ; chaque passe doit être recoupée d'une manière suffisamment grossière (avec une berthelet) avant application de la passe suivante pour en faciliter l'accrochage.

L'application du MPC est effectuée sur une épaisseur moyenne comprise entre 30 et 50 mm. Il y a deux cas :

- une couche d'épaisseur ≤ 30 mm peut normalement être exécutée en une passe,
- une couche d'épaisseur > 30 mm est appliquée en passes successives de 20 à 25 mm, sur un temps suffisamment court pour que la couche soit homogène.

La dernière passe doit être coupée ou grattée pour donner l'aspect de finition.

Les finitions « jeté-truelle » ou « feutrée » sont proscrites.

OBSERVATION

Les travaux de ravalement avec reprises partielles d'enduit au MPC sont réalisés selon le DTU 42.1.

En cas d'élimination totale d'un enduit au plâtre, le nouvel enduit sera réalisé avec un mortier de liants sans aluminates (réaction chimique expansive avec le sulfate de calcium du plâtre).

4.2. Prescriptions particulières

Pièces en bois et en fer

Les éléments en bois sains doivent être traités avant la mise en œuvre d'un enduit sur treillis métallique en recouvrement.

Les parties métalliques doivent être mises à nu et brossées avant d'être passivées (protection contre la corrosion).

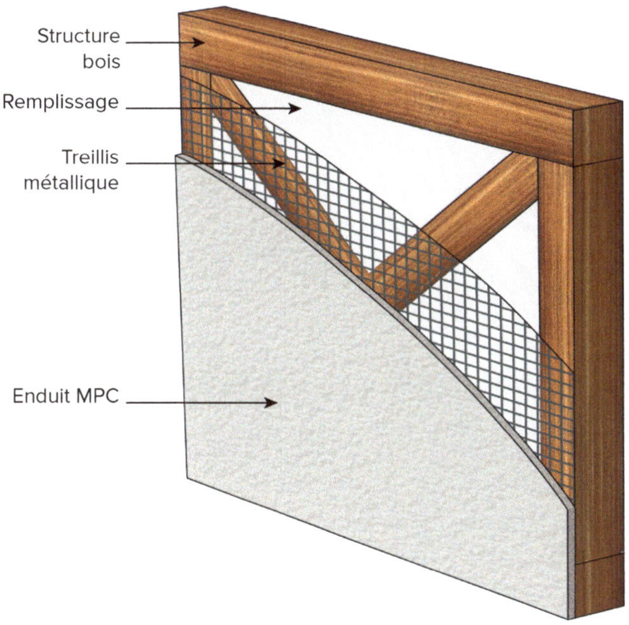

Figure 2 : Réfection d'une façade en pan de bois

Reprises de maçonnerie

Elles doivent être effectuées avec des matériaux de même nature que la maçonnerie existante et montées au MPC, y compris dans les tableaux et corniches.

Renformis

S'ils ne dépassent pas 50 mm, ils doivent être exécutés en MPC.

Bandeaux

À chaque niveau de plancher, la façade doit être recoupée par un bandeau recouvert d'une bavette en zinc munie d'une goutte d'eau, avec une pente tournée vers l'extérieur pour éviter les rejaillissements d'eau vers la façade.

Le bandeau courant doit être exécuté dans le même matériau que le corps d'enduit.

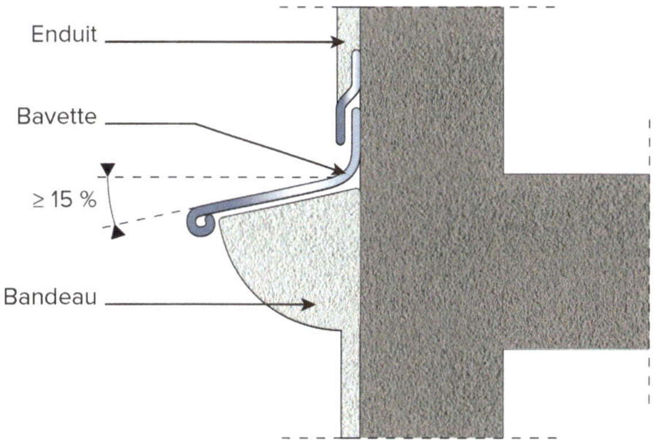

Figure 3 : Exemple d'un bandeau recouvert d'une bavette en zinc

Soubassements

Si la façade ne comporte pas d'assise en pierres ou briques, les soubassements doivent être réalisés avec un mortier de liants hydrauliques peu capillaire (pour éviter les rejaillissements en pieds de mur).

4.3. Cas particulier du badigeon à la chaux

Un badigeon à la chaux aérienne ou hydraulique peut être appliqué après séchage de l'enduit dressé et/ou lissé.

Il s'agit :

- soit d'un produit industriel (prêt à gâcher ou prêt à l'emploi),
- soit d'une préparation de chantier : le dosage varie de 1 volume de chaux pour 1 à 5 volumes d'eau, suivant l'opacité souhaitée.

On distingue :

- les badigeons « à la fresque » : exécutés 2 à 4 heures après la finition,
- les badigeons « à sec » : après séchage complet de la finition.

Le mélange doit être remué fréquemment pour éviter la décantation. Le badigeon s'applique à la brosse, en couches croisées. Suivant les conditions climatiques, le délai entre couches varie de 6 à 24 heures.

La durée pratique d'utilisation (DPU) est :

- généralement inférieure à 6 heures pour la chaux hydraulique,
- de quelques jours pour la chaux aérienne.

OBSERVATION

La dilution de résine d'adjonction dans l'eau du mélange réduit le risque de farinage du badigeon sec.

ATTENTION

La quantité de colorants ne doit pas excéder 10 % du poids de liant sec pour les oxydes et 25 % pour les terres.

5. Les enduits à pierres vues

Ils sont destinés à protéger et à mettre en valeur les maçonneries de pierres ou moellons.

La maçonnerie est rejointoyée avec :

- soit un mortier d'enduit de parement (CR),
- soit un mortier d'enduit monocouche (OC),
- soit un mortier de chantier qui correspond aux finitions des enduits multicouches appliqués manuellement ou projetés mécaniquement.

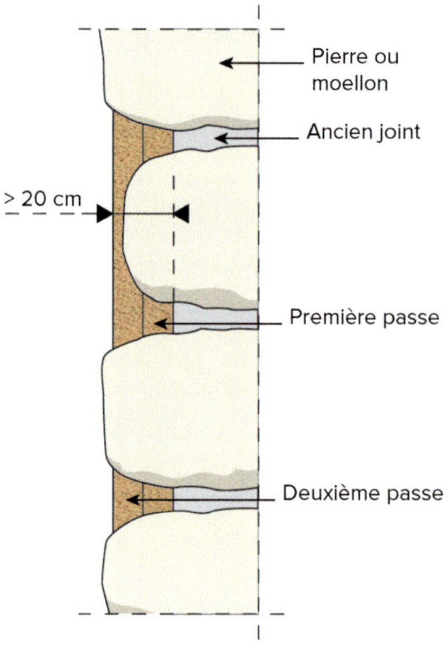

Figure 4 : Enduit à pierres vues

Les joints sont largement bourrés puis arasés à fleur de pierre. Les creux doivent être remplis et les pierres en retrait doivent être complètement recouvertes par l'enduit.

Si la profondeur des joints à traiter est supérieure à 20 mm, l'application est réalisée en plusieurs passes.

ATTENTION

Si la maçonnerie était préalablement revêtue, l'enduit à pierres vues ne peut être exécuté qu'après vérification de la non-gélivité des matériaux dégagés et de l'étanchéité globale de la paroi.

6. Les enduits sur isolant

La rénovation d'une façade peut être l'occasion de réaliser une isolation thermique extérieure par enduit. On distingue :

- les enduits minces sur isolant,
- les enduits épais (hydrauliques) sur isolant.

Les enduits sur isolant font l'objet du marquage CE par le biais d'Agréments Techniques Européens et leur mise en œuvre fait l'objet de Documents Techniques d'Application.

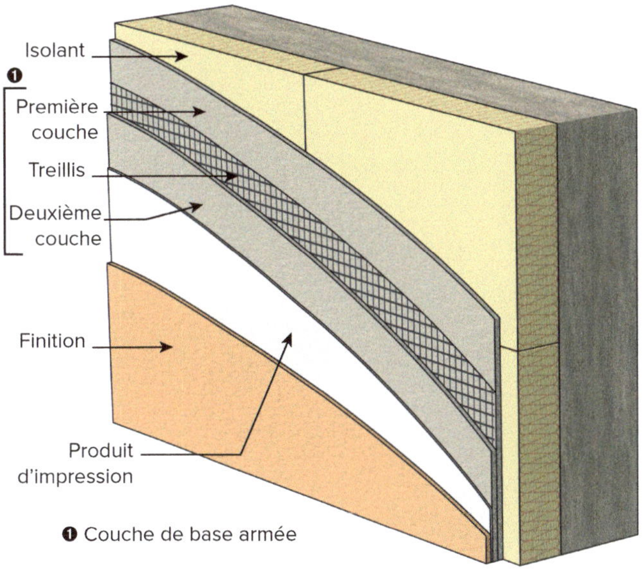

Figure 5 : Enduit mince sur isolant (simple armature normale)

OBSERVATION

L'isolation thermique extérieure par enduit n'est pas uniquement destinée à la rénovation d'un bâtiment : ce procédé est aussi employé en travaux neufs.

Annexe 1 : **Abréviations**

CEM	Ciment Portland ou ciment composé (CEM I, CEM II ou CEM V)
CL	Chaux aérienne calcique
CR	Mortier d'enduit de parement
CS	Classe de résistance mécanique du mortier durci (CS I, CS II, CS III ou CS IV)
CNP	Ciment prompt naturel
DL	Chaux aérienne dolomitique
DPU	Durée pratique d'utilisation
FDES	Fiche de déclaration environnementale et sanitaire
GP	Mortier d'enduit performanciel
HL	Chaux hydraulique artificielle
LW	Mortier d'enduit allégé
MC	Ciment à maçonner
MPC	Mortier de plâtre et chaux aérienne
NHL	Chaux hydraulique naturelle
NHL-Z	Chaux hydraulique naturelle avec ajouts
OC	Mortier d'enduit monocouche ou catégorie d'enduit monocouche (OC 1, OC 2 ou OC 3)
PGC	Plâtre gros de construction
R	Mortier d'enduit d'assainissement
Rt	Classe de résistance mécanique du support (Rt 1, Rt 2 ou Rt 3)
W	Classe de capillarité du mortier durci (W 0, W 1 ou W 2)

RÉGLEMENTATION, NORMES ET AUTRES DOCUMENTS DE RÉFÉRENCE

Chapitre 1 : Prévention des salissures

1. Textes législatifs et réglementaires

Loi n° 78-12 du 4 janvier 1978 relative à la responsabilité et à l'assurance dans le domaine de la construction, dite « loi Spinetta » (articles 1792 et 1792-1 à 1792-6 du Code civil).

2. DTU – Normes de mise en œuvre

NF DTU 20.1 : Ouvrages en maçonnerie de petits éléments – Parois et murs

- Partie 1-1 : Cahier des clauses techniques types (indice de classement : P10-202-1-1), juillet 2020.
- Partie 1-2 : Critères généraux de choix des matériaux (indice de classement : P10-202-1-2), juillet 2020.
- Partie 2 : Cahier des clauses administratives spéciales types (indice de classement : P10-202-2), juillet 2020.
- Partie 3 : Règles de conception et dispositions constructives minimales (indice de classement : P10-202-3), juillet 2020.

NF DTU 20.12 (NF P10-203-1) : Maçonnerie des toitures et d'étanchéité – Gros oeuvre en maçonnerie des toitures destinées à recevoir un revêtement d'étanchéité

- Partie 1 : Cahier des clauses techniques, septembre 1993 + Erratum (février 1994) + Amendement A1 (juillet 2000) + Amendement A2 (novembre 2007) (indice de classement : P10-203-1)

NF DTU 26.1 : Travaux de bâtiment – Travaux d'enduits de mortiers

- Partie 1-1 : Cahier des clauses techniques (indice de classement : P15-201-1-1), avril 2008.
- Partie 1-2 : Critères généraux de choix des matériaux (indice de classement : P15-201-1-2), avril 2008.
- Partie 2 : Cahier des clauses spéciales (indice de classement : P15-201-2), avril 2008.

NF DTU 36.5 : Travaux de bâtiment – Mise en œuvre des fenêtres et portes extérieures

- Partie 1-1 : Cahiers des clauses techniques types (indice de classement : P20-202-1-1), avril 2010.
- Partie 1-2 : Critères généraux de choix des matériaux (CGM) (indice de classement : P20-202-1-2), avril 2010.
- Partie 2 : Cahier des clauses administratives spéciales types (indice de classement : P20-202-2), avril 2010.
- Partie 3 : Mémento de choix en fonction de l'exposition (indice de classement : P20-202-3), octobre 2010.

DTU 40.5 : Couverture – Travaux d'évacuation des eaux pluviales – Cahier des clauses techniques + Amendement A1 (décembre 1997) (indice de classement : P36-201), novembre 1993.

DTU 43.1 : Travaux de bâtiment – Étanchéité des toitures-terrasses et toitures inclinées avec éléments porteurs en maçonnerie en climat de plaine

- Partie 1-1 : Cahier des clauses techniques + Amendement A1 (septembre 2007) (indice de classement : P84-204-1-1), novembre 2004.
- Partie 1-2 : Critères généraux de choix des matériaux (CGM) + Amendement A1 (septembre 2007) (indice de classement : P84-204-1-2), novembre 2004.
- Partie 2 : Cahier des clauses spéciales + Amendement A1 (septembre 2007) (indice de classement : P84-204-2), novembre 2004.
- Partie 3 : Guide à l'intention du Maître d'Ouvrage + Amendement A1 (août 2007) (indice de classement : P84-204-3), septembre 2004.

NF DTU 52.2 : Travaux de bâtiment – Pose collée des revêtements céramiques et assimilés – Pierres naturelles

- Partie 1-1-2 : Cahier des clauses techniques types pour les murs extérieurs (indice de classement : P61-204-1-1-2), décembre 2009 + Amendement A1, Octobre 2014.

3. DTU – Règles de calcul

NF DTU 60.11 : Règles de calcul des installations de plomberie sanitaire et d'eaux pluviales

- Partie 1-1 : Réseaux d'alimentation d'eau froide et d'eau chaude sanitaire (indice de classement : DTU P40-202-1-1), août 2013.
- Partie 1-2 : Conception et dimensionnement des réseaux bouclés (indice de classement : DTU P40-202-1-2), août 2013.
- Partie 2 : Évacuation des eaux usées et des eaux vannes (indice de classement : DTU P40-202-2), août 2013.
- Partie 3 : Évacuation des eaux pluviales (indice de classement : DTU P40-202-3), août 2013.

4. Autres documents de référence

Systèmes d'isolation thermique extérieure avec enduit mince sur polystyrène expansé

- Systèmes d'isolation thermique extérieure par enduit sur polystyrène expansé : cahier des prescriptions techniques d'emploi et de mise en œuvre *e-Cahiers du CSTB* n° 3035_V3, septembre 2018.

Chapitre 2 : Nettoyage et décapage des matériaux de façade

1. Textes législatifs et réglementaires

Loi du 31 décembre 1913 sur les monuments historiques.

Loi n° 76-1285 du 31 décembre 1976 portant réforme de l'urbanisme.

Loi n° 78-12 du 4 janvier 1978 relative à la responsabilité et à l'assurance dans le domaine de la construction.

Loi n° 83-8 du 7 janvier 1983 relative à la répartition de compétences entre les communes, les départements, les régions et l'État, dite « loi Defferre ».

Loi n° 93-1418 du 31 décembre 1993 modifiant les dispositions du Code du travail applicables aux opérations de bâtiment et de génie civil en vue d'assurer la sécurité et de protéger la santé des travailleurs et portant transposition de la directive 92/57/CEE du 24 juin 1992.

Loi n° 2000-1208 du 13 décembre 2000 relative à la solidarité et au renouvellement urbains (loi SRU).

Décret n° 2007-1467 du 12 octobre 2007 relatif au livre V de la partie réglementaire du Code de l'environnement et modifiant certaines dispositions de ce code – Titre IV : Déchets, y compris les déchets radioactifs (C. envir., art. D. 541-1 à D. 543-213). La nomenclature déchets est annexée à l'article R. 541-8 (*JO* n° 240 du 16 octobre 2007)

Décret n° 2008-244 du 7 mars 2008 relatif au Code du travail (partie réglementaire) (*JO* n° 61 du 12 mars 2008).

Décret n° 2011-629 du 3 juin 2011 relatif à la protection de la population contre les risques sanitaires liés à une exposition à l'amiante dans les immeubles bâtis (*JO* du 5 juin 2011).

Décret n° 2014-253 du 27 février 2014 relatif à certaines corrections à apporter au régime des autorisations d'urbanisme (*JO* n° 51 du 1er mars 2014).

Décret n° 94-1159 du 26 décembre 1994 relatif à l'intégration de la sécurité et à l'organisation de la coordination en matière de sécurité et de protection de la santé lors des opérations de bâtiment ou de génie civil et modifiant le Code du travail.

Décret n° 2002-120 du 30 janvier 2002 relatif aux caractéristiques du logement décent pris pour l'application de l'article 187 de la loi 2000-1208 du 13 décembre 2000 relative à la solidarité et au renouvellement urbains (loi SRU).

2. DTU – Normes de mise en œuvre

NF DTU 24.1 : Travaux de bâtiment – Travaux de fumisterie – Systèmes d'évacuation des produits de combustion desservant un ou des appareils.

- Partie 1 : Cahier des clauses techniques – Règles générales (indice de classement : P51-201-1), février 2006 + Amendement A1 (décembre 2011) + Amendement A2 (décembre 2012).
- Partie 2 : Cahier des clauses techniques – Règles spécifiques d'installation des systèmes d'évacuation des produits de combustion desservant un ou des appareils raccordés dits de type B utilisant des combustibles gazeux (indice de classement : P51-201-2), février 2006 . Modifié par l'amendement A1 (décembre 2011).
- Partie 3 : Cahier des clauses spéciales (indice de classement : P51-201-3), février 2006.

NF DTU 26.1 : Travaux de bâtiment – Travaux d'enduits de mortiers.

- Partie 1-1 : Cahier des clauses techniques (indice de classement : P 15-201-1-1), avril 2008.
- Partie 1-2 : Critères généraux de choix des matériaux (indice de classement : P 15-201-1-2), avril 2008.
- Partie 2 : Cahier des clauses spéciales (indice de classement : P 15-201-2), avril 2008.

NF DTU 42.1 : Travaux de bâtiment – Réfection de façades en service par revêtements d'imperméabilité à base de polymères.

- Partie 1-1 : Cahier des clauses techniques (NF P 84-404-1-1), novembre 2007.
- Partie 1-2 : Critères généraux de choix de matériaux (NF P 84-404-1-2), novembre 2007.
- Partie 2 : Cahier des clauses spéciales (NF P 84-404-2), novembre 2007.

NF DTU 55.2 : Travaux de bâtiment – Revêtements muraux attachés en pierre mince.

- Partie 1-1 : Cahier des clauses techniques types, décembre 2014 + Amendement A1 (octobre 2016) (indice de classement : P65-202-1-1).
- Partie 1-2 : Critères généraux de choix des matériaux, décembre 2014 + Amendement A1 (octobre 2016) (indice de classement : P65-202-1-2).
- Partie 2 : Cahier des clauses administratives spéciales types (indice de classement : P65-202-2), décembre 2014.

NF DTU 59.1 : Travaux de bâtiment – Revêtements de peinture en feuil mince, semi-épais, ou épais.

- Partie 1-1 : Cahier des clauses techniques types (indice de classement : P74-201-1-1), juin 2013.
- Partie 1-2 : Critères généraux de choix des matériaux (indice de classement : P74-201-1-2), juin 2013.
- Partie 2 : Cahier des clauses administratives spéciales types (indice de classement : P74-201-2), juin 2013.

NF EN 573-3 : Aluminium et alliages d'aluminium – Composition chimique et forme des produits corroyés, (indice de classement : A02-120-3), août 2019.

NF EN ISO 7599 : Anodisation de l'aluminium et de ses alliages – Méthode de spécification des caractéristiques des revêtements décoratifs et protecteurs obtenus par oxydation anodique sur aluminium (indice de classement : A91-450), février 2018.

3. Autres documents de référence

Règles professionnelles ETICS – Entretien et rénovation de systèmes d'isolation thermique extérieure. SFJF (Syndicat Français des Joints et Façades), UPPF (Union Professionnelle Peinture-Finitions), janvier 2010.

Chapitre 3 : Ravalement

1. Textes législatifs et réglementaires

Code civil – Livre II : Des biens et des différentes modifications de la propriété – Titre IV : Des servitudes ou services fonciers – Chapitre II : Des servitudes établies par la loi – Section I : Du mur et du fossé mitoyens – Article 653.

Code civil – Livre III : Des différentes manières dont on acquiert la propriété – Titre VIII : Du contrat de louage – Chapitre III : Du louage d'ouvrage et d'industrie – Section III : Des devis et des marchés – Articles 1792 et 1792-1 à 7.

Code de la construction et de l'habitation (partie réglementaire) – Titre III : Chauffage, fourniture d'eau et ravalement des immeubles – Lutte contre les termites – Chapitre I : Performances énergétiques des immeubles et prévention des intoxications par le monoxyde d'azote – Section 5 : Caractéristiques thermiques et performance énergétique – Sous-section 3 : Dispositions applicables en cas de travaux d'aménagement pour un local habitable – Article R131-28-11.

Code de la construction et de l'habitation (partie législative et réglementaire) – Livre I : Dispositions générales – Titre III : Chauffage, fourniture d'eau et ravalement des immeubles – Lutte contre les termites – Chapitre II : Ravalement des immeubles – Articles L. 132-1 à L. 132-5, R. 132-1.

Code du travail (partie législative) – Livre I : Dispositions générale – Titre II : Principes généraux de prévention – Chapitre I : Obligations de l'employeur – Article L. 4121-1 à 5.

Code du travail (partie réglementaire) – Livre II : Disposition applicables aux lieux de travail – Titre II : Obligations de l'employeur pour l'utilisation des lieux de travail – Chapitre II : Aération, assainissement – Articles R. 4222-1 à R. 4222-26.

Code du travail (partie réglementaire) – Livre II : Réglementation du travail – Titre III : Hygiène et sécurité – Chapitre V : Dispositions applicables aux opérations de construction dans l'intérêt de l'hygiène et de la sécurité du travail – Section III : Règles de sécurité – Article R. 4214-3.

Loi du 31 décembre 1913 sur les monuments historiques.

Loi n° 65-557 du 10 juillet 1965 fixant le statut de la copropriété des immeubles bâtis.

Loi n° 76-1285 du 31 décembre 1976 portant réforme de l'urbanisme.

Loi n° 78-12 du 4 janvier 1978 relative à la responsabilité et à l'assurance dans le domaine de la construction.

Loi n° 83-8 du 7 janvier 1983 relative à la répartition de compétences entre les communes, les départements, les régions et l'État « loi Defferre ».

Loi n° 93-1418 du 31 décembre 1993 modifiant les dispositions du code du travail applicables aux opérations de bâtiment et de génie civil en vue d'assurer la sécurité et de protéger la santé des travailleurs et portant transposition de la directive 92/57/CEE du 24 juin 1992.

Loi n° 2000-1208 du 13 décembre 2000 relative à la solidarité et au renouvellement urbains (loi SRU).

Loi n° 2014-366 du 24 mars 2014 pour l'accès au logement et un urbanisme rénové (Loi ALUR).

Loi n° 2015-992 du 17 août 2015 relative à la transition énergétique pour la croissance verte (Loi LTECV).

Loi n° 2018-1021 du 23 novembre 2018 portant évolution du logement, de l'aménagement et du numérique (Loi Elan).

Ordonnance n° 2005-1527 du 8 décembre 2005 relative au permis de construire et aux autorisations d'urbanisme.

Arrêté du 7 août 2019 modifiant l'arrêté du 31 janvier 1986 relatif à la protection contre l'incendie des bâtiments d'habitation.

Arrêté du 7 août 2019 relatif aux travaux de modification des immeubles de moyenne hauteur et précisant les solutions constructives acceptables pour les rénovations de façade.

Décret n° 67-223 du 17 mars 1967 pris pour l'application de la loi 65-557 du 10 juillet 1965 fixant le statut de la copropriété des immeubles bâtis.

Décret n° 88-1124 du 15 décembre 1988 modifiant la loi du 2 mai 1930 et portant déconcentration de la délivrance d'autorisations exigées en vertu des articles 9 et 12 de cette loi.

Décret n° 92-158 du 20 février 1992 complétant le code du travail et fixant les prescriptions particulières d'hygiène et de sécurité applicables aux travaux effectués dans un établissement par une entreprise extérieure.

Décret n° 94-1159 du 26 décembre 1994 relatif à l'intégration de la sécurité et à l'organisation de la coordination en matière de sécurité et de protection de la santé lors des opérations de bâtiment ou de génie civil et modifiant le code du travail.

Décret n° 2002-120 du 30 janvier 2002 relatif aux caractéristiques du logement décent pris pour l'application de l'article 187 de la loi 2000-1208 du 13 décembre 2000 relative à la solidarité et au renouvellement urbains (loi SRU).

Décret n° 2007-18 du 5 janvier 2007 pris pour l'application de l'Ordonnance n° 2005-1527 du 8 décembre 2005 relative au permis de construire et aux autorisations d'urbanisme.

Décret n° 2016-711 du 30 mai 2016 relatif aux travaux d'isolation en cas de travaux de ravalement de façade, de réfection de toiture ou d'aménagement de locaux en vue de les rendre habitables (Décret « travaux embarqués »).

Décret n° 2017-919 du 9 mai 2017 modifiant les articles R. 131-28-7 et R. 131-28-9 du code de la construction et de l'habitation (Notion de rénovation lourde + exceptions à l'obligation de travaux d'isolation thermique).

Décret n° 2019-461 du 16 mai 2019 relatif aux travaux de modification des immeubles de moyenne hauteur (IMH).

Instruction technique n° 249 du 24 mai 2010 relative aux façades.

2. DTU – Normes de mise en œuvre

NF DTU 20.1 : Travaux de bâtiment – Ouvrages en maçonnerie de petits éléments – Parois et murs

- Partie 1-1 : Cahier des clauses techniques types (indice de classement : P10-202-1-1), juillet 2020.
- Partie 1-2 : Critères généraux de choix des matériaux (indice de classement : P10-202-1-2), juillet 2020.
- Partie 2 : Cahier des clauses administratives spéciales types (indice de classement : P10-202-2), juillet 2020.
- Partie 3 : Guide pour le choix des types de murs de façades en fonction du site (indice de classement : P10-202-3), juillet 2020.

NF DTU 21 : Travaux de bâtiment – Exécution des ouvrages en béton

- Partie 1-1 : Cahier des clauses techniques (indice de classement : P 18-201-1-1), juin 2017.
- Partie 1-2 : Critères généraux de choix des matériaux (indice de classement : P 18-201-1-2), juin 2017.
- Partie 2 : Cahier des clauses administratives spéciales types (indice de classement : P 18-201-2), juin 2017.

NF DTU 26.1 : Enduits aux mortiers de ciments, de chaux et de mélange plâtre et chaux aérienne

- Partie 1-1 : Cahier des clauses techniques (indice de classement : P15-201-1-1), avril 2008.
- Partie 1-2 : Critères généraux de choix des matériaux (indice de classement : P15-201-1-2), avril 2008.
- Partie 2 : Cahier des clauses spéciales (indice de classement : P15-201-2), avril 2008.

NF DTU 42.1 : Travaux de bâtiment – Réfection de façades en service par revêtements d'imperméabilité à base de polymères

- Partie 1-1 : Cahier des clauses techniques (P 84-404-1-1), novembre 2007.
- Partie 1-2 : Critères généraux de choix de matériaux (P 84-404-1-2), novembre 2007.
- Partie 2 : Cahier des clauses spéciales (P 84-404-2), novembre 2007.

NF DTU 44.1 : Étanchéité des joints de façade par mise en œuvre de mastics

- Partie 1-1 : Cahier des clauses techniques types indice de classement : P85-210-1-1), août 2012.
- Partie 1-2 : Critères généraux de choix des matériaux (indice de classement : P85-210-1-2), août 2012.
- Partie 2 : Cahier des clauses administratives spéciales types (indice de classement : P85-210-2), août 2012.

DTU 59.1 : Travaux de peinture des bâtiments

- Partie 1-1 : Cahier des clauses techniques types (indice de classement : P74-201-1-1), juin 2013.
- Partie 1-2 : Critères généraux de choix des matériaux (indice de classement : P74-201-1-2), juin 2013.
- Partie 2 : Cahier des clauses administratives spéciales types (indice de classement : P74-201-2), juin 2013.

3. Normes produits

NF P 13-304 : Briques en terre cuite destinées à rester apparentes (indice de classement : P13-304), mars 2018.

NF EN 1504-3 : Produits et systèmes pour la protection et la réparation des structures en béton – Définitions, exigences, maîtrise de la qualité et évaluation de la conformité – Partie 3 : Réparation structurale et réparation non structurale (indice de classement : P 18-901-3), février 2006.

NF EN 1062-1 : Peintures et vernis – Produits de peinture et systèmes de revêtements pour maçonnerie et bétons extérieurs – Partie 1 : Classification (indice de classement : T 34-721-1), octobre 2004.

NF EN ISO 2409 : Peintures et vernis – Essai de quadrillage (indice de classement : T 30-038), septembre 2020.

NF EN ISO 4618 : Peintures et vernis - Termes et définitions (indice de classement : T 36-001), novembre 2014.

NF T 34-722 : Peintures et vernis - Produits de peinture et systèmes de revêtement pour maçonnerie et béton extérieurs – Classification des revêtements de façade (indice de classement : T 34-722), novembre 2016.

FD T 30-808 : Peintures et vernis pour le bâtiment – Guide relatif aux produits de peintures et systèmes de revêtement pour façades – Revêtements minéraux, revêtements organiques (indice de classement : T 30-808), juillet 2016.

4. Autres documents de référence

- Cahier des Prescriptions Techniques et Règles professionnelles

Systèmes d'isolation thermique extérieure par enduit sur polystyrène expansé – Cahier des Prescriptions Techniques d'emploi et de mise en œuvre, *e-Cahier du CSTB* 3035_V3, septembre 2018.

Conditions générales d'emploi des systèmes d'isolation thermique des façades par l'extérieur faisant l'objet d'un Avis Technique, *Cahier du CSTB* n° 1833, mars 1983.

Définition des caractéristiques des treillis en fibres de verre utilisés dans les systèmes d'isolation thermique extérieure par enduit sur isolant, *e-Cahier du CSTB* n° 3204_V2, janvier 2012.

Systèmes d'isolation thermique extérieure par enduit sur polystyrène expansé, *Cahier du CSTB* n° 3035_V3, septembre 2018.

Protection contre l'incendie des façades béton ou maçonnerie revêtues de systèmes d'isolation extérieure par enduit sur polystyrène expansé (ETICS-PSE) - Guide de préconisations, septembre 2020.

- Règles professionnelles

Règles professionnelles pour l'entretien et la rénovation de systèmes d'isolation thermique extérieure ETICS, janvier 2010.

- Guides

Guide de préconisations « Protection contre l'incendie des façades béton ou maçonnerie revêtues de systèmes d'isolation thermique extérieure par enduit sur polystyrène expansé (ETICS-PSE) », Ministère de l'Intérieur – Direction Générale de la Sécurité Civile et de la Gestion des Crises – Ministère de l'Environnement, de l'Énergie et de la Mer – Ministère du Logement et de l'Habitat Durable – Direction Générale de l'Aménagement, du Logement et de la Nature, avril 2016.

Chapitre 4 : Les enduits de façades

1. DTU – Normes de mise en œuvre

NF DTU 20.1 : Ouvrages en maçonnerie de petits éléments – Parois et murs

- Partie 1-1 : Cahier des clauses techniques types (indice de classement : P10-202-1-1), juillet 2020.
- Partie 1-2 : Critères généraux de choix des matériaux (indice de classement : P10-202-1-2), juillet 2020.
- Partie 2 : Cahier des clauses administratives spéciales types (indice de classement : P10-202-2), juillet 2020.
- Partie 3 : Règles de conception et dispositions constructives minimales (indice de classement : P10-202-3), juillet 2020.

NF DTU 21 : Travaux de bâtiment – Exécution des ouvrages en béton

- Partie 1-1 : Cahier des clauses techniques (indice de classement : P 18-201-1-1), juin 2017.
- Partie 1-2 : Critères généraux de choix des matériaux (indice de classement : P 18-201-1-2), juin 2017.
- Partie 2 : Cahier des clauses administratives spéciales types (indice de classement : P 18-201-2), juin 2017.

DTU 23.1 : Murs en béton banché

- Partie 1 : Cahier des clauses techniques (NF P18-210), mai 1993.

NF DTU 26.1 : Travaux d'enduits de mortiers

- Partie 1-1 : Cahier des clauses techniques (P15-201-1-1), avril 2008.
- Partie 1-2 : Critères généraux de choix des matériaux (P15-201-1-2), avril 2008.
- Partie 2 : Cahier des clauses spéciales (P15-201-2), avril 2008.

NF DTU 42.1 : Réfection de façades en service par revêtements d'imperméabilité à base de polymères

- Partie 1-1 : Cahier des clauses techniques (P84-404-1-1), novembre 2007.
- Partie 1-2 : Critères généraux de choix des matériaux (P 84-404-1-2), novembre 2007.
- Partie 2 : Cahier des clauses spéciales (P84-404-2), novembre 2007.

2. Normes produits

NF EN 413-1 : Ciment à maçonner – Partie 1 : Composition, spécifications et critères de conformité (P15-102-1), septembre 2012.

NF EN 459-1 : Chaux de construction – Partie 1 : Définitions, spécifications et critères de conformité (P15-104-1), août 2015.

NF EN 934 : Adjuvants pour béton, mortier et coulis – Partie 1 : Exigences communes (P18-341-1), avril 2008 – Partie 2 : Adjuvants pour bétons, mortiers et coulis – Définitions, exigences, conformité, marquage et étiquetage (P18-341-2), août 2012 – Partie 3 : Adjuvants pour mortier de montage – Définitions, exigences, conformité, marquage et étiquetage (P18-341-3), octobre 2012.

NF EN 998-1 : Définitions et spécifications des mortiers pour maçonnerie – Partie 1 : Mortiers d'enduits minéraux extérieurs et intérieurs (P12-221-1), décembre 2016.

NF EN 1062 : Peintures et vernis – Produits de peinture et systèmes de revêtements pour maçonnerie et béton extérieurs – Partie 1 : Classification (T34-721-1), octobre 2004.

NF EN 1504-3 : Produits et systèmes pour la protection et la réparation des structures en béton – Définitions, exigences, maîtrise de la qualité et évaluation de la conformité – Partie 3 : Réparation structurale et réparation non structurale (P18-901-3), février 2006.

NF EN 12878 : Pigments de coloration des matériaux de construction à base de ciment et/ou de chaux – Spécifications et méthodes d'essai (T31-209), mai 2014.

NF EN 13139 : Granulats pour mortiers (P18-139), janvier 2003.

NF EN 13658-2 : Lattis et cornières métalliques – Définitions, exigences et méthodes d'essai – Partie 2 : Enduits extérieurs (P72-412-2), août 2005.

NF EN 15824 : Spécifications pour enduits de maçonnerie organiques extérieurs et intérieurs – (P12-223), août 2017.

NF EN 15804+A1 : Contribution des ouvrages de construction au développement durable – Déclarations environnementales sur les produits – Règles régissant les catégories de produits de construction (indice de classement : P01-064), avril 2014.

NF EN 13279-1 : Liants-plâtres et enduits à base de plâtre pour le bâtiment – Partie 1 : Définitions et exigences (P72-400-1), novembre 2008.

NF P 15-314 : Liants hydrauliques – Ciment prompt naturel (P15-314), février 1993.

NF T34-722 : Peintures et vernis – Produits de peintures et systèmes de revêtement pour maçonnerie et béton extérieur Classification des revêtements de façade (T34-722), novembre 2016.

3. Normes d'essai

NF EN 1015 : Méthodes d'essai des mortiers pour maçonnerie

- NF EN 1015-10 : Partie 10 : détermination de la masse volumique apparente sèche du mortier durci (P12-310/A1), mai 2007.
- NF EN 1015-11 : Partie 11 : détermination de la résistance en flexion et en compression du mortier durci (P12-311), novembre 2019.
- NF EN 1015-12 : Partie 12 : détermination de l'adhérence des mortiers d'enduit durcis appliqués sur supports (P12-312), juillet 2016.
- NF EN 1015-18 : Partie 18 : détermination du coefficient d'absorption d'eau par capillarité du mortier durci (P12-318), mai 2003.
- NF EN 1015-19 + A1 : Partie 19 : détermination de la perméabilité à la vapeur d'eau des mortiers d'enduits durcis (P12-319/A1), février 2005.
- NF EN 1015-21 : Partie 21 : détermination de la compatibilité des mortiers d'enduit extérieur mono-couche avec les supports (P12-321), mai 2003.

4. Autres documents de référence

Certification QB11-03 des mortiers d'enduit monocouche.

Certification QB12 des treillis textiles pour enduits de façade.

EAD 040083-00-0404: *External thermal insulation composite systems (ETICS) with renderings,* janvier 2019 (disponible uniquement en anglais).

Systèmes d'isolation thermique extérieure par enduit sur polystyrène expansé, *Cahier du CSTB* n° 3035_V3, septembre 2018.

Protection contre l'incendie des façades béton ou maçonnerie revêtues de systèmes d'isolation extérieure par enduit sur polystyrène expansé (ETICS-PSE) – Guide de préconisations, septembre 2020.

Consulter l'espace « CSTB Évaluation » sur le site du CSTB : www.cstb.fr.

GLOSSAIRE

Additif

Composé minéral ou organique ajouté en faibles proportions à la formulation d'un enduit, afin d'en modifier les caractéristiques à l'état frais ou durci.

Agent d'adhérence

Adjuvant qui améliore l'accrochage du mortier d'enduit au support.

Agrément Technique Européen (ATE)

Il constitue la reconnaissance de l'aptitude à l'usage prévu d'un produit ou procédé, généralement innovant, relevant du champ d'application du marquage CE, mais non couvert par les normes européennes harmonisées.

Dans le cadre de l'application de la directive européenne relative aux produits de construction, l'ATE est délivré par un organisme habilité, désigné auprès de la Commission européenne par l'état dont il dépend, sur des critères de compétence et d'indépendance.

Avis Technique (AT ou ATec)

Document d'évaluation d'aptitude à l'emploi d'un produit ou procédé de construction « non traditionnel », hors normalisation et hors DTU, pouvant compléter ou remplacer certaines dispositions des textes de références de mise en œuvre. L'ATec est une procédure volontaire d'évaluation, délivrée par l'un des groupes spécialisés (GS) de la Commission chargée de formuler les Avis Techniques dont le secrétariat est assuré par le CSTB.

Balèvre

Matière saillante localisée sur une paroi, résultant de la mise en œuvre de cette dernière.

Bandeau

Bande horizontale saillante située en façade d'un bâtiment. Disposés en général au droit des planchers, les bandeaux marquent visuellement la division des étages.

Bavette

Bande de métal rapportée sur un ouvrage (ou une jonction d'ouvrages) pour le protéger de la pluie et abriter la partie verticale de cet ouvrage du ruissellement des eaux.

Berthelet

Truelle à deux tranchants (l'un dentelé et l'autre droit) utilisée pour dresser puis couper les enduits à base de plâtre.

Biocide

Substance active destinée à détruire les micro-organismes (bactéries, champignons et / ou algues) ou à inhiber leur développement.

Cahier des Prescriptions Techniques (CPT)

Document qui regroupe les règles d'emploi et les dispositions de mise en œuvre communes à une famille de produits ou procédés « non traditionnels » bénéficiant d'un Avis Technique ou d'un Document Technique d'Application. Les CPT doivent être utilisés conjointement avec les documents qui y font référence. Certains CPT restent en vigueur lorsque les produits sont sortis du champ de l'ATec (transposition progressive en norme-DTU ou dispositions liées à un référentiel de certification de produit ayant remplacé les ATec).

Carbonatation

Transformation de la chaux en carbonate de calcium sous l'action du dioxyde de carbone atmosphérique.

Carborundum

Carbure de silicium utilisé sous forme de brique pour poncer la surface des couches extérieures d'enduit.

Certification

Démarche volontaire du fabricant ou du prestataire de service. Délivrée par un organisme officiel, accrédité et indépendant, la certification atteste de la conformité d'un produit, service ou organisation à des exigences fixées dans un référentiel (caractéristiques spécifiques, modalités de suivi et de contrôle, utilisation de la marque...).

Un produit certifié est un produit identifié et marqué du logo de la certification.

Chaux

Liant à base d'oxyde ou d'hydroxyde de calcium.

Chaux aérienne

Chaux qui durcit par réaction avec le dioxyde de carbone de l'air (carbonatation).

Chaux hydraulique

Chaux qui présente un caractère hydraulique partiel, par réaction avec l'eau des constituants autres que la chaux éteinte.

Chemin de fer

Grattoir composé de lames d'acier à dents fines, les lames étant disposées en biais et non parallèles.

Ciment

Liant hydraulique constitué de phases silicates et aluminates anhydres, qui durcit par réaction avec l'eau pour former des composés solides appelés hydrates.

Corniche

Forte moulure en saillie qui couronne et protège une façade.

Couche d'enduit

Ouvrage obtenu après durcissement du mortier appliqué sur la paroi. Une couche peut être appliquée en une ou plusieurs passes.

Couronnement

Toute partie qui termine le haut d'un ouvrage.

Couvertine

Couronnement métallique placé sur la partie supérieure d'un mur et destiné à le protéger de l'eau.

Document Technique d'Application (DTA)

Document équivalent à un Avis Technique lorsque le produit ou le système fait l'objet d'un marquage CE.

Document Technique Unifié (DTU, NF DTU, Norme-DTU)

Texte de nature normative définissant la mise en œuvre d'un produit ou procédé traditionnel et réunissant l'ensemble de les règles de conception et des diverses techniques de construction dont le bien fondé est confirmé par l'expérience.

Durée pratique d'utilisation (DPU)

Durée dont l'applicateur dispose entre la préparation du mortier d'enduit frais et sa mise en œuvre.

Efflorescences

Traces blanchâtres (carbonate de calcium) qui apparaissent à la surface d'un enduit jeune. Ce phénomène est surtout fonction des conditions atmosphériques pendant et après l'application (apparition par temps froid et humide) ; il est d'autant plus visible que la teinte de l'enduit est plus soutenue.

Enduit de dressement

Enduit de préparation destiné à recouvrir intégralement un support et dont l'épaisseur est généralement comprise entre 5 et 30 mm. Les enduits de dressement sont destinés à rattraper les défauts de planéité du support.

Enduit griffé

Couche d'enduit dont la surface est striée pour améliorer l'accrochage de la couche suivante.

Enduit peigné

Couche d'enduit dont la surface est travaillée avec un peigne métallique (souvent une portion de lame de scie) pour éliminer la laitance et dégager légèrement les grains. Une couche d'enduit peignée favorise l'accrochage de la couche suivante.

Enduit de ragréage

Enduit de préparation destiné à recouvrir partiellement un support et dont l'épaisseur ne dépasse pas 5 mm (enduit mince).

Entraîneur d'air

Adjuvant permettant la formation de microbulles d'air dans le mortier au cours du malaxage. À l'état frais, ces bulles d'air allègent le produit et améliorent la maniabi-lité ; à l'état durci, elles confèrent des propriétés mécaniques modérées, rendant l'enduit plus déformable et donc moins sensible à la fissuration. Ces bulles d'air permettent également de diminuer l'absorption d'eau en faisant coupure de capillarité : l'imperméabilisation et la résistance au gel de l'enduit durci sont ainsi améliorées.

Faïençage

Réseau en mailles d'ouvertures de très faible largeur (inférieure à 0,2 mm), se formant à la surface d'un enduit. Le faïençage n'a pas lieu dans la masse du matériau et n'a généralement que des conséquences esthétiques.

Fiche de déclaration environnementale et sanitaire (FDES)

Déclaration volontaire, établie sous la responsabilité d'un fabricant ou d'un syndicat professionnel, faisant état des caractéristiques d'un produit de construction au regard de son impact sur l'environnement et la santé. Le volet environnemental est réalisé selon la méthode de l'analyse du cycle de vie ; l'information sanitaire résulte le plus souvent d'essais spécifiques.

Fines

Granulats dont la taille de particules est inférieure à 0,063 mm.

Fissure

Ouverture linéaire, de largeur comprise entre 0,2 et 2 mm, qui concerne toute l'épaisseur de l'enduit, voire tout ou partie de l'épaisseur du support. Les fissures sont soit localisées aux points singuliers, soit réparties sur toute la façade. On distingue également les microfissures, de largeur inférieure à 0,2 mm, qui ne concernent généralement que l'épaisseur de l'enduit.

Foisonnement

Gonflement d'un sable en présence d'eau. Ce phénomène doit être pris en compte en ajustant le dosage des liants pour les mortiers de chantier.

Gâchage

Opération qui consiste à mélanger un liant minéral en poudre avec de l'eau.

Gâchée

Volume fini de mortier frais avant application.

Gélivité

Sensibilité à l'action du gel.

Goutte d'eau

Petit canal à la sous-face d'un élément saillant exposé à la pluie. Encore appelée larmier.

Granulat

Matériau sous forme de grains utilisé dans la construction. Les granulats peuvent être naturels ou artificiels, souvent d'origine minérale, quelques fois d'origine organique.

Gratton

Taloche hérissée de pointes d'acier, servant à la finition grattée des enduits minéraux.

Grillage

Dessiccation prématurée de l'enduit, ayant pour origine une absorption d'eau trop importante du support (humidification insuffisante, absence de gobetis) et/ou une application par temps chaud et vent sec. Le grillage entraîne la friabilité et/ou le décollement de l'enduit. Ce phénomène est d'autant plus sensible que l'épaisseur d'enduit est faible.

Hydrofuge

Adjuvant destiné à limiter la pénétration de l'eau dans le mortier d'enduit, par obturation de la porosité ou par modification de l'état capillaire de la surface.

Laitance

Partie la plus fluide d'un mortier ou d'un béton de liants minéraux, susceptible de remonter en surface où elle forme, après séchage, une pellicule blanchâtre de ciment et/ou de chaux.

Liant hydraulique

Liant qui fait tout ou partie de sa prise avec de l'eau.

Maçonnerie

Assemblage de petits éléments de nature, forme et dimensions variées, pour former des parois verticales. Les éléments sont assemblés et liés au mortier de liants hydrauliques ou, dans certains cas, au mortier-colle (pose dite « à joints minces »).

Maniabilité

Consistance (rhéologie) du mortier frais, définissant sa facilité de mise en œuvre.

Microgobetis

Mortier de liants organiques, en pâte prête à l'emploi. L'utilisation de micro-gobetis est réservée quasi exclusivement aux supports en béton.

Modénature

Proportions et disposition de l'ensemble des moulures et membres d'architecture qui caractérisent une façade. Par extension, désigne ces éléments eux-mêmes.

Mortier

Mélange d'un ou de plusieurs liants (minéraux ou organiques), de sable, de fillers, d'additifs et d'eau.

Mortier de recette

Mortier fabriqué selon des proportions prédéterminées et dont les propriétés résultent des proportions de constituants déclarées. Il est défini par sa composition ; il peut être mélangé sur chantier (mortier de chantier) ou en usine (mortier industriel).

Mortier performanciel

Mortier dont la conception et la méthode de fabrication ont été choisies par le fabricant en vue d'obtenir des caractéristiques spécifiques. Il est défini par ses caractéristiques et performances ; il ne peut être mélangé qu'en usine (mortier industriel).

Nuançage

Variation de teinte et/ou de texture d'enduit sur une même façade. Ce phénomène est d'autant plus prononcé que la teinte de l'enduit est plus soutenue.

Partie courante

Partie de la façade ne comportant pas de point singulier (baie, bandeau, balcon, etc.).

Passe

Chacune des applications successives d'un même enduit encore frais. On parle souvent de passes « frais sur frais ».

Plastifiant

Adjuvant qui confère au mortier frais une meilleure maniabilité et une durée pratique d'utilisation plus élevée. Les plastifiants ont également un effet rétenteur d'eau.

Plâtre

Liant constitué de sulfate de calcium semi-hydraté. Il durcit en présence d'eau pour former du gypse (sulfate de calcium di-hydraté).

Règle

1. Latte ou profilé en bois ou en aluminium, utilisé pour dresser un enduit.

2. Repère fixé au mur par des chevillettes, servant de guide d'épaisseur et de nu pour appliquer l'enduit.

3. Instrument permettant de déterminer les tolérances de planéité d'une surface.

Régulateur de prise

Adjuvant qui modifie le temps de durcissement du liant et agit ainsi sur la durée pratique d'utilisation du mortier d'enduit. Les régulateurs de prise sont soit des accélérateurs, soit des retardateurs.

Rejaillissement

Salissure formée par l'eau qui heurte les surfaces horizontales en jonction avec la façade (sol, éléments saillants) et qui rejaillit sur la façade. La zone de rejaillissement est une bande de hauteur comprise entre 15 et 40 cm environ.

Renformis

Mortier appliqué en forte épaisseur pour corriger localement d'importants défauts de planéité.

Rétenteur d'eau

Adjuvant permettant d'éviter une dessiccation trop rapide de l'enduit fraîchement appliqué. Les rétenteurs d'eau favorisent ainsi une prise normale des liants hydrauliques et le bon développement des caractéristiques de l'enduit. Ils ont également un rôle d'épaississant, agissant ainsi sur la maniabilité.

Revêtement plastique épais (RPE)

Enduit constitué d'un liant organique, de charges minérales, d'adjuvants et de colorants. Les RPE sont employés en finition décorative sur béton, sur corps d'enduit et sur isolation thermique extérieure par enduit. Encore appelé enduit de parement plastique.

Revêtement semi-épais (RSE)

Enduit souple constitué d'un liant organique, de fines charges minérales, d'adjuvants et de colorants. Les RSE sont employés en réfection des façades et en finition décorative sur corps d'enduit. Encore appelé revêtement d'imperméabilité.

Sable

Granulat dont la taille de particules est inférieure ou égale à 5 mm.

Salpêtre

Efflorescences de nitrate de potassium, fréquentes sur les murs anciens qui restent longtemps humides.

Spectre

Réapparition des joints de maçonnerie à travers l'enduit. Ce phénomène peut être permanent ou uniquement visible lorsque l'enduit est mouillé. Les spectres sont d'autant plus prononcés que les joints sont épais et que l'épaisseur d'enduit est faible ; ils sont également accentués par la présence de fissures au niveau des joints.

Soubassement

Partie inférieure d'un mur.

Support hétérogène

1. Support constitué d'éléments de natures différentes ou maçonnerie montée à joints très épais (> 2 cm) : cas où l'hétérogénéité est généralisée.

2. Maçonnerie comportant localement des éléments tels que poteaux ou linteaux béton et chaînages : cas où l'hétérogénéité est locale.

Support homogène

Support constitué d'éléments homogènes, de même nature.

Tableau

Surface verticale comprise entre le bâti dormant d'une menuiserie et le nu du parement de la façade.

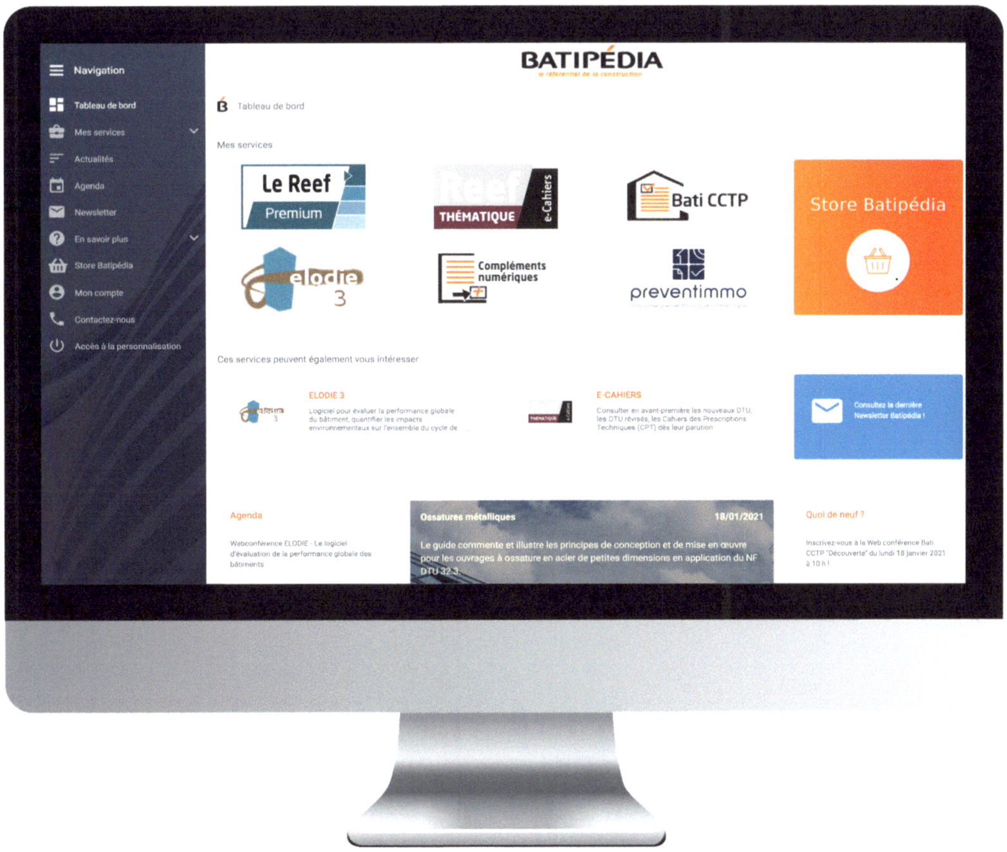

BATIPÉDIA.COM

L'adresse web unique et incontournable des professionnels de la construction, pour chercher, consulter, comprendre et suivre en temps réel le référentiel technique et réglementaire de la construction.

Le complément indispensable à votre ouvrage pour suivre des dernières évolutions réglementaires et bénéficier de compléments d'informations.

10-31-2581
Certifié PEFC
pefc-france.org

Ce guide est imprimé sur du papier PEFC (issu de forêts gérées durablement).
La réalisation a été faite par ISI Print, 139 rue Rateau - 93120 La Courneuve.
Achevé d'imprimer en mai 2021- Dépôt légal : 05-2021